日本の風穴

―― 冷涼のしくみと産業・観光への活用

清水長正・澤田結基 編

古今書院

Ice caves, algific talus slopes and natural cold storage in Japan

Edited by Chousei Shimizu,
Yuki Sawada

Kokon-Shoin Publisher, Tokyo, 2015

南西諸島を除く日本列島には、おしなべて風穴が分布している。天然冷蔵倉庫としての風穴小屋や洞穴を冷蔵倉庫に利用したもの、自然状態のままの風穴など様々なものがある。
この本では、風穴とは何か、専門的な視点からの風穴研究、風穴利用の歴史、現在における利活用のとりくみなど、日本の風穴にかかわる今日的な話題をとりあげた。

日本の風穴分布

清水 長正

右の地図は『全国風穴小屋マップ』(清水2014、20章参照)をベースに、自然状態の風穴一覧表の風穴位置を加え、編集・簡略化したものである。詳細な位置が不明な蚕種貯蔵風穴は、風穴小屋一覧表の町・村・字名を2万5千分の1地形図上で探し概略位置とした。

このほか、本書にとりあげた主な風穴の索引図を、東日本・中部日本・西日本に分けて示した(右下と次々ページの地図参照)。以下では、各地方の風穴分布の外観を述べよう。

北海道地方では、自然状態の風穴が植生の立場から多数調べられている。戦後造られた種子貯蔵用の風穴が、各地の営林署・林務署管内にある。道内唯一の蚕種貯蔵風穴が、札幌市平岸にあった記録があるが、今では所在不明である。

東北地方には、奥羽山脈を中心として蚕種貯蔵風穴・自然状態の風穴ともに分布する。これは奥羽山脈に地すべり地形が多いことにちなむようだ。秋田県には、図にないものも含めて自然状態の風穴が多い。これは、長走風穴の植生に啓発され植物研究が盛んだったため、見い出された風穴が多いせいだろう。

関東地方は、世界遺産・荒船風穴がある群馬県に100カ所以上の蚕種貯蔵風穴が集中する。富士北麓の熔岩トンネルをもつ山梨県や岐阜県が長野に次いで多く、いずれも養蚕の盛んな地域である。

中部地方では、風穴利用発祥の地である長野県に茨城県に孤立して分布する天狗風穴は、半人工の洞穴である。このほか、東京都にも風穴がある。

近畿・中国地方では分布がややまばらになるが、各県それぞれに1～3カ所くらいずつ分布している。それぞれの県内の養蚕の都合によるものであろう。大阪府にも大和川沿いの亀ノ瀬に蚕種貯蔵風穴があったが、その後の地すべりで消滅したのか現況不明である。

四国地方では、4県ともに蚕種貯蔵風穴が分布し、愛媛県・高知県でやや多い。高鉢山風穴・大成風穴・白髪山風穴など、多くが山間部にある。

九州地方では、大船山風穴・祖母風穴・雲仙岳風穴など、千m以上の高いところに蚕種貯蔵風穴が分布する。日本最南端の蚕種貯蔵風穴は桜島にあったが、現況不明である。また、自然状態の風穴の最南端は開聞岳の中腹らしい。

風穴の分布は、第一義的には自然条件によるものだが、以上のように、養蚕が盛んな地域性や、研究の多寡など人為的要因によっても決まるようである。自然状態の風穴は、これからも各地で新たに発見されるだろう。

v　　日本の風穴分布

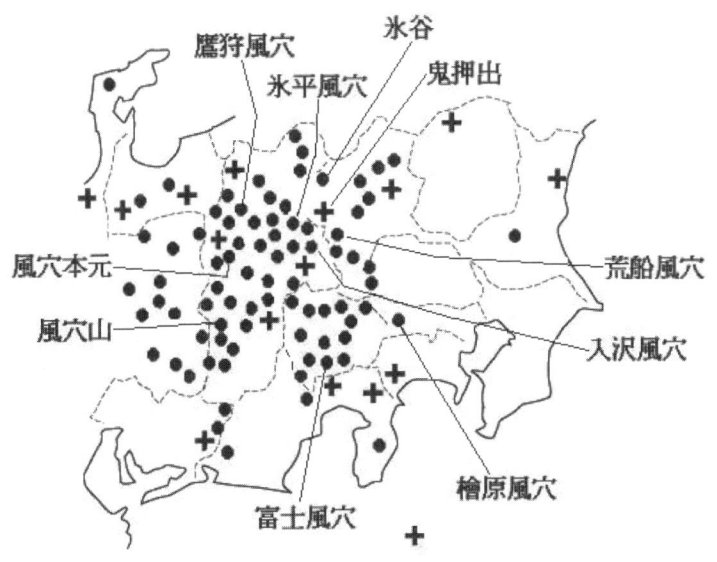

目次

日本の風穴分布　清水長正　iii

巻頭インタビュー　風穴の現代的意義——市川健夫先生に聞く　x

第Ⅰ部　風穴とは

第1章　日本の風穴——その研究と過去の利用、現在から未来への利活用をめぐって……清水長正　2

第2章　風穴のしくみ——然別風穴群と長走風穴の観測から……澤田結基　23

●コラム1　風穴の英語表現　澤田結基　38

第Ⅱ部　風穴調査最前線

第3章　風穴がもたらした養蚕業の発展……伴野豊　42

●コラム2　明治39年『風穴論』と柳澤巌　清水長正　51

第4章　蚕種貯蔵風穴の歴史と制度……飯塚聡　53

第5章　風穴小屋の原形と変容の方向性……梅干野成央　66

●コラム3　風穴と氷室の違い　清水長正　76

第6章　大館の風穴 ……………………………… 鳥潟幸男　78

第7章　風穴風の吹き出しと吸い込み ……………… 曽根敏雄　92

第8章　草津・氷谷風穴での観測 ……………… 永井　翼・和泉　薫　102

第9章　富士風穴の氷穴に関する考察 …………… 大畑哲夫　109

●コラム4　富士山麓の洞穴を風穴と呼ぶわけ　清水長正　121

第10章　稲核の風穴本元における温度観測と氷の消長 …… 柿下愛美・清水長正　123

●コラム5　風穴の霧　鳥潟幸男　130

第11章　鬼押出し熔岩の風穴群と湧水 …………… 鈴木秀和　132

第12章　北海道の風穴植生観察記 ………………… 佐藤　謙　142

●コラム6　風穴と蝶　美ノ谷憲久　157

●コラム7　氷期の生き残りラウスオサムシ　須田　修　159

第13章　東北の風穴に生育する希少種エゾヒョウタンボクの生育特性 ……… 指村奈穂子　161

●コラム8　風穴の冷温スポットが植物に与える地史的意義　池田明彦　172

第Ⅲ部　各地の風穴だより

遠軽地域の風穴（北海道）　山川信之 176
長走風穴の過去と現在（秋田県）　虹川嘉久 181
中山風穴地（福島県）　室井伊織 186
津南町の風穴（新潟県）　尾池みどり 192
上田周辺の風穴探索（長野県）　塚原吉政 196
前田風穴沿革誌（長野県）　解題　清水長正 202
備後風穴（広島県）　澤田結基 210
阿波池田の箸蔵風穴（徳島県）　清水長正 214

然別火山群の風穴（北海道）　大西　潤 178
湯沢の三関風穴（秋田県）　佐々木進 184
奥多摩の風穴（東京都・山梨県）　角田清美 189
入沢風穴と風穴新聞（長野県）　三石仁子・清水長正 194
真田の氷平風穴（長野県）　武捨直江 199
風穴山の飯田風穴（長野県）　片桐一樹 208
笠山の風穴（山口県）　森　淳子 212
雲仙岳の風穴（長崎県）　大野希一 216

第Ⅳ部　風穴へのとりくみ

第14章　世界文化遺産となった荒船風穴　　大河原順次郎 220
第15章　風穴熟成のまろやかな酒　　傘木宏夫 223
第16章　風穴の再発見から利用へ　　小川市右ヱ門 226
第17章　風穴利活用委員会を立ち上げる　　目黒常廣・佐久間宗一 229
第18章　風穴を教育と普及に役立てる　　鳥潟幸男 231

第19章 クールスポットの新たな活用へ……………………勝部 敦・坂田聖二 234

第20章 全国風穴小屋サミットを開催する……………………傘木宏夫 237

全国自然風穴一覧表　清水長正 277

全国風穴小屋一覧表　清水長正 271

索　引（語意） 255

風穴にかかわる文献 253

あとがき 242

＊本書掲載の写真は、とくに断らない限り、執筆者が撮影したものである。

表紙写真（左下）全景
風穴の氷．稲核の風穴本元（長野県）．清水長正撮影．

表紙写真全景
長走風穴の風穴小屋(秋田県大館市)．澤田結基撮影．

巻頭インタビュー
風穴の現代的意義
―― 市川健夫先生に聞く

1 風穴との出会い 〜稲刻の風穴

Q 先生が最初にご覧になった風穴は、どこですか

稲刻(いねこき)(長野県松本市、旧安曇村)の前田さん宅の風穴です。昭和30年代でしたから、当時すでに蚕種(さんしゅ)(蚕の卵)貯蔵用の利用はほとんどされていなかったのですが、漬物小屋にしていました。旨い漬物を食べていたんですね。本来の利用がなされなくなっても、風穴という、地域で持っている施設の風土性をうまく利用していることは、とても重要なことです。

Q 風穴について、どのような調査をされましたか

柳町 治さんとの共同調査が印象に残っています。私は東京学芸大学を定年退官した後、佐久市の信州短期大学に務めていました。地理の教員として、自然地理学が専門の柳町さんに着任い

ただきました。彼が佐久の風穴に興味をもち、自然地理学の観点から風穴の調査を一緒に行ったのです。

入沢風穴や氷風穴など、佐久にもたくさんの風穴があります。ところが、風穴はどこにでもあるわけではなく、崖錐と呼ばれる地形でよく見られることがわかりました。佐久においては、崖錐は火山地形や台地の直下に落石が累々と堆積した地形をさす専門用語です。佐久においては、崖錐は火山地形や台地の縁にできる傾向がありました。

佐久の風穴は、車で簡単に現地を訪ねることができます。地元の方も風穴に興味をもって協力してくれたので、調査がはかどりました。残念ながら柳町さんは若くして亡くなってしまうのですが、柳町さんとの共同調査の成果は論文にまとまっているので、皆さんにもご覧いただけます。

2 全国に分布する風穴 ～養蚕全盛期の産業遺跡

Q 約百年前の資料から、風穴（風穴小屋および自然風穴）の全国分布図をつくっているところです。とくに長野県は風穴が多いですね。ここから何がわかるでしょうか。

これは、風穴最盛期の分布図ですね（本書iiページ参照）。どのような需要があって風穴小屋がつくられたのか、そこに的をしぼって考えることが大事です。明治後期から大正期にかけて、養蚕が全盛期を迎えます。そのときに風穴も各地でつくられ広がっていきます。蚕種が風穴の需要を高めていたのですね。

風穴のことを調べていくと、小諸の風穴に鹿児島県の業者が蚕種を買い付けにきていることがわかり興味をもちました。当時の鹿児島は遠いです。鉄道で一昼夜くらいかかっていたと思います。鹿児島は蚕糸業に有利な風土をもっており、温暖なので蚕の飼育期間が長く、1年の半分以上可能です。晩秋にも蚕を飼いました。そのときに、風穴で眠らせていた蚕種が必要なのです。

蚕種生糸は明治期から大正期の国際商品であり、当時のわが国の中心的な産業でした。最初の輸出国はフランスとイタリア、その後アメリカが中心になっていきます。横浜からサンフランシスコに向かって船がでます。さらにパナマ運河が開通すると太平洋航路で直接アメリカ東海岸に運ばれるようになります。当時、須坂に「東行社」という製糸トラストがあり、船が東に向かっていくからこの名称ができました。

長野県の風穴が、遠く鹿児島県の養蚕も支え、さらにそれが世界各地に向けて輸出されていました。このことが風穴の分布図からわかります。

3 風穴の歴史 〜庶民の私的施設から投機産業へ

Q 風穴は、養蚕以前から存在していたのでしょうか。

はい、古くからあったものが、養蚕の蚕種冷蔵によって爆発的に拡がったと考えてよいでしょう。もともと風穴は、全部と言ってよいくらい、私的な施設なんですね。ところが、「ふうけつ」という言葉は、音読みです。庶民の使う訓読みではありません。自営農民の言葉ではなく、地主

4　風穴を現代に活かすために

Q　全盛期の風穴小屋の経営は、業種でいえば蚕種業になるかと思いますが、倉庫業でもあったのでしょうか。

蚕種業者が、倉庫業を兼ねていた、ということでしょう。

的な言葉といえましょう。

「風穴」という言葉が使われるようになるのは、明治になってからです。投機産業として養蚕がでてくるのですが、天然の蚕を利用するだけですと、春蚕と秋蚕の2回しか生長させて、年に5〜6回ほど継続して養蚕を営むことができるようになりました。

Q　今の時代に、風穴のことを知り、まなぶ意義は何でしょうか。

風穴は天然のクーラーです。夏でも、風穴内では最高気温10度を超えませんから、魚の干物の貯蔵などに現在も使われています。天然のクーラーという点で、いわゆる地球温暖化対策に、大いに利用できる資源だと思います。

そのような天然資源は、明治〜大正の時代に盛んに利用されていました。私たち現代に生きる

人たちは、それを忘れてしまっています。風穴の利用の実態を調べ、知ることは、現代においてやはり意義があることですね。

Q 養蚕に使うことで、国際的グローバル化が風穴の発展につながったということですね。これがきっかけで、各地で風穴の掘り起こしが始まるとよいですね。先生が風穴を調査されている頃は、風穴を大事にしようという活動はなかったのですか。

なかったですね。衰退するばかりでした。風穴小屋の調査に訪れると、「掃除していないのですが……」とよく言われました。風穴を大事にしようという組織もなかったです。当時は誰もが、まだ風穴に注目していなかったのです。

Q 8月に開催される第1回風穴小屋サミットで、地元の八坂（やさか）（大町市）の小学生たちに、何をどう伝えればよいでしょうか。

風土や地理のことを考えることは、重要です。現代は、学校で歴史教育ばかりが重視されています。歴史ももちろん大事ですが、地域に関心をもつことも重要です。文化財のように、価値のあるものが地域にあることを伝えるのは、よいことでしょうね。これまで文化財は固定的な概念でとらえられてきましたが、もっと弾力的に考え、風穴も文化財に指定することもよいでしょう。

Q 風穴がどのような場所にあるのか、子どもたちに考えさせることもよいかもしれません。先ほど説明しましたように、台地の縁にある崖錐など、特定の場所にあることがわかってきます。

昔の人はよく山を歩いていたので、冷たい風が吹き出ている場所があることを知っていたのでしょうね。山仕事と風穴の発見も、関係があるのかもしれません。

産業のグローバルな影響をうけて、そういった山のなかにも風穴小屋が建てられ、明治〜大正の日本を支える産業として風穴が利用されていきました。それが今日各地に分布する風穴跡地になっているのでしょうね。

【インタビュー】2014年3月10日
【場　所】市川健夫先生ご自宅
【聞き手】清水長正
　　　　　傘木宏夫
　　　　　市川正夫
【記　録】関　秀明

xvi

切手になった「風穴」

本年 (2015年) 6月25日発行の記念切手に荒船風穴が登場した (下段右から2番目). 14章の写真と同じ構図. おそらく, 風穴が切手になったのは, これが初めてであろう.

第Ⅰ部 風穴とは

富士山麓の富岳風穴（山梨県）
観光用の氷穴として名高い．
清水長正撮影．

大成風穴（愛媛県）
四国山地石鎚山の西麓の大成（おおなる）
では，風穴小屋（天然の冷蔵倉庫）が
復元されている．清水長正撮影．

第1章 日本の風穴

――その研究と過去の利用、現在から未来への利活用をめぐって

清水 長正

1 日本の風穴の概念

夏に山の斜面から天然の冷風が吹き出す穴、またはそうした現象を、風穴(ふうけつ)と呼ぼう。地下にトンネル状の空隙があって、そこを冷風(冬には温風)が流れれば、広義には風穴と言ってよいかもしれない。入洞できるサイズか否かは問題にならず、洞穴探検家らの趣向を満足させるものではない。これまでの風穴の説明では、富士山麓の熔岩トンネルを指す風潮があったが(コラム4参照)、全国の風穴を広くみれば、はるかに多様性がある。

この本でとりあげた風穴については、早春～初夏の時期に0℃前後か、高くても10℃以下の低温を示すものが大半である。日本で風穴の固有名が付されている場所の多くは、春～夏にこうした低温環境が認められ、風穴によっては、盛夏になっても地下氷が見られることもある。いっぽう鍾乳洞が風穴と呼ばれる例が全国各地にいくつかあるが、それらは固有名が「○○風穴」なのであって、そこが夏に涼しく感じられても、案外、洞内は10℃以上で、上述した低温条件にあてはまらないことがある。

第1章 日本の風穴

他方、風穴を文字どおり風の通る穴（Wind hole）と解してしまうと（コラム1参照）、人工トンネルも含め地下に通じる空隙のほとんどすべてを言うことになってしまう。そこで、この本では、夏に10℃以下の低温条件を伴う風穴を主な対象とする。

風穴は、江戸期に天然の冷蔵倉庫として利用されはじめ、明治期には蚕種（さんしゅ）（蚕の卵）の貯蔵庫（蚕種貯蔵風穴）として全国に普及した。これまで日本の風穴については、地形・地質・気象・植物・産業史・建築・観光など、多分野からのさまざまな調査がある。また、近年では省エネ・地域振興などの視点から注目され、各地で利活用の動きが巻き起こっている。

2 「かざあな」か「ふうけつ」か

風穴は「かざあな」とか「ふうけつ」と読んだりするが、どちらも間違いではない。用語を検索した場合には「議会にかざあなを空ける」といった一般的用法が多数出てしまうが、もちろんこれは比喩的表現であり、ここで扱うのは本当の地下の穴のことだ。

近世ころまではごく一般に「かざあな」と呼ばれていたが、明治期になって蚕種貯蔵風穴が全国各地に多数造られ、「ふうけつ」の語が広く定着した（巻頭インタビュー参照）。ただし、地域によっては明治期以降も「かざあな」と呼び続けているところもあり、そこでは固有名詞として「○○風穴（あな）（かざ）」としている。本書では「ふうけつ」と読む場合は仮名をつけず、「かざあな」と読む場合のみ仮名を付すことにした。

ところが、地域によっては伝聞などから、「かざあな」と「ふうけつ」を、形状や用途が異

註 (1) 「カルスト用語集」に，人の入れない狭いものを「かざあな」，人が入ることのできるものを「ふうけつ」としているが（『カルスト』1996，大明堂），これは根拠不明である．明治期以降に蚕種貯蔵のために出入りした貯蔵庫や洞穴を「ふうけつ」と呼んだことから，おそらくある地域での伝聞と思われる．これに反して，滋賀県で著名な河内の風穴（かわちのかざあな）は近世からそう呼ばれ，人が出入りしていたものである（じつは鍾乳洞である）．出入り可能な蚕種貯蔵風穴で「かざあな」と呼ばれる例は全国に多数ある．

3 風穴の地形・地質条件

従来の『地学事典』や『地形学事典』などには、風穴は熔岩トンネルで生じる現象として説明されている。しかし実際には、熔岩トンネルの風穴は富士山麓に多数あるものの、他では秋田駒ヶ岳、北八ヶ岳、神鍋山、雲仙岳などのごく一部で指摘されているにすぎない。日本の風穴の大半は、それ以外の地形・地質条件をもつ場所にある。

風穴をつくるような地下の空隙の存在は、そこの地形・表層地質条件によっていることは言うまでもない。地下の空隙は次の2つに大別される。

(1) 崖錐（崩落した岩屑）・岩塊斜面など細流物質を欠く堆積物の間隙
(2) 岩盤中の開口節理（割れ目が開いたもの）、熔岩トンネル・鍾乳洞などの洞穴

火山の岩塊熔岩では、岩塊間の空隙と開口節理との双方があるかもしれない。また、崖錐堆積物の基盤をなす岩盤のなかに、開口節理が形成されている可能性もあるだろう。

風穴の多くは「崖錐型風穴」

崖錐は斜面に形成されやすい地形で、斜面の基部や凹形斜面（下降型の縦断形）へ向けて崩落した

岩屑が、やや急傾斜に堆積するものだ。崖錐では、岩屑の空隙が風穴となることがあり（写真1）、これまでの風穴に関する文献からも、日本国内では崖錐に生じている風穴が最も多い。岩屑が磊々と堆積している状況から、「累石風穴」が大正期に造語されて以降、それが気候や植生の分野でしばしば使われている。しかし、累石の語は一般語だけでなく地形・地質の専門用語にもないので、地形の成因や表層地質からすれば、「崖錐型風穴」と訂正したい。[2]

風穴のできる地形の典型例

奥羽山脈でみられる風穴の多くは、地すべり地形や大規模な崩壊地形に位置している。地すべりの凹地が受け皿となって崖錐が発達する場合も多い。また、地すべりによって岩盤中に亀裂〈開

写真1　崖錐型風穴
岐阜県中津川市・神坂（みさか）風穴．
写真上半の岩塊が崖錐堆積物．下が
蚕種貯蔵風穴の石垣．

註 (2)「累石風穴」という用語は，『地球』掲載の報告（荒谷1927）で造語されたものだ．『理学界』に載った最初の報告（荒谷1920）で累石の語が現れるが，続く『地学雑誌』の報告（荒谷1922,1924）では，妙なことに累石の記述がまったくない．累石が地学用語にないことから，おそらく『地学雑誌』では削除された可能性がある．ただし累積は一般語で，地質学でも使われるから，累積型風穴（富岡2000）という語も登場し，やや混乱している．戦後も，気象・植生関係の論文などでは累石風穴が散見されるが，ここで改めて，地形・地質的な立場から「崖錐型風穴」の呼称を提唱しよう．

口節理）が発達し、それが連続してトンネル状の空隙となっていることもある。崖錐や地すべり地形における風穴位置を、模式断面図にまとめた（図1）。九州の祖母山の風穴、佐賀の永野の風穴、愛媛の風隙（加茂）の風穴（写真2）は、地すべりの滑落崖（地すべり移動体がすべり落ちた跡の急崖）に開

写真2　地すべり堆積物の洞穴
愛媛県西条市・加茂風穴.

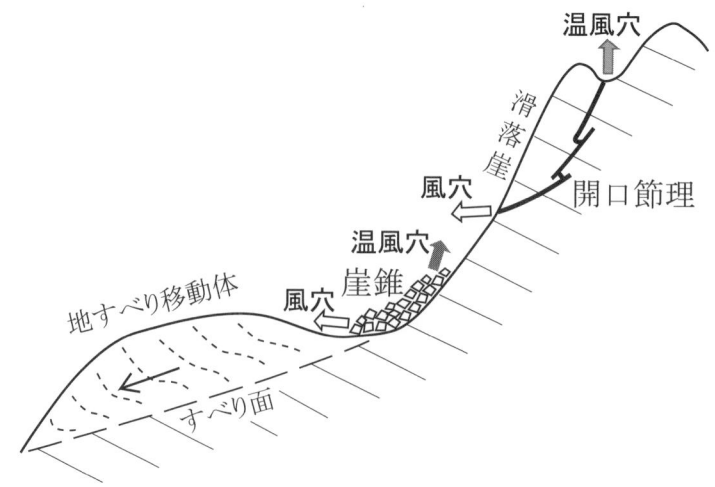

図1　地すべり・崖錐と風穴の模式断面図

地すべりは斜面が大きな塊となってすべり下る現象で，上部に急な滑落崖，下部に緩い移動体からなる地形をつくる．滑落崖側の岩盤には地すべりに伴って割れ目（開口節理）が生じ，それが風穴となることがある．崖錐は，上部に急崖がありそこから削げ落ちた岩屑（がんせつ）がその下部に急傾斜に堆積したもので，岩屑のすき間が風穴となることが多い．通例では，開口節理でも崖錐でも，夏季を中心として下方の穴から冷風，冬季には上方の穴（温風穴）から温風が吹き出す．

口節理が広がったもの、あるいは堆積物間の隙間が洞穴になったもののようである。

このほか、高山〜亜高山地域における周氷河成（凍結・融解により岩が割れて運ばれるなどの作用）岩塊斜面でも風穴が認められ、北海道大雪山周辺の山々では風穴に起因する永久凍土の報告がある（2章澤田参照）。

火山にできる風穴

火口底に位置する風穴として、男鹿半島の寒風山（沖田 1997）、鳥海山の猿穴（林ほか 2003）、北八ヶ岳の地獄谷（清水ほか 2012、写真3）、富士山中腹の氷池などがある。これらの実際は、火口壁から火口底にかけて形成された崖錐で、そこに生じた崖錐型風穴ともみなせる。

最初に挙げた熔岩トンネルは、熔岩流動時の抜け跡や火山ガスの抜け跡などで（小川 1971、浜野ほか 1980など）、熔岩の流出量や流動性が大きいことによって形成される。富士山北麓の青木ヶ原熔岩は、玄武岩熔岩で粘性が低く、流動性が高かったため、21本もの熔岩トンネルが確認されている（写真4）。雲仙岳の風穴は、洞穴と石垣囲の2種類があるが、洞穴は安山岩熔岩の開口節理が著しく広がったものにみえる。なお、雲仙普賢岳にあった鳩穴は熔岩トンネルとみられるが、平成新山を形成した新しい熔岩におおわれてしまった（風穴だより大野参照）。

写真3 北八ヶ岳の地獄谷火口底
岩塊のすき間が風穴．

鍾乳洞は風穴？

なお、日立市の大久保の風穴、浜松市の鷲沢風穴、彦根東部の「河内の風穴(かわちのかざあな)」(写真5)、三重県南部の阿曽風穴など、石灰岩地域にうがたれた鍾乳洞が風穴とよばれるところもある。しかしながら、日本国内の鍾乳洞で地下氷を存する例はなく、いずれも0℃前後の低温条件を伴う風穴ではないようだ。これらは名称こそ風穴となっているが、鍾乳洞と呼んだ方が適当であろう。

写真4　熔岩トンネルの洞口
山梨県富士河口湖町・富岳風穴
(青木ヶ原熔岩).

写真5　鍾乳洞の洞口
滋賀県彦根市・河内の風穴 (かわちのかざあな).
総延長 7.5 km もある国内屈指の鍾乳洞だが、
7～10月の洞内の平均温度は 10～11℃前後と
やや高めだ.

註 (3) オーストリア・ザルツブルクの Werfen (ヴェルフェン) 氷穴では、鍾乳洞内に巨大な氷柱や氷塊があり、観光名所となっている。スロバキアの世界遺産, Dobšinská (ドブシンスカ) 氷穴も鍾乳洞である (コラム1参照).

4 日本における風穴の先駆的研究

明治期に風穴が広く知られるようになり、20世紀初頭からは科学的調査が開始された。その主なものとして、風穴の機構に関する研究や風穴植生の研究がある。

明治後期に柳澤 巌が著した『風穴論』『風穴新論』（柳澤1906、1910）は風穴への蚕種貯蔵を啓蒙した技術書であるが、あわせて風穴の温度観測やその構造などについても言及している。『風穴論』には通年気温観測の結果から、風穴内温度が4月上旬に氷点より上昇して9月中旬に最高値に達するという、通常の気温変化とは異なることを示した。さらに、ゴーロという岩屑のすき間に風脈（風の通り道）があること、早春の暖風により雪が融け風脈内に浸透して再び凍り、それが初夏まで保存されること、暖気が風脈の一方より入り、長い冷却パイプを通じて冷気を出すことなどを述べた（コラム2清水参照）。

大正期に入ると東北帝国大学の鈴木清太郎と曾根 武らが、宮城県七ヶ宿町の渡瀬風穴で空気の移流を実証した（Suzuki and Sone 1914、曾禰・鈴木1915）。渡瀬風穴では大規模な地すべり地形周辺

風穴をつくる岩石の種類についてみると、流紋岩、デイサイト、安山岩などの火山岩（熔岩）が多い。これらの岩石は節理の間隔が適度に発達し、サイズの岩屑を生産しやすいことも考えられる。なお、岩石の蓄熱（低温の持続）について、岩種ごとに差があるようだ。流紋岩、デイサイト、安山岩、玄武岩などの熔岩で低温の持続が長く、花崗岩、石灰岩ではそれがやや短い。特に玄武岩では低温の持続が良好である。[(4)]

註(4) こうした風穴のできやすい岩質とそうでない岩質については，今後の岩石の冷却実験などが課題となろう．

に複数の風穴が存在することから「全山海綿の如き構造」と表現している。鈴木らは各風穴での観測から、山上で吹き出すという、季節的な風向の違いを確認した。

こうした風穴内の空気の移流については、大正後期になって秋田県釈迦内小学校長の荒谷武三郎も長走風穴で指摘しており、夏季に下方で冷風が吹き出すところを「冷風穴」、冬季に山上で温風が吹き出すところを「温風穴」と名づけた（荒谷 1927）。とくに冬季の温風穴で、最大 3 m/s の速さで温風が吹き出すことがあり、温風穴周囲の積雪は融けて青草が育ち昆虫の活動がみられるほど温かいという、夏とは正反対の現象を観察した。この報告によって、冷風穴に対する温風穴の概念と用語が、以後定着するきっかけになった。

昭和に入って風穴へ植林用種子（カラマツ・スギ）を貯蔵する手法が確立され、その技術関連の報告書として『風穴』（秋田営林局 1936）が刊行された。同書は、風穴の機構についても論じており、潜熱の影響が風穴内を冷却することや、冬季に冷風穴から外気が流入して内部が甚だしく冷却すること、などが述べられている。

以上、戦前までの日本の風穴に関する先駆的研究を挙げたが、およそそれまでに、現在へと続く風穴研究の基礎がすでに確立していたことになる。顧みれば、20世紀初頭からの日本の風穴研究は欧米に次ぐものであり、後述する風穴の植生や風穴利用も含めて、日本は風穴に関する先進国であったといえよう。

註 (5) ドイツ・オーストリアでは，18世紀から風穴の利用と研究がある（佐藤 2008）．また，北アメリカでも古くから注目されている（2章澤田，コラム1参照）．日本でも，ほぼ同時期から利用が始まり，研究についてはそれらに次ぐもののようである．

5 風穴が冷える理由

ここで、上述した先駆的研究と、最近の主要な研究（真木1999、澤田・石川2002、田中ほか2004など）を勘案し、おおむね以下のような、風穴の・冷える理由を略述してみよう（詳しくは2章澤田参照）。

夏季に冷風穴（下の穴）から冷風を吹き出し、冬季に温風穴（上の穴）から相対的に暖かい風を吹き出すことは、各地から報告されている。この現象のうち、冬季の温風穴からの吹き出しによって、トンネル状の風穴内がピストンのような状態になり、冷風穴から冬季の冷えた外気が吸い込まれる。その結果、冷風穴に近い風穴内の岩石が著しく冷却される。冷却された岩石の蓄熱により、春から夏ころまで岩石の低温が維持される。外気が風穴内部より暖かくなると、冷風穴から冷たく重い風が吹き出す、ということになる。

春になって外気が暖かくなり融雪水が地下へ浸透するとき、冷却された岩石がまだ0℃以下であると、風穴内で結氷する。春先に発達した氷塊の存続によって、冷風穴の低温を初夏以降まで長く持続させる。

1945年以前から、風穴の現象の理由として断熱膨張や潜熱の影響なども述べられているが、それらは副次的効果と考えるべきだろう。反対に夏には、冷風穴の吹き出しにより温風穴から暖気を吸い込むことから、温風穴に近い風穴内の岩石は暖まっているはずである。このことについては、温風穴そのものの確認例も少なく、今までに検証されてこなかった。

このほか、冬季にも風穴から冷風を吹き出すこともあるが、これは外気温が比較的高い昼間の現象で、夕～夜～朝にかけて外気が低い時間帯には吸い込みが認められるようである（7章曽根・8章永井参照）。

いずれにしても、風穴はもっぱら日本のような夏冬の寒暖差が大きい中緯度地域で生じる現象のようである。熱帯～亜熱帯で風穴と呼ばれるところがあっても、それは単に地下の涼しさ程度のものかもしれない。

6 風穴の植物の研究

風穴周辺に特殊な植物が現れることについても、20世紀初頭から注目されてきた。風穴がつくる低温環境によって、そこの植生帯よりも寒冷な植生帯に生育する植物が出現することがある。そうした植物からなる群落を「風穴植生」（吉岡 1977）または「風穴の植物群落」（飯泉・菊池 1980）という。

風穴の植物が日本で最初に記載されたのは、牧野富太郎や三好 學ら著名な植物学者による長走風穴である（牧野 1907、三好 1926）。そこでは、標高200m前後のコナラ・ミズナラなどの冷温帯林のなかに、コケモモ・ゴゼンタチバナ・オオタカネバラなど高山～亜高山帯の植物が構成する植物群落が見られる（風穴だより 虻川参照）。三好の調査により、1926年には「長走風穴高山植物群落」として富士山麓に次ぐ国指定天然記念物となった。

福島県湯野上温泉近くの中山風穴（下郷町）では、オオタカネバラ・アイズシモツケ（アイヅシ

7 日本の風穴利用小史

山の斜面から冷風が吹き出す現象は古くから知られており、信州稲核村（いねこぎ）では江戸中期の宝永年間（1704〜1711）に、風穴を利用した天然冷蔵倉庫「漬物部屋」を造って漬物保存に利用していた。風穴の低温により、漬物の酸化する季節にその品質を保つ手法である。『前田風穴沿革誌』風穴だより前田参照）によると、漬物を松本城主に献上し、それを「稲核のかざあな」と称していた。

幕末の文久〜慶応年間（1861〜1867）には、前田喜三郎保有の風穴において蚕種（蚕の卵）貯蔵のための天然冷蔵倉庫（蚕種貯蔵風穴（きゅうしゅちょぞうふうけつ））としての利用が始まった（江口・日高 1937）。その後、蚕種の孵化回数を調整できる究理催青法が風穴を利用して確立された。こうして、養蚕の時期は春季

モツケ）・ベニバナイチヤクソウ（裏表紙参照）などからなる、やや規模の大きい植物群落があり、1964 年に「中山風穴地特殊植物群落」として、国指定天然記念物に挙げられた（風穴だより室井参照）。風穴における独特な植物群落が国指定天然記念物となっているのは、これら 2 カ所のみであるが、戦後、東北地方・北海道地方を中心に風穴にみられる植物の研究が盛んになった（12 章佐藤・13 章指村参照）。また、氷期の植物のレフュージア（逃避地）という見解もある（コラム 8 池田参照）。これらのなかで、場所によっては風穴の低温環境により、森林のなかにパッチ状の草原や低木群落が見られたりする。風穴は一般に景観として捉えにくい（空中写真上で見えない）が、風穴植生は一部で草原や低木群落という小規模な自然景観をつくることもある。

第Ⅰ部 風穴とは 14

だけでなく、夏季〜秋季まで延長する方法が一般化した。その後の明治期の蚕糸業の振興に伴い、各地で風穴が利用され、「ふうけつ」の語が蚕種貯蔵する「風穴蚕種業」または「風穴業」が全国に展開した。

明治30年代ころから、農商務省農務局の風穴調査が行われていて、明治期の全国風穴一覧が、江口・日高（1937）、長野県蚕病予防事務所（1905）、久保田（1909）、柳澤（1910）などに掲載されていて、年を追うごとに風穴数が増えている。大正期に入ると、毎年『蚕業取締成績』という報告書が刊行され（農商務省農務局1914〜1919）、風穴名・所有者・蚕種貯蔵枚数（蚕種を植えつけた蚕紙の枚数）などが記録されている。以上の資料すべてを集成すると、全国で280カ所以上の風穴が記録される。それらに記録がない蚕種貯蔵風穴もおそらく相当数あることから、全国で総計300カ所はあったと推定されよう。

全国の蚕種貯蔵風穴の分布概要を図2に示す。北海道にも1カ所あり、その他、沖縄県を除く全国各県に分布している。長野県で100カ所以上と圧倒的に多く、山形県・群馬県・山梨県・岐阜県などに多く分布する。

蚕種貯蔵風穴は、地方名・県名・郡名・村名・字名・山名・所有団体名や所有者苗字などを冠した「○○風穴」という固有名をもっていた。開業の最初は稲核の前田風穴で文久〜慶応年間（1861〜1867）、開業の最後は長野県青木村の青木風穴で大正13（1924）年であり、多くは明治20〜40年代に開業している。

長野県知事は明治40年に「風穴取締規則」を施行し、風穴貯蔵営業の許可制を定めた（4章飯塚参

図2　日本の蚕種貯蔵風穴の分布
清水ほか (2013) より．農商務省農務局 (1914～1919) などに載る風穴所在地の村名・字名を地形図上で探し，プロットしたもの．近傍に複数あるものは統合した．詳細は『全国風穴小屋マップ』(清水, 2014) にまとめてある．

照)。蚕種貯蔵期間の温度を華氏45度 (7.2℃) 以下とすることや、内装・表示などが決められた (江口・日高 1937)。『長野県風穴調』(明治43年) には、当時の長野県内で許可を受けた風穴がすべて記載され、それぞれの風穴で蚕種貯蔵期間が記されている。この貯蔵期間は、風穴内がおよそ7.2℃以下の期間を示すものだろう。

蚕種貯蔵風穴の様式は、崖錐斜面では冷風吐出部を石垣の法面として造成し、それを方形に囲うように前方に石室式の小屋を設け、奥の石垣のすき間からの冷風によって小屋内の低温を保つというものである。他方、富士山麓の熔岩トンネルや東海・近畿・中国地方の鍾乳洞では、洞穴そのものを冷蔵庫に利用していたものもある。

大正期半ばころから電気冷蔵庫の普及により風穴業は衰退してゆき、昭和初期以降にはその大半が廃業に至った。しかし、昭和期に入って営林署関係で、廃止された風穴を見直し、スギやカラマツなど植林用樹木の種子貯蔵のため再利用が試された（木地 1931、秋田営林局 1936）。これらは、種子の発芽を抑制し長期に貯蔵する目的であり、以後各地の旧営林署管内やその近傍にある蚕種貯蔵風穴が再利用された。戦後に至っても、種子貯蔵のための風穴小屋が新造され、ボルトを用いた木造建築やコンクリート造りの近代的な風穴小屋もある（風穴だより 阿波池田の箸蔵風穴 清水参照）。これらは昭和30年代に多くは廃止・放棄されたが、なかには種子を貯蔵した缶や壺が残っているところもある（写真6）。なお、現在でも小屋の形状が残り、一部では樹木の種苗の貯蔵が今日でも行われている。

このほか、稲核の風穴本元では、リンゴ産地の秋田県大館の長走風穴や長野県小諸の氷風穴・佐久の入沢風穴などでは、果実の保存に、戦後も利用されていた。

全国の蚕種貯蔵風穴および種子貯蔵風穴について、現在まで収集することができた資料・現地調査

写真6　植林種子用の一斗缶
福島市飯坂温泉・湯野風穴．後に，同じ形状の一斗缶を四国の風穴で発見した（風穴だより 箸蔵風穴参照）．

写真7　風穴でのヒマラヤケシ栽培
愛媛県東温市・皿ヶ嶺．石垣囲だけ残る風穴小屋跡に，
ヒマラヤケシのプランターが置かれている．

8 現在における風穴利用

などにより、風穴名や位置など、巻末の風穴小屋一覧表にまとめてある。

現在も、夏のクールスポットとして観光用に供されている風穴、文化財として見学に供されている風穴や、実用の天然冷蔵倉庫として利用されている風穴などがある。

富士山麓の富岳風穴、鳴沢氷穴、西湖蝙蝠穴、駒門風穴などの熔岩トンネルは、観光用の洞穴として古くから著名である。ジオパーク内に位置する、北海道の遠軽（風穴だより 山川参照）や然別火山群（風穴だより 大西参照）、男鹿半島の寒風山、秋田県湯沢の三関風穴（風穴だより 佐々木参照）、群馬県の荒船風穴（14章大河原）、兵庫県の神鍋山、隠岐の岩倉、長崎県の雲仙岳（風穴だより 大野参照）などでは、風穴がジオサイトになっており、ユニークな自然の価値が認められている。

秋田県長走風穴（風穴だより 虻川・18章鳥潟参照）、宮城県材木岩風穴（風穴だより 尾池参照）、佐賀県永野の風穴などは避暑のための公園として整備されている。新潟県津南町の山伏山風穴、浜松市の鷲沢風穴、香川県の高鉢山風穴などは、キャンプ場近傍のクールスポットとして、見学用の天然冷蔵倉庫（風穴小屋）がある。愛媛県の皿ケ嶺の森林公園にある風穴では、鑑賞用にヒマラヤケシが栽培され、花の時期には賑わいをみせている（写真7）。

稲核の道の駅「風穴の里」（この施設は風穴ではない）付近には、稲核の風穴本元や家庭用の多数の風穴、佐久の入沢風穴（風穴だより 三石・清水参照）、津南町見倉の風穴（風穴だより 尾池実用の冷蔵倉庫として、現在でも利用されている風穴が各地にある。

参照)、山梨県早川町の久田子風穴(写真8)、兵庫県北部の神鍋山風穴など、いずれも集落近傍の風穴で、種苗・野菜・漬物・果実などの貯蔵に利用されている。長野県長和町では、1992(平成4)年に農山漁村活性化集出荷施設として、風穴のしくみを活かした近代的な天然冷蔵倉庫が新設され、特産の蕎麦の実を保存している(写真9)。

写真8　実用の天然冷蔵倉庫
山梨県早川町・久田子風穴.

写真9　風穴を利用した近代的な天然冷蔵倉庫
長野県長和町・農山漁村活性化集出荷施設.

ユニークな利用方法として、自然のままの風穴が夏山登山の休憩所となっているところがある。とくに施設はないが、上高地岳沢の「天然クーラー」(写真10)や、双六岳登山ルートの蒲田川左俣林道沿いの「お助け風」、後方羊蹄山の比羅夫コース二合目の「風穴」などは、登山ルート沿いに標識があって、夏の登山シーズン中に登山者へ涼を供している。

9 風穴の再確認と未来へ向けた活用

今や藪に埋もれ位置不明となった蚕種貯蔵風穴跡の再確認、今後の風穴の利活用についてなど、未来への動きとそれへ向けた提言を述べよう。

全国で300カ所ほどもあった明治・大正期の蚕種貯蔵風穴跡は、まずはそれぞれの位置の再確認が必要である。巻末の一覧表に、わかるかぎり風穴位置の経緯度情報を示したが、風穴は景観としてとらえにくい森林のなかのピンポイントであることが多く、今なお未確認の風穴も多い。風穴近傍の集落であっても高齢化・過疎化により風穴の存在を知る人が激減しつつあり、今をおいて聞き取る時期はないと思われる。こうしたなかで、上田地球を楽しむ会では、上田市周辺で30カ所もの風穴跡確認の成果を挙げている(塚原2015、

写真10 穂高岳登山の休憩所
上高地・岳沢の天然クーラー.

風穴だより　塚原参照）。

それらは、明治・大正期の産業遺産として、地域の文化財へ十分に指定しうるものである。群馬県下仁田町の荒船風穴は「富岡製糸場と絹蚕業遺産群」として、２０１４年に世界文化遺産に指定されたのだから、県レベルでも各市町村関係に登録された（14章大河原参照）。風穴が世界文化遺産となったのだから、２０１４年に世界文化遺産に指定されたのだから、県レベルでも各市町村関係でも、地元にある風穴を再評価してもらいたいものだ。

このほかのとりくみとして、福井県大野市の荒島風穴では、地元の農産物販売団体が風穴の石垣を積み直して実験用の風穴小屋を建て、醤油など地元産物の貯蔵庫として再利用を模索している（16章小川参照）。会津南部の滝谷風穴では、地域振興の資源として、今後の利活用を検討している（17章目黒・佐久間参照）。

地域振興の予算を得て、島根県出雲市の八雲風穴、愛媛県久万高原町の大成風穴、長野県大町周辺の猿ヶ城風穴や鷹狩風穴、宮城県白石市の材木岩風穴（写真11）などは、蚕種貯蔵風穴の小屋が復元された。うち鷹狩風穴ではNPO地域づくり工房により焼酎の冷蔵に活用され（15章傘木参照）、八雲風穴では地域のクールスポットだけにとどめず、地元農産物の貯蔵も行っている（19章勝部・坂田参照）。

ところで、現在の業界団体である冷蔵倉庫業協会では保管温度帯によって等級を設定している。風穴内の春季から夏季にかけての温度は、C3級（＋10℃〜下−2℃未満）の保管温度帯に適合するので、春〜夏に限れば十分に営業用の冷蔵倉庫としての機能をもつことになる。

今日的な節電対応策の一つとしても、交通便利な場所の風穴は実用冷蔵倉庫として復元することを奨めたい。とくに停電時にまったく影響を受けない風穴は、カイコの品種や系統の低温貯蔵に、改め

註 (6) 日本冷蔵倉庫協会（2001）営業冷蔵倉庫の機能と物流サービス
http://www.jarw.or.jp/guide_f.html（社）日本冷蔵倉庫協会

て利用することが研究されている(3章伴野参照)。また、愛媛県皿ヶ嶺風穴でのヒマラヤケシ栽培のように、小規模ながら高冷地の植物の栽培も可能である。さらには、金沢城本丸の近世初期の古い石垣に生じる風穴(大串 1995)からヒントを得て、その機構を考慮すれば人工風穴の開発も実現可能なように思われる。

2014年の夏には、長野県大町市で第1回目の「全国風穴小屋サミット」が開催され、各地から多数の風穴所有者・利用者・研究者などの参加があった(20章傘木参照)。

風穴を見直す機運は全国各地で同時多発的に高まってきており、さまざまな風穴へのとりくみが期待される。思うに、その一歩は明治期の先人たちのような知恵と気力と努力を惜しまないことであろう。

写真 11　復元された風穴小屋
宮城県白石市・材木岩風穴.

第2章 風穴のしくみ
―― 然別風穴群と長走風穴の観測から

澤田 結基

なぜ風穴は冷たい風を吹き出すのだろうか。これまで研究者に限らず、蚕糸の技術者や郷土史家などさまざまな立場から、観察や観測が行われてきた。その歴史は古く、古い研究例は18世紀にさかのぼる（1章清水参照）。こうした研究の蓄積の結果、基本的な風穴のしくみは、すでに解明されていると考えてよいだろう。本稿では、まず地形および氷の有無によって風穴を分類する。次に、氷が残る風穴のしくみについて、筆者が調査にかかわってきた然別風穴群（北海道）と長走風穴（秋田県）の観測結果に基づいて解説する。

1 風穴の分類

地形による風穴の分類

風穴は、地形と氷の状態から分類することができる。風穴のつくられる地形は、崖錐や岩塊斜面、

日本国内の風穴のほとんどは、崖錐や岩塊斜面などの「礫が堆積する斜面」と、鍾乳洞や熔岩トンネル、開口節理などの「洞穴」に大きく分けられる（1章清水参照）。

日本国内の風穴のほとんどは、崖錐や岩塊斜面などの、崖錐に形成されるタイプの風穴である。ここでとりあげる北海道と秋田県の風穴も、崖錐に形成される。また、国内の山地によくみられる。崖錐と明確な区分はできないが、その一部は過去の寒冷期に生じた活発な凍結破砕作用の影響を受けて形成されたと考えられている。崖錐斜面は主に山岳地域の亜高山帯から高山帯にかけて分布する地形で、岩壁からはがれた礫が堆積した地形である。岩塊斜面とは、切り立った岩壁からはがれた礫が堆積した地形である。

いっぽう、洞窟状の地形に生じる風穴は、国内では富士山麓の風穴群（9章大畑参照）などわずかである。ところが海外に目を移すと、特にヨーロッパのアルプス山脈（たとえば Luetscher 2011）や北米のアパラチア山脈周辺の鍾乳洞（Patrick 2004）に大規模な風穴が数多く知られている。

このように、風穴がつくられる第一の条件は、地下に広い空隙がある地形でつくられる。空気が流れることが、夏に冷風が吹き出す現象は、この条件が備わるからである。この条件が備われば、人工的な構造物でも風穴が生じることがある。井戸や鉱山の坑道、金沢城の石垣（大串 1995）などである。北海道の遠軽町にある旧瀬戸瀬鉱山では、坑道の入口付近に氷が成長していることが確認されている（山川・清水 2013）。人為的な穴でも、条件さえ満たせば風穴が形成される好例であろう。

冷温源による風穴の分類

風穴には、冬の寒さを夏まで効率よく保存するシステムが備わっている。寒さを蓄積する保冷剤の役目を果たすものが何か、また保冷剤がいつまで持つのかによっても、風穴を分類することができる。

註(1) 清水長正・鈴木由告（1994）：秩父山地金峰山における周氷河性岩塊斜面と森林限界の関係について．地学雑誌 **103** (3), 286～294.

註(2) 秋吉台には「風穴」という名称のドリーネがあるが、夏に冷風が吹き出す記録や伝聞は見当たらず、この本で扱う風穴とは異なると考えられる．ただし、鍾乳洞と外気の温度差によって生じる風が出入りすることはあるだろう．

第 2 章　風穴のしくみ

保冷剤として最も多く見出されているのは、地下の隙間に残る氷である。

多くの風穴では、穴の奥に、春から夏にかけて氷が残ることが知られている。富士山麓の鳴沢氷穴は特に有名で、夏になると多くの観光客が涼を求めてやってくる。また崖錐や岩塊斜面に形成される風穴には、春から夏にかけて、岩の隙間に雪や透明な氷が残っている。風穴によって氷の残存期間は異なり、春の一時期だけ氷が見つかるものから、秋遅くまで残るものまでさまざまである。この氷の有無や残存期間の長さによって風穴を分類すると、（A）一年を通して氷（越年氷）が残る風穴、（B）秋までに融解する季節氷がある風穴、そして（C）氷がまったく残らない風穴にわけることができる。

秋を越えて一年中融けない「越年氷」が残る風穴には、局地的な永久凍土が形成されている。国内では、富士山麓の氷穴（9章大畑参照）と、北海道に確認されているが、永久凍土認定の根拠となる通年の地温観測が行われている風穴はまだ少ない。今後の観測の拡充によって、本州以南でも越年氷が見つかる可能性があるだろう。

曽根 1996、鹿追町：澤田 2003）などに北海道に確認されているが、永久凍土認定の根拠となる通年の地温観測が行われている風穴はまだ少ない。今後の観測の拡充によって、本州以南でも越年氷が見つかる可能性があるだろう。

永久凍土とは、2年以上にわたって0℃以下の温度状態にある土壌や岩石、氷のことを指す。日本には、標高が高く寒冷な山岳地域に分布する山岳永久凍土が分布する。本州では富士山と北アルプス、北海道では大雪山の山稜部に確認されている。このような山岳永久凍土の下限高度付近の年平均気温は約マイナス2℃であるが、風穴に形成される永久凍土の分布地域ははるかに温暖で標高も低く、気候に応じて分布する山岳永久凍土とは区別する必要がある。

2 風穴のしくみ

著者自身は、風穴の冷気の吹き出しよりも、むしろ地下に残る凍結土壌や氷が越年するのかどうか、すなわち永久凍土の確認とその成因に重点を置いて研究してきた。これから解説する然別風穴群は、北海道の中央部、大雪山国立公園の南側に位置する然別湖周辺にある（写真1）。ここでは、小さな熔岩ドームが狭い範囲に密集して、然別火山群を形成している。然別火山群では、熔岩ドームの崩壊によって生み出された粗大な岩塊が集積して斜面や谷を覆ったため、広大な岩塊斜面が広がっている。この岩塊斜面の末端部や、斜面に挟まれた谷のなかに、数多くの風穴が分布している。一帯は「とかち鹿追ジオパーク」の核心部分にあたり、多くのハイカーが訪れるとともに、地域の教育の場として活用されている（風穴だより 大西参照）。

夏に風穴を訪れると、直径1m以上もある大きな岩の隙間から、1～2℃と非常に冷たい風が吹き出している。また、一部では水が流れ出しており、その水温はほぼ0℃である。冷風を吹き出す穴の周囲は、ミズゴケなど蘚苔類のふかふかしたマットに覆われ（写真2）、常に湿っている。風穴のある場所はアカエゾマツの森になっており、その林床にはエゾイソツツジやガンコウラン、コケモモなど北海道の高山帯の岩礫地に分布するのと同じ高山植物が分布する（12章佐藤参照）。冷気が吹き出す岩の隙間を観察すると、年によって違うが秋まで氷を観察することができる（写真3）。この氷は、

写真1　然別火山群の西ヌプカウシヌプリ熔岩ドーム
崩壊した安山岩の岩塊が山体を覆い，広大な岩海斜面が形成されている．

第2章 風穴のしくみ

雪解けが終わる初夏の5〜6月ごろに最も大きくなる。氷の形は、塊状、つらら（氷柱）、あるいは明らかに残雪が残ったものなどさまざまである。

風穴の内部に冬の寒さが蓄積されるためには、（A）冬に効率よく冷却されることと、（B）保冷剤となる氷が蓄積されることの2つの条件が必要である。たとえ洞穴や崖錐であっても、ABどちらかが欠けてしまうと風穴は形成されることがない。実際の風穴の観測データを使って、この2つの条件がどのように生み出されるかをみてみよう。

冬の空気対流

大きな温度差は、活発な空気対流を生じる。天気を予測する時のセオリーだが、同じことが風穴にも当てはまる。冬の岩塊斜面では、斜面内部と外気温の温度差が空気対流を発生させ、外の冷たい空気が地下に流入するのである。冬に空気対流が生じることは、1世紀も前の研究ですでに明らかにされてきた。

アメリカの登山家・法律家であるバルシュは、ヨーロッパアルプスや北米に点在する氷穴・風穴を訪ね、また自ら観測を行い、冬には洞穴や斜面の最上部から温かい空気が吹き出し、下の穴から冷たい外気が吸い込まれる空気対流が生じることを述べている（Balsh 1900）。日本でも、

写真3 風穴内部に発達するつらら状の氷

写真2 冷たい風穴の周辺
周りは湿っており，ミズゴケのマットが発達する．

秋田県大館市の小学校長だった荒谷武三郎が長走風穴で詳しい観測を行い、冬に温かい空気を吹き出す穴「温風穴」を発見した（荒谷1927）。20世紀初頭、太平洋の両端で同じ結果に辿り着いた研究者がいたことに、驚きを禁じ得ない。

冬の岩塊斜面には、積雪のあちこちに通気口が生じることがある。岩塊斜面の最上部では、積雪のあちこちに穴が空いているのを見ることができる（写真4）。穴に近づくと、生暖かく湿った空気が吹き出しているのが感じられる。この穴は、温かい空気を吹き出すことから、「温風穴」（おんぷうけつ）と呼ばれている。雪の穴の周囲には、吹き出す温風に含まれていた水蒸気がつくる霜が発達している。

然別風穴地帯のひとつ、西ヌプカウシヌプリ（標高1251m）の山頂付近にある岩塊斜面をヘリからサーモグラフィー（熱画像カメラ）で撮影すると、斜面の最上部に温風穴が集中して分布することが明らかになった（図1）。この場所の地下1mに温度センサーを設置して測定した温度変化をみてみよう（図2）。温風穴の温度は、冬季（11月〜3月）を通じて0℃を上まわる。いっぽう冬の外気温は、最も寒い1〜2月でマイナス20℃を下まわる。温風穴と気温の温度差は、じつに約25℃にも達している。また温風穴の温度は、初冬の11月に最も高く、次第に低下する傾向がある（図2）。

写真4　西ヌプカウシヌプリ山頂部（写真1）に空いた温風穴

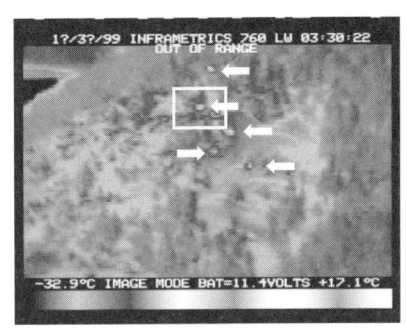

図1 西ヌプカウシヌプリ山頂部のサーモグラフィー画像（左）と写真（右）
サーモグラフィー画像（左）で白く見える点は高温部分を表し，積雪に開いた穴の分布（右）と一致する．

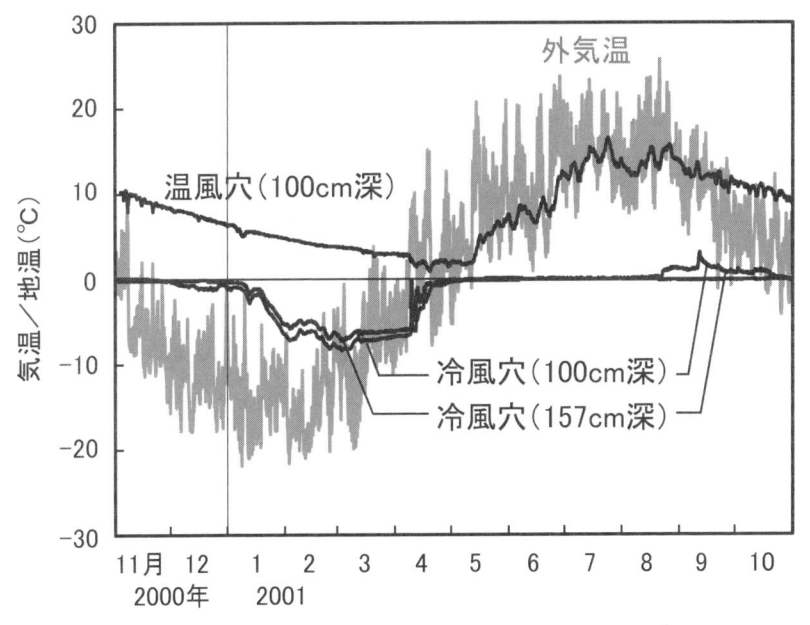

図2 西ヌプカウシヌプリの岩塊斜面最上部の温風穴と下部の冷風穴で観測した岩隗層の空隙温度
冷風穴の深さ157cmは永久凍土の状態にあり，温度は通年で0℃以上にならない．

岩塊斜面の最上部から吹き出す空気は、斜面の内部で暖められた空気である。温かい空気は軽いため、熱気球と同じように浮力を持って上昇する。上昇した空気が外へ排出される場所が温風穴となる（図3）。温風穴の温度が次第に低下するのは、空気対流によって外の空気が入り込み、斜面内部の温度が次第に低下するためである。

岩塊斜面は、温風穴からでていった空気と見合うだけ、外の空気を吸い込む。これを補償流と呼ぶ。

写真5　岩塊斜面の下部に点在する吸い込み口
（東ヌプカウシヌプリ）

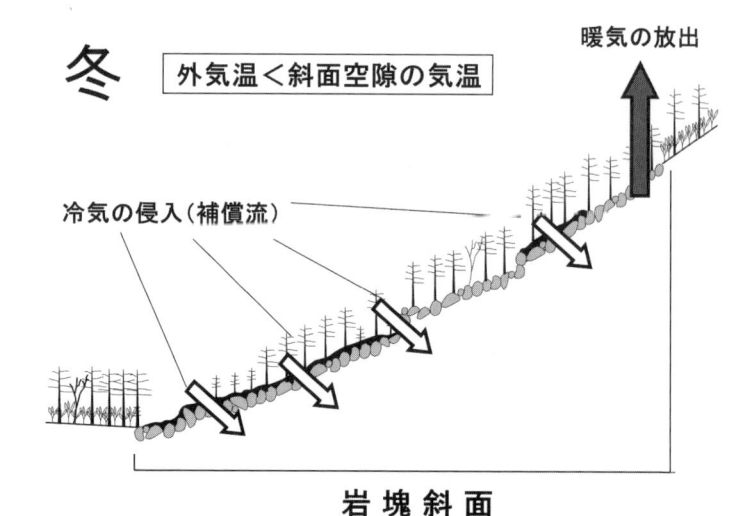

図3　冬の岩塊斜面で生じる空気対流
斜面内部にある相対的に暖かい空気が最上部から放出され，そのかわり外気が斜面下部から侵入する．

第2章 風穴のしくみ

こうした吸い込み口は、岩塊斜面の随所に開いている。吸い込み口の一部は、夏に冷風を吹き出す穴と一致する。吸い込み口付近の雪は吸い込まれるため、温風穴に似た穴が開いている（写真5）。ただし温風穴のような冷風は発達しない。また、穴の奥には、ふわふわの雪粒が綿のようにたまっているのを見ることができる。

斜面の下にある吸い込み口付近の地温をみると、冬の間は氷点下で推移している（図2）。この観測点では、毎冬の積雪深が2mを超える。このように、厚い積雪に覆われた場所の地温が氷点下になることは、じつは異常なことである。積雪には高い断熱効果があり、地面を冷却から守るからである。それにも

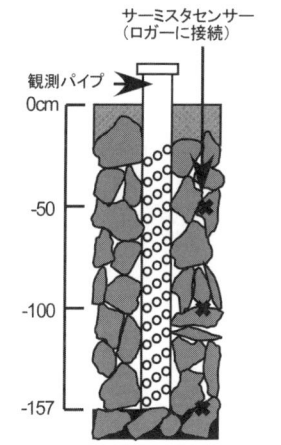

※ -157cmは、2000年11月の凍結面

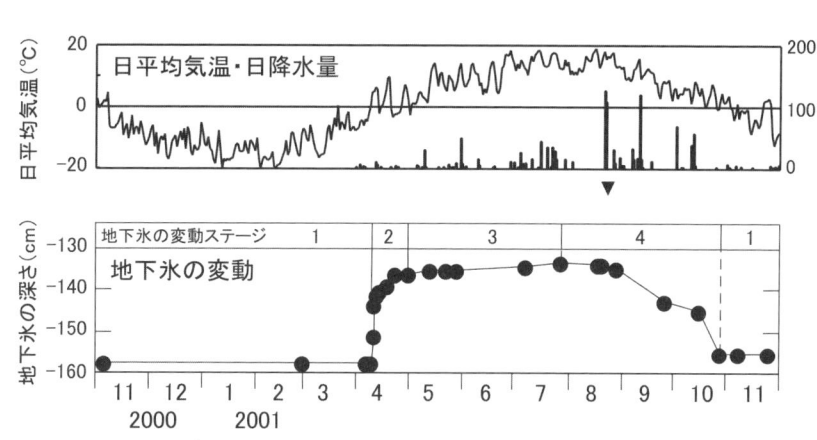

図4 西ヌプカウシヌプリで観測した地下氷の通年変化と日平均気温および降水量の推移

降水量データは気象庁のアメダス観測点「西ヌプカウシヌプリ」の値を使用した．左上図は観測方法を示している．▼は地下氷の融解を促した降雨イベント．

第Ⅰ部 風穴とは 32

かかわらず、図2のように、風穴の地温が約マイナス8℃まで低下したのは、吸い込み口や雪粒子の隙間から外気が吸い込まれるためである。

このように岩塊斜面では、外気に比べて相対的に温かい地下で暖められた空気が上から放出され、その代わりに斜面の下方から外気を吸い込む、活発な空気対流が生じている。この空気対流によって岩塊斜面の内部は冷却されていく。冷たい空気は重いので、下に溜まる性質がある。そのため、岩塊斜面の末端付近に冷たい空気が溜まり、特に強い冷却が生じると考えられる。空気対流による冷却の起こることが、風穴ができるための第一の条件である。

地下氷の成長と融解

然別風穴地帯では、夏に観察できる氷が風穴の冷気を生み出している。すなわち、氷が保冷剤の役目を果たし、冷たい風穴が形成される。では、風穴の内部にある氷は、どのように作られるのだろうか。

結論から述べると、風穴の氷は毎年、新しく成長しており、夏には融けながら空気を冷やしている。興味深いことに、このパイプの上側から地下氷の変化を調べるために、風穴となっている岩塊斜面の末端部にパイプを設置し、1年間の観測を行った。水が浸透できるように、パイプにはらせん状の穴を空けてある。このパイプの上側から棒を差し込み、地下氷の表面までの深さを観測した結果が図4である。

地下氷の成長は冬ではなく、融雪が始まる春の4月に始まる。このときの地温をみると、氷の成長するタイミングに合わせて、氷点下から0℃まで急上昇している。この地温の急上昇は、水が氷に変化する時に発生する潜熱の放出によってもたらされたものだ。融雪が始まる前日に、地下氷が成長する前日に、融雪が始まっていた。氷の元になる水は、融けた雪から滲みこみ、岩塊斜

面の隙間を流れる水であることが明らかになった。

地下氷の急な成長は5月初旬に終わるが、夏の7月まで緩やかな成長は継続する（図4）。ゆっくりした成長の理由は、氷ができるよりさらに深部の地温にある。地下氷が成長する深さである約1・5m深の地温は氷ができた後に0℃で一定になるが、さらに深い2mの地温はなかなか0℃にはならず、7月まで0℃未満のままなのだ。この凍結層（永久凍土層）の地温が氷点下のうちは、水が氷になる時の潜熱を受け入れる余地があるので、地下氷の成長が継続すると考えられる。8月には気温が30℃近くに達する日もあるが、地下氷は融解しない。冷たい空気が下にたまった状態は安定しており、外の気温変化が伝わりにくいためである。

しかし秋になると、地下氷は融解を始める。この融解に大きくかかわるのは、まとまった降雨イベントである（図4▼印）。岩の隙間から浸透した雨水が地下氷に直接熱を伝えるため、融解が進行すると考えられる。

冬には、地下氷の融解は止まり、再び一定の氷となる。気温が氷点下に下がるこの時期までに融けずに残った氷が越年する地下氷となる。

それでは、氷の成長と融解は、どの程度気候の影響を受けるのだろうか。西ヌプカウシヌプリで地下氷の観測を3年継続した結果、その振る舞いが少しみえてきた。

地下氷の成長量を決める大きな気候要因は、氷が成長する春に先立つ冬の寒さにある。冬の寒さを「凍結指数」という

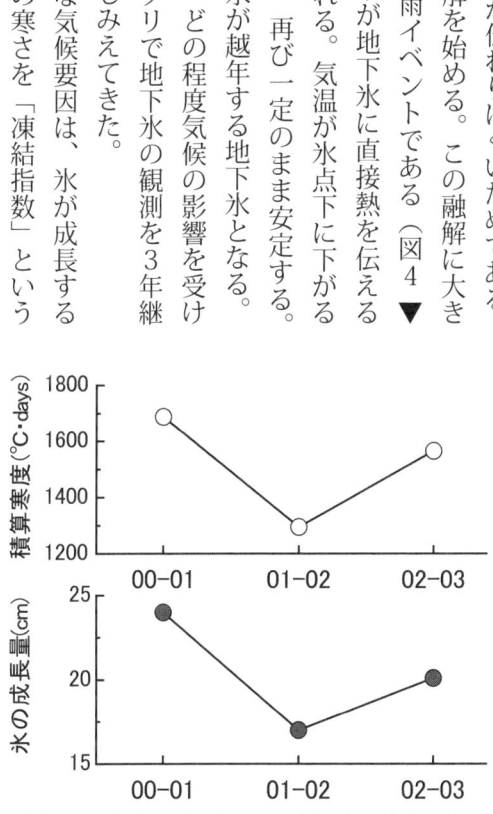

図5 3回の冬（2000～2003年）の積算寒度と翌春の地下氷の成長量
寒い冬ほど翌春に厚く氷が成長している．

積算寒度で表し、氷の成長量と比較すると（図5）、凍結指数が大きく寒い冬があると、氷の成長量が大きくなる傾向がある（澤田 2004）。同じような結果は、9章で大畑が示した富士山麓の氷穴でも得られている。寒い冬ほど、岩塊斜面の地下の温度が下がり、そして大量の氷を作る。地下氷は、まさに冬の寒気を蓄積する保冷剤そのものである。

この保冷剤は、地域によっては貯金のように翌年への繰越ができる。然別風穴地帯の地下には、貯蓄された地下氷が積み重なり、安定した永久凍土の状態を維持している。然別風穴地帯の地下有機物の年代を測定すると、約4000年前には越年地下氷が存在していたことが明らかになった（Sawada 2008）。

長走風穴（秋田県）での地下氷観測結果

風穴小屋（冷蔵倉庫）内部の石積みにも、氷が形成されることがある。倉庫内の氷も、基本的には然別風穴地帯と同様、氷点下まで冷えた岩の隙間に水が流れ込み、成長する。秋田県大館市の長走風穴（18章鳥潟参照）で大館市郷土博物館と行っ

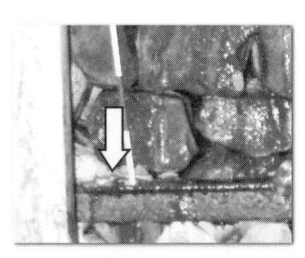

| 2013/3/31 1:00 | 2013/4/2 1:00 |
| 2013/4/11 1:00 | 2013/5/1 1:00 |

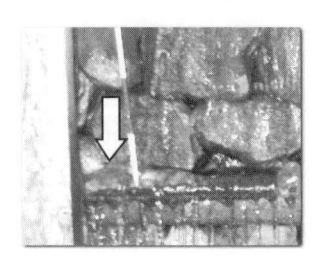

図6　秋田県長走風穴2号倉庫に成長する氷の変化

た観測では、融雪期に倉庫内の氷が成長する映像記録を捉えることができた（図6）。3月31日までは、風穴倉庫の石の壁面は乾いていた。4月1日に入ると壁面に水が滲みだし始め、それが凍って氷の成長が始まった。壁面に水が滲みだす、そう考えて、映像記録から水が滲み出すタイミングと、氷の厚さの変化を計測した結果が図7である。壁面に水が滲みだしたときに、氷が少しずつ厚くなることが読み取れる。氷の成長は、倉庫内の気温が氷点下のとき、やはり気温が氷点下から0℃に達するまで継続した。風穴倉庫でも、液体の水が流れてくることで、この氷が保冷剤の役割を果たしている。長走風穴の倉庫では、

夏の冷風の吹き出し

岩塊斜面の末端部、あるいはそこに造られた風穴倉庫では、冬の空気対流によって氷点下まで温度が低下し、そこで液体の水が凍結することで氷が成長する。この氷が、風穴から吹き出す冷風の源となる。

夏の風穴から吹き出す冷気は、坂道を転がるボールと同じ

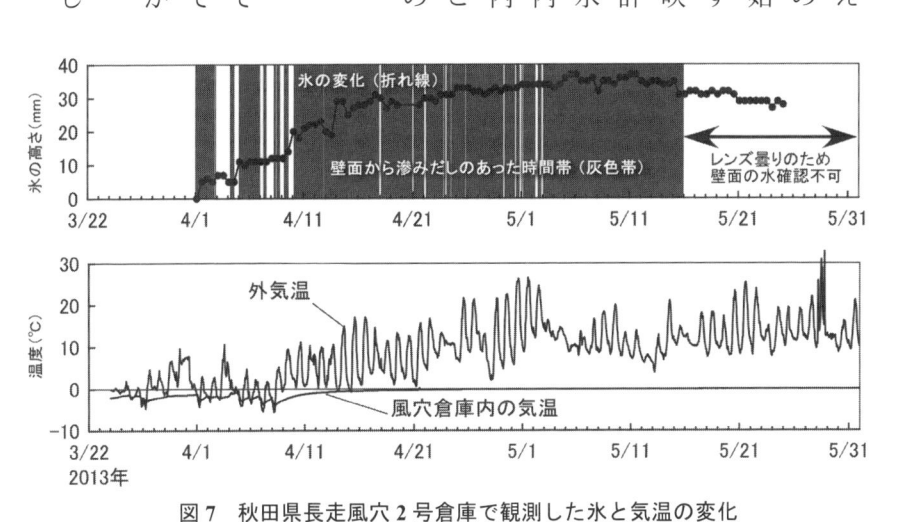

図7 秋田県長走風穴2号倉庫で観測した氷と気温の変化
上グラフの網掛け部分は，写真から水が石の壁に滲みだしていることが確認できた期間を示す．

である。空気は他の物質と同様、温度によって密度が変化し、温度が低いと大きくなる。言い換えれば、空気は冷たいほど重い。夏、氷によって冷やされている風穴内部の空気は、外の空気よりも冷たい状態にある。すると、風穴の冷たく重い空気は重力に引っ張られ、石の隙間からあふれ出してくる（図8）。これが、夏の風穴に生じる冷気流である。吹き出す冷風の早さは、斜面内部と外気の温度差に比例して強くなる傾向がある。風速と気温の関係については、別項（6章鳥潟、7章曽根）で述べられている。

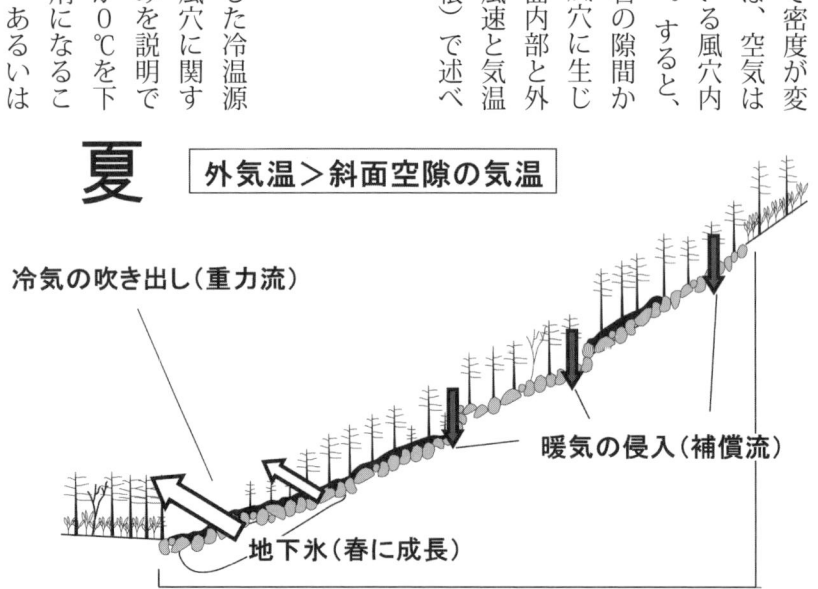

3 今後の展望

説明してきた風穴のしくみは、冒頭で分類した冷温源による風穴分類のうち、越年氷風穴と季節氷風穴に関するしくみであり、これですべての風穴のしくみを説明できるわけではない。特に、一年を通じて気温が0℃を下まわることがない地域の風穴では、氷が保冷剤になることは難しく、斜面地下の岩石そのものや岩盤、あるいは

夏 外気温＞斜面空隙の気温

冷気の吹き出し（重力流）

暖気の侵入（補償流）

地下氷（春に成長）

岩 塊 斜 面

図8　夏の岩塊斜面で生じる空気対流
春に成長した地下氷によって冷やされた空気が斜面下部の岩の空隙から吹き出している．斜面上部では吸い込みが生じる．

地下水が冷源である可能性がある。こうした無凍結風穴の研究例は少なく、今後の課題である。

また、越年氷風穴と季節氷風穴の2タイプでは、冬の間に地下空隙の温度が氷点下まで下がらない期間が存在する。しかし、風穴倉庫のなかには、冬の外気を遮断する構造が必要である。風穴貯蔵庫の温度変化のしくみを詳しく調べることによって、明治・大正期に風穴貯蔵庫を設計・施工してきた先人たちの苦労が、より深く理解できるだろう。

最後に、永久凍土研究の観点からは、季節氷や越年氷が残る風穴の南限がどこかを探ることが、大きなテーマである。風穴が生じる場所に限って形成される非成帯的な永久凍土の分布範囲を気候条件から示すことができれば、現在進行中の気候温暖化による影響や、風穴の低温環境に依存する高山植物など、生物との関係を深く議論できるようになるだろう。風穴は、古くて新しい研究のフロンティアとして、まだ多くの課題を残している。

コラム1

風穴の英語表現

澤田 結基

本書の英文タイトルをみて、違和感を持つ方は多いに違いない。どこにも "Wind hole" とは書いていないのだ。これには理由がある。それは、英語表記の "Wind hole" が、必ずしも日本語の「風穴」が意味する範囲と一致しないためである。

日本語の「風穴」は、崖錐基部の岩の隙間や洞穴のうち夏に冷風が吹き出すもの、およびそこに造られた冷蔵倉庫のことを指す。同じような現象は、海外、特にヨーロッパのアルプス山脈周辺や北アメリカのアパラチア山脈周辺に広く知られている。では海外でも同様の構造がすべて "Wind hole" と呼ばれているかというと、そうではない。最も多い表現は "Ice cave" で、直訳すると「氷穴」となる。冷風の吹き出しではなく、氷が遅くまで残ることに注目されたのだろう。

この用語の混乱については、すでに英国人の法律家・登山家であるバルシュが、120年以上も前に指摘している。すなわち、英語とドイツ語では、氷穴（英 Ice cave, 独 Eishöhle）と風穴（英 Wind hole, 独 Windröhren）という表現が混在して用いられており、洞穴や崖錐の岩の隙間に氷が残る現象を包括的に表現するにはどちらも不適当である。そこで彼が注目したのは、フランス語の "Glacière"（現代語で直訳すると「天然冷凍庫」）であった。バルシュは、この表現を使えば、氷の残る洞穴や崖錐などを包括的に表現できると

註 (1) Balch, E.S.(1900): *Glacieres or Freezing Caverns*. Allen, Lane and Scott, Philadelphia: 332 pp.
註 (2) バルシュは、ice cave を氷が残る洞穴、wind hole を地形によらず単に空気が出入りする穴と整理している．

コラム 1　風穴の英語表現

考え，著書のタイトル "Glacière or Freezing caverns" にも反映させている。彼はヨーロッパと北米で数十か所を訪ね歩き，地下の空隙に氷が残ることが，氷穴と名のつく地形の共通点であることを認めている。

日本で「氷穴」と呼ばれる場所は富士山麓の一部のみで，他はすべて「風穴」と呼ばれている。また日本の風穴の大部分は，崖錐や岩塊斜面など礫が堆積した斜面の基部に分布する。そこで本書の英文タイトルには，"Algific talus slope"（低温を生じる崖錐斜面）と "Ice cave" を併用した。Ice cave は世界遺産の名称にもあり，氷が残る洞穴を指す表現として一般的である。また Algific talus slope は主に北米で用いられる表現で，氷の有無を問わず異常に低温な崖錐のことを示し，わが国の風穴を表現するのに適していると考えられる。さらに低温倉庫を表す "cold storage" を併用することで，日本語の「風穴」が意味する範囲を表現できるだろう。

ただし，"wind hole" という表現を使うほうが適切な場合もある。日本の風穴は，一種の固有名詞や地名となっているものがある。こうした風穴の名称を訳するのであれば，「Wind hole」を使用するのが適当であろう。看板やガイドブックなど，風穴のしくみを解説する文章中に，Algific talus slope や cold storage を用いればよい。

洋の東西を問わず風穴は，古くから人々の暮らしのなかで利用されてきた。そのことが，同じ現象に対してじつに様々な表現が生まれた背景にあるだろう。用語の統一や定義は科学にとって重要だが，文化や歴史に裏打ちされた表現の多様性もまた，風穴の魅力ともいえる。

註(3) ドイツ，スイス，スペイン，オーストリア，ハンガリー，チェコ，スロバキア，スロベニア，アメリカにある氷穴や氷の残る崖錐を訪ね歩き，使用状況も含めて詳細に記載している．

註(4) スロバキアの世界自然遺産「アグテレック・カルストとスロバキア・カルストの洞窟群（Caves of Aggtelek Karst and Slovak Karst）のなかに，ドブシンスカ氷穴（Dobšinská Ice Cave）が含まれている．

写真1 崖錐の末端部につくられたミルク貯蔵小屋

写真2 風穴は，U字谷の谷壁にかかる崖錐
（写真右側）に分布する

海外の風穴1
スイス Uri 州 Unterschachen の崖錐型風穴

ヨーロッパでも，氷が残存する洞穴や崖錐末端部に設けた風穴小屋（写真1, 2）が，ミルク，チーズ，ワインなどの貯蔵に利用されてきた．ここに紹介するのはスイスの例で，U字谷の谷壁に形成された崖錐の末端部に小屋がつくられている．　　　　　撮影・解説：澤田結基

第Ⅱ部　風穴調査最前線

風穴小屋のなかにできた巨大なつらら
風穴小屋の奥壁（高さ約 2.5m）に，毎年早春〜初夏のころ，氷が見られる．長野県松本市稲核の風穴本元にて，2010 年 4 月 10 日清水長正撮影（詳細は 10 章参照）．

第3章 風穴がもたらした養蚕業の発展

伴野　豊

江戸時代までは養蚕は春に限定されていた

現在では、養蚕は飼育時期の違いによって、春蚕（はるご、しゅんさん）、夏蚕（なつご、かさん）、秋蚕（あきご、しゅうさん）、晩秋蚕（ばんしゅうさん）などに分けられる。人工飼料を用いると1年中飼育が可能である。

しかし、風穴利用が始まる前の江戸時代までは、日本で古くから飼育されてきた大半のカイコ品種は、春・八十八夜の桑の芽吹きの頃の1回飼育が普通であった。何故なら、成長し、繭を作った後、6月末頃に蛾となり産卵を行う。産み落とされた卵（蚕種）は桑が豊富に茂っている夏や秋でも幼虫となることはなく、翌年の春までは孵化をしない。この状態になった卵を越年卵（おつねんらん）あるいは黒種（くろだね）と呼称する。つまり、養蚕時期は春に限られていたのである。江戸時代でも二化性（にかせい）といい、春と夏の年2回孵化する性質をもった品種を利用して夏蚕飼育も行われていたが、生産性が不安定で利用は限定的であった。

42

ところが、風穴の低温を利用した蚕種の冷蔵保存技術の確立と究理催青法の発見という2つの技術革新が幕末から明治初期に登場し、養蚕は計画的に安定した飼育を年に何度も行うことが可能となったのである。貿易が始まってまもない時代、すでに養蚕によってもたらされる生糸の輸出は外貨獲得の筆頭品目となっていたが、風穴の利用でその生産性がさらに高まり、日本の経済発展に大きく貢献することとなった。

蚕種冷蔵法と究理催青法とは

では、蚕種冷蔵法と究理催青法の2つの技術は当時の実際の養蚕現場で、どのように発見され、確立されていったのであろうか。これを考察するうえで、当時の催青技術（蚕種からカイコの幼虫を孵化させる技術）(1)(2)(3)を知っておく必要がある。江戸期には多くの養蚕に関する書物が出されていたが、代表的な養蚕書を総合すると、当時の催青は次のように行われていたようである。

八十八夜の2週間ほど前に蚕種を土蔵などの貯蔵場所から取り出し、ネズミなどの害を防ぐために蚕種台紙の上下には蚕種を土蔵などの貯蔵場所から取り出し、ネズミなどの害を防ぐために蚕種台紙の上下に天井から紐を吊るしておく。その際、蚕種台紙の上下では温度の差があるためこれを揃える。また、低温が続く場合は火鉢などで暖め、桑の芽吹きが遅い寒い年には蚕種を温度の低い場所に置いて調整して孵化を桑の芽吹きと同調させる。

このように、自然に任せた方法で催青は行われてきた。しかし、実際には桑の芽吹きが充分ではない頃に孵化が始まったり、幼虫が孵化した後に遅い霜で桑が枯れ、与える桑が手に入らず、幼虫を破

註 (1) 上垣守国（1803）:『養蚕秘録』．（日本農書全集 35 に収録，農文協 1981）．
註 (2) 成田重兵衛（1813~1814）:『蚕飼絹篩大成』．（日本農書全集 35 に収録，農文協 1981）．
註 (3) 石黒千尋（1862）:『養蚕規範』．（日本農書全集 47 に収録，農文協 1997）．

棄する事態も生じていたようである。『安曇村史』第三巻（安曇村誌編纂委員会 1998）には、現在の長野県南安曇地方では文久年間（1861〜1865）には稲核地区の風穴に蚕種を保存し、孵化を遅らせたりしていたことが記載されている。同地方では遅霜対策、夏蚕飼育が盛んであったことから風穴の低温利用が行われていたようである。

以上のような限定した利用はみられたものの、本格的な風穴利用に至ったのは「濱帰り」と呼ばれる蚕種の保存が契機である。『信濃蚕糸業史』中巻（江口・日高 1937）や『安曇村史』第三巻などによると、慶応年間（1865〜1867）における開国後の主要な輸出品であった蚕種は日本各地から港のある横浜へ集まり、輸出されていた。その蚕種を「濱帰り」と称したのであるが、余剰となって蚕種生産地に戻されるケースも生じていた。その蚕種を現在の長野県松本市稲核の前田家保有（現在戸主 前田英一郎氏）の風穴に預けるようになった。そのようななか、慶応2年、同県では孵化後に大遅霜があり、養蚕は大被害を受けた。あるとき蚕種家が風穴に預けておいた蚕種を取り出して飼育したところ、一定量の繭を得ることができた。これが蚕種への風穴利用の本格的な起源となったとされている。

一方、蚕種冷蔵は稲核での文久年間とされる起源以前にも行われていたことを窺わせる記述がある。しかし、その具体的な方法や場所、風穴を利用していたかについては断定できず、風穴での蚕種冷蔵の有効性が広く技術として利用されるようになったのは、前田風穴における成果を起源とすることが通説となっている。風穴利用の起源については再度触れることにするが、いずれにしよ、風穴を利用することで、それまでは自然任せであった八十八夜前後の春蚕の飼育開始時期が、人の都合、すなわち他の農作業との調整が可能となったのだ。当時の養蚕、広くは農村社会にとっては革新的な技術で

第3章 風穴がもたらした養蚕業の発展

あり、急速に全国へ普及していったのである。
次に究理催青法について述べよう。蚕種は通常、黒紫色であるが、貯蔵しておいた卵を孵化させるために暖めると（通常23〜25℃）、卵内の胚子が成長を始める。成長した胚子は孵化1日前ほどになると、漿液膜(しょうえきまく)という胚子を囲んでいる膜を飲み込むため、卵が青色に変化する。この状態を催青と呼び、催青に至るまでの管理作業を養蚕では催青作業と呼んでいることは前述の通りである。単に催青という場合も多い。二化性という遺伝的性質をもった蚕種を低温（15℃前後）で催青し、飼育するとその雌蛾から産まれた卵は安定的に夏にもう一度孵化し、夏期に再飼育が可能となる。
この技術は究理催青と名づけられたが、これを始めたのが長野県南安曇郡の百瀬九郎平、多田道彌らであり、藤岡甚四郎により確立された。この技術が夏蚕や秋蚕の普及に貢献した（江口・日高 1937）。当初は生産性の面で疑問視する向きもあり、国の許可がおりなかったが、明治11年には風穴蚕種の製造が「蚕業取締規則」で許可され、風穴を利用した年間多回育が全国へ広まって行った。その後は、各地で風穴の低温を利用した蚕種保存法と究理催青を上手く組み合わす工夫がなされ、春から秋まで養蚕が可能となったのである。

養蚕業における風穴利用の衰退

明治時代を通じて広く行われた風穴を利用した蚕種貯蔵や究理催青は、大正時代に入ると減少し、昭和10年にはほぼゼロとなった。この要因としては人工孵化技術の開発、機械的な冷蔵庫の普及をあ

げることができる。人工孵化技術とは、蚕種を塩酸に浸すことで越年状態になった黒種を翌年まで待たずに孵化させる技術である。大正3年には愛知県の小池弘三氏が実用可能な技術を開発した。夏秋蚕用の蚕種に対する人工孵化法の割合の変化をみると表1のようになる。大正10年には6％であった人工浸酸種が昭和8年では97.1％と急速に普及し、風穴を利用した夏秋用蚕種の利用は大きく衰退した。

また、風穴は交通の不便な山中にあることが多く、人工的な冷蔵庫の利用が明治時代から考えられていた。久保田（1909）によれば、アンモニアを用いた冷蔵庫で保存された蚕種と風穴保存の蚕種の孵化試験の比較が明治41年に初めて開始され、両者の結果に大きな違いのないことが記載されている。しかし、冷蔵庫の故障、安定した低温の確保は技術的に困難があったようである。養蚕への冷蔵庫の普及についての詳細を明らかにはできていないが、人工孵化技術の普及と相まって、養蚕業において風穴を利用することは昭和10年頃（1935）には終焉を迎えることになった。

表1　人工孵化による蚕種製造額および増加趨勢

年		千蛾(製造額)	大正10年を100とした指数*	夏秋蚕製造額に対する割合**
大正 10	1921	26,335	100	6.0
11	1922	59,497	226	8.1
12	1923	153,676	583	21.5
13	1924	222,572	845	55.4
14	1925	325,970	1237	68.7
15	1926	378,245	1435	75.5
昭和 2	1927	434,785	1650	81.1
3	1928	472,418	1792	82.5
4	1929	456,111	1731	86.9
5	1930	473,633	1797	93.9
6	1931	412,168	1564	93
7	1932	347,544	1319	94.1
8	1933	474,434	1800	97.1

石森直人（1935）：『岩波全書（蠶）』より引用改変．*, ** は農林省蚕糸局統計による．

復活した風穴での蚕種保存

2011年3月11日に発生した東日本大震災では、多くの人命や物が失われた。このとき、東北大学（仙台市）では貴重な実験用マウスの多くの系統も犠牲となった。これを教訓に、貴重な生物の保存は東日本、西日本の2つの場所で行うことが提唱された（文部科学省ライフサイエンス課）。研究や産業への応用上有用となるカイコの系統を世界で最も多数保有している筆者の所属する九州大学（福岡市）でも、その対策を関係者と協議することになった。当初、関東地区のカイコに関する研究機関へのバックアップ保存を想定したのであるが、関東地区へ電力を供給する東京電力では震災後に計画停電が実施されていた。電力に頼らない方法が必要になった。

そこで風穴利用を計画することとなったのである。しかし、実用可能な風穴が今もお存続している

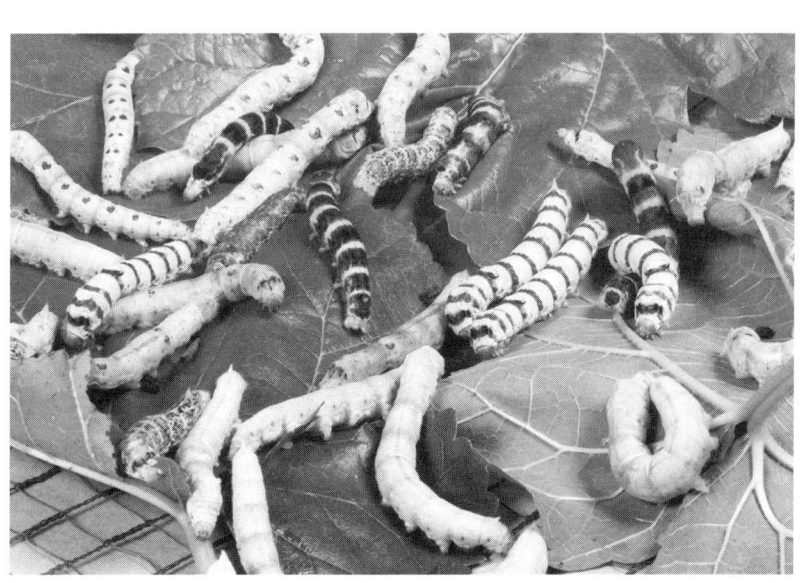

写真1 多様なカイコ幼虫の体色と模様
養蚕用に多く飼育されているカイコは白色であるが、突然変異系統として様々な変異がある．色，斑紋の形成メカニズムの研究に使われている．伴野提供．カバーのカラー写真も参照．

第Ⅱ部　風穴調査最前線

のか、また利用可能かが不安であった。幸いにも、風穴利用の端緒となった松本市稲核の前田風穴が良好な状態であることがわかり、しかも蚕種の預け入れを許諾していただけることになった。このようにして風穴での蚕種冷蔵が、研究という限定した利用であるものの70余年ぶりに復活することになった。2011年から2015年までの4年間の利用状況は以下のようである。

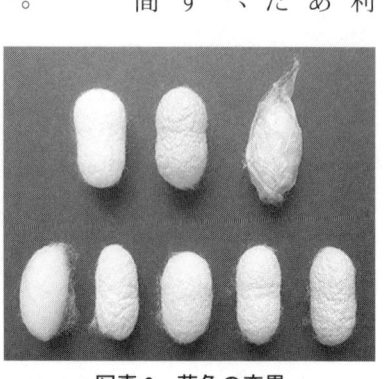

① 九州大学において5月の連休明けから春蚕を飼育。
② 6月中旬頃、蛾となり採種。
③ 約500種類の系統の蚕種を大学保存分と風穴保存分に分け、風穴保存分は6月末に稲核の前田家の土蔵へ移動（以後自然温度下にて土蔵で保管）。
④ 翌年2月末から3月上旬に土蔵から風穴（風穴本元）へ移動（入穴）。
⑤ 6月末に風穴から出し（出穴）、大学へ移動。それと同時に、その年の九州大学での春蚕飼育によって得た蚕種を前田家の土蔵へ移動して貯蔵。

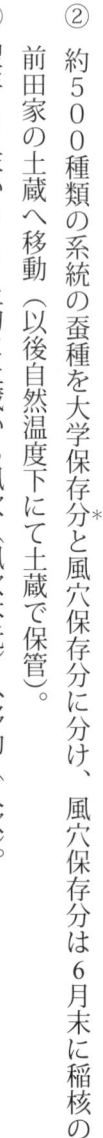

＊大学保存分とした蚕種は、夏場は30℃を超えないように地下室に保存し、12月中旬頃からは電気冷蔵庫（2〜5℃）内で保存、翌年の5月連休前2週間程前から催青を行い、連休明けに孵化させて上記①へと利用される。

写真2　繭色の変異
繭の色も白ばかりでなく，系統によって異なる．欧州ではピンク系の色，東南アジアでは黄色の繭を作る系統が多い．色はカバーのカラー写真を参照．伴野提供．

するために、風穴利用が復活したのである。

養蚕と風穴に関して明らかにすべき課題

　風穴に保存した卵と大学において保存した卵とを孵化調査した結果、風穴蚕種の方が好成績という意外な結果が得られている。確定するには詳しい実験が必要であるが、筆者は、土蔵と風穴内の湿度が年間を通じて高湿度で推移していることが大きな要因ではないかと考えている。蚕種の保存には昔から高湿度が好ましいとされる。電気冷蔵庫内は乾燥しやすく、湿度を高く保つと、卵表面にカビなどが生えることを経験している。カビが生えた卵は孵化が低下するため、カビの発生はまったくみられない。風穴は地中から絶えず吹き出している風が流入して冷やされ蚕種の表面にカビが作り出され、卵面にカビが生じることが防がれている可能性が高い。今後、風穴保存の優れた機能を科学的に明らかにする必要がある。

　もうひとつの課題は、風穴利用の始まりに関する歴史的記載に関する調査である。これについては、信濃の蚕種家は天保年間に現在の松本市稲核の前田家の風穴が通説となっていることを述べた。しかし、木曽御嶽の冷所で蚕種保存を行っていた事実があり、前田風穴を起源とする説に疑問が呈度にすでに

されている(ただし、詳細については記録不明)。また、江戸後期に長野や東北地方を旅した菅江真澄(本草学かつ民俗学者)は、天明3年に伊那谷を旅し、伊那の中路という紀行文を残しているが、そのなかに、山吹という地では蚕種は山の寒い所で保存し、卯月8日の釈迦仏の行いの日に里より取りに行くのが習わしであると記載している(山吹は現在の長野県下伊那郡高森町)。さらには、大日本蚕糸会報300号記念として編集された蚕品種や養蚕に関する特集号のなかの、藤本善衛門氏所蔵の古記録によれば、信州においては天保年代の頃、「嶽上せ」あるいは「嶽下し」等と称し、蚕種を山嶽に送り保護せる事実があったことが記載されている。

これら3例をみると、前田風穴利用以前の時代に自宅とは異なる気温の低い場所に蚕種を保存していた事実があったことは、間違いないように思われる。しかし、その場所が風穴であったのか、単に冷所であったのか、その場所を含め詳細は明らかではない。これら記載のあった地域で古い時代の風穴の存在とその利用について、それぞれの風穴に関する歴史学的な追究が望まれる。

註(4) 池田栄太郎(1919):『蚕の種類及び品種改良論』. 明文堂.
註(5) 菅江真澄著・柳田国男校訂(1929):『伊那の中路』. 真澄遊覧記刊行会.
註(6) 蚕の種類号(1917):『蚕の種類号』. 大日本蚕糸会.

コラム2
明治39年『風穴論』と柳澤巖

清水 長正

『風穴論』は、明治39年に松本測候所長の柳澤巖(やなぎさわいわお)が著した本で、蚕種を風穴貯蔵するための技術書である(柳澤1906：写真1)。風穴への貯蔵法のみならず、風穴内に生じる地下氷の生成や、風穴の機構についても言及しており、当時の日本における風穴研究の先駆となっている。

著者の柳澤巖は、明治34(1901)年から昭和2(1927)年まで約26年間、松本測候所長の職にあり、歴代所長のなかで所長在任期間が最も長い。松本測候所は明治30年に庁舎が竣工しており、また、農商務省の委託により明治31(1898)年6月17日から明治45年まで、安曇村稲核(あずみむらいねこき)の風穴を観測している。当初、前任の青木信寛測候所長が前田亀市に委嘱して水銀寒暖計を日々観測していたが、明治37年3月からは、柳澤によってドラム式自記寒暖計を使用することになった(柳澤1908)。明治40年ころには富士風穴へ出張しており、洞内の観察結果を報告した(久保田1909)。また、明治41年には神坂峠(みさか)の風穴へ出張し、『三坂風穴調査報文』を著した(柳澤1908)。明治43年に刊行された『風穴新論』(柳澤1910)の表紙によれば、東京蚕業講習

写真1 『風穴論』の表紙

註(1) 国会図書館のデジタルアーカイブで見ることができる.
註(2) 松本測候所百年記念誌編集委員会（1998）：『松本の気象百年—松本測候所創立百年記念誌』.

所夏秋蚕部員や豊科にあった秋蚕専修学校講師を兼任していた。柳澤は、明治期における風穴研究の第一人者であったといえる。

『風穴論』には、「山腹より出る冷気を利用して貯蔵庫を造る」「天然の岩窟をそのまま利用して貯棚を造る」という2種類の風穴のタイプに分けられることが、すでに書かれている。また、風穴の良否を決める温度は、蚕卵胚子発達に要する5〜10℃、あるいは8.5℃が提唱されている。その後、明治39年に定められた「長野県風穴取締規則」では、蚕種貯蔵期間を華氏45度（7.2℃）以下としている。

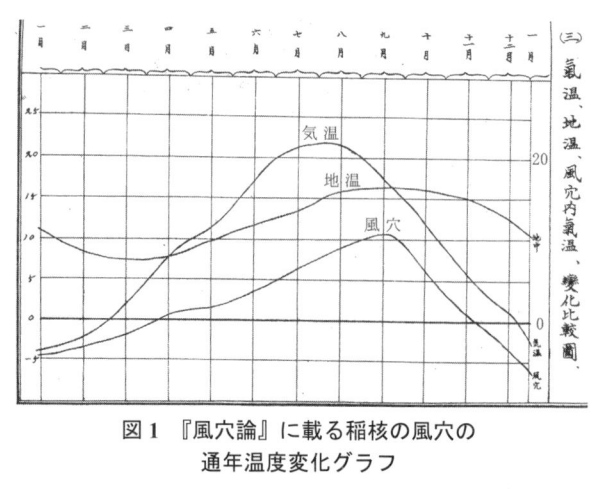

『風穴論』に載る稲核の風穴の通年温度変化グラフは、おそらく日本で初めて一般に示されたものであろう（図1）。風穴の氷塊の消長についても、それが春先に生成されるという新知見を出している（10章柿下・清水参照）。

大分県蚕糸業史編纂委員会（1968）によれば、『風穴論』を読んで啓発された地元の木下洋三という篤志家が久住山を歩き大船山風穴を確認したとあり、当時『風穴論』の読者が全国へ広がっていたことがわかる。その後20世紀の終わりに至るまで風穴関係の文献でほとんど引用されることもなく忘れ去られていたが、百年以上前に風穴に関するこれだけの研究書が存在していたことに驚かされる。

図1 『風穴論』に載る稲核の風穴の通年温度変化グラフ

第4章 蚕種貯蔵風穴の歴史と制度

飯塚　聡

近代産業遺産としての蚕種貯蔵風穴

明治から大正・昭和前期にかけ、天然の冷風が吹き出す風穴の自然の摂理を蚕種の貯蔵に利用した施設が、蚕種貯蔵風穴である。これには自然の洞穴内に蚕種貯蔵用の棚を設けて利用したもの（天然洞窟）と、冷風の吹き出し口を掘り下げて石垣を組み、覆屋を架けて冷気を閉じ込める風穴利用のほか、高冷地・多雪地では氷雪を併用したものもあった。全国的には山梨県の富士山麓で天然の洞穴（熔岩トンネル）内部を利用したものが際立つが、他地域の蚕種貯蔵風穴の多くは崖錐斜面に人工的に構築したものである。また冷却方法としては、吐出する冷気利用の囲い覆屋）との2形式がある。

風穴への蚕種貯蔵は幕末・明治初期にまず長野県で本格化した。その成果が明らかになると、夏秋蚕の普及ならびに養蚕の全国展開に伴い、明治30年代から大正末以降に機械式冷蔵庫が普及するまでの間、風穴の利用が急速に全国に拡大した。

機械による冷蔵技術が未発達で、またエネルギー生産とその供給技術も発展途上にあった当時、増

大する生糸輸出需要に応じた原料繭確保のため、それまで良質な繭の生産が困難で忌避されてきた夏秋蚕を安定化させ、養蚕の多回育化をはかるうえで、天然の冷風を利用した風穴での蚕種貯蔵が、大変有効な手段として認識されたのであった。

風穴の利用により、農繁期と養蚕従事期の調整が可能となり、また春蚕が主であったわが国の養蚕は明治期を通じて夏秋蚕も本格化し、大正期に両者の普及率はほぼ拮抗する（図1）。こうして風穴が養蚕業の繁栄に大きく貢献したことは第3章で伴野が述べたとおりである。

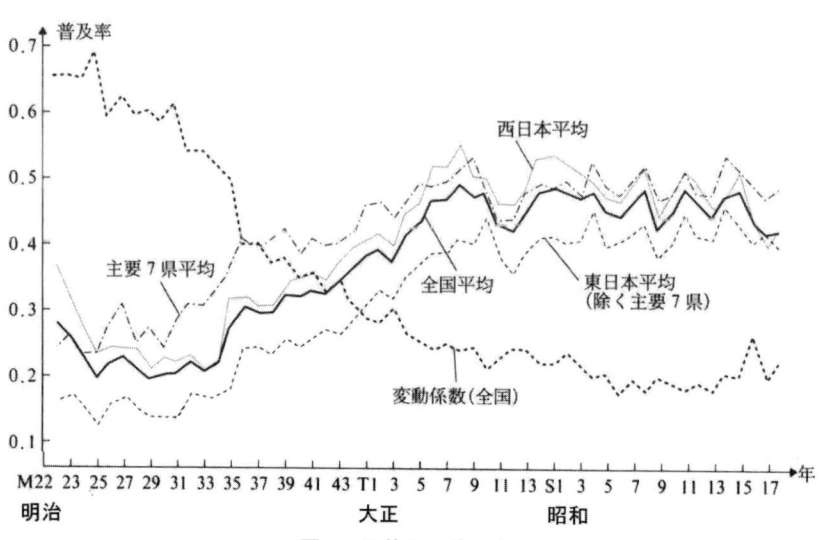

蚕種貯蔵風穴は、明治・大正期における夏秋蚕飼育の安定化と養蚕の多回育化を実現し、繭の増産に重要な貢献をした。北海道から九州南部に至る全国各地へのその分布は、夏秋蚕を含む養蚕が近代に全国展開したことを雄弁に物語り、日本の近代化と経済産業の発展のための外資獲得の糧である輸出生糸生産が、全国規模で支えられていたことを今に伝えている。蚕種貯蔵風穴は、明治・大正期の蚕糸業隆盛の一翼を担った、近代産業遺産である。

図1 夏秋蚕の普及率
清川（2009）より引用掲載．

ここでは、長野県で本格化し全国に展開した蚕種貯蔵風穴の歴史と制度をたどってみたい。

風穴の取締りと蚕品種の管理

長野県のとりくみ

長野県では、幕末明治初期以来、民間が主体となって風穴利用による夏秋蚕の孵化技術を確立し、またそれぞれの経営努力によって蚕種貯蔵や風穴種製造で全国をリードしてきた。明治30年代になると県外でも盛んに風穴が構築されるようになり、たとえば、明治38年創業の群馬県下仁田町の荒船風穴建設に際して稲核地区に技師が派遣されるなど（下仁田町教育委員会・中之条町教育委員会2009）、信州の優良風穴が模範とされ視察も行われた。いっぽう他県では後発ゆえ、信州の例を参考にしつつも、中央の新知識・技術も導入して風穴が築かれるようになり、長野県の優位も次第に揺らぎ始めた。さらに県内各地に風穴が急増したため、なかには温湿度管理が不適切で設備不完全のものも混在し、風穴蚕種の品質低下などが問題視されるようになっていった。

こうしたなか、長野県技師・渡邊義武が明治38（1905）年8月25日付けで県の第三部長にあてて上申書を提出した。このなかで渡邊は、他県の風穴が構造設備の完全を期し中央より指導者を招き常に改良を加えていることを、成功例とともに紹介する。そのいっぽうで、長野県内では「風穴元祖の地」でありながら工夫と改善を怠り、時流に遅れていることを指摘し、また県内風穴の蚕種保護環境が劣悪となっていることを嘆いた。そして改善へのとりくみがなければ「他県に競争者を生じたる今日、現状の儘にては漸次他県の風穴に声価占めらるるは明らか」であるとし、風穴の改良は「最も

「急要のこと」と訴えた。そして風穴は個人の営業によるものであるが、風穴の不評は長野県が誇る一般蚕種の販路にも影響するとして、民間の風穴に対する県当局の積極的な「保護誘導」を促した。

この上申書で渡邊は、他県の成功例として、山梨県の富士風穴で新たに100万枚の蚕種を貯蔵する設計を立てたこと、静岡県伊豆の天城風穴(伊豆市、明治33年)、群馬県の榛名風穴(高崎市、明治35年)、星尾風穴(南牧村、明治38年)では東京蚕業講習所から技術指導者を招き、改良にとりくみ成果を上げていることなどを紹介している。

これを受けて長野県は、環境劣悪な風穴による蚕種の品質悪化が県内蚕糸業全体の信用低下につながることを危惧し、風穴の改良を県蚕糸業の盛衰にかかわる重大事と位置づけ、早速この年県内の蚕種貯蔵風穴の詳細調査を実施し、「風穴改良要項」を定めた。

長野県風穴取締規則の制定

以上の成果をもとに、明治39年、長野県は「長野県風穴取締規則」を制定した。ここに、繭の安定的増産の出発点となる風穴内部の温度管理や建物の構造仕様等を具体的に定め、風穴設置を知事の許可制とし、全国に先駆けて風穴を公的規制下に置いた。

また県は、この取締規則と同時に、県内風穴蚕種貯蔵業者に対して風穴同業組合を結成させ、蚕種貯蔵料金の均一化、蚕種貯蔵試験の実施、専門家による技術講習会を開催させるなどし、組合が風穴の経営および技術改善の指導組織となることを促した。

なお同じ頃、松本測候所長の柳澤巖が『風穴論』(明治39年)、『風穴新論』(明治40年)を著し(柳澤1906、1910)、風穴の意義や構造・気象・地質原理・蚕児飼育法などを説き、風穴営業者へ

の啓蒙や技術の普及に貢献している。

「風穴元祖の地」長野県では、こうして明治30年代末期を境に、他県の風穴の技術革新と競争力の向上に対抗するため、県が風穴の改良に乗り出すことになった。幕末以来民間によって経営されてきた県内の各風穴は、ここに行政が主体的に関与することとなり、同業組合も組織化され、施設設備の見直しや増改築の機運も高まることとなった。

その一例として、小諸風穴（小諸市）で明治40年代に施設の拡充がなされた経過をみてみよう。明治40年の時点で同風穴は1号（蚕種貯蔵可能5万枚）・2号（同3万6千枚）・3号（同29万9475枚）の3基で構成され、蚕種貯蔵可能枚数は合計38万5475枚であった。これが翌41年に4号風穴（5万7千枚）が増設され、合計44万2475枚となる（江口・日高 1973）。さらに明治43年に施設は1基減少し3基となったが、2号風穴が23万8千枚の規模に拡張されており、合計58万7475枚の規模となった（長野県蚕病予防事務所 1910）。その後大正前半期には同風穴は6基で構成されていた（農商務省農務局 1914〜1919）。

国による法制化

明治30年代末以降風穴利用が全国で本格化していくなか、政府も明治45年に「蚕糸業法」および「蚕糸業法施行規則」を制定した。蚕品種と原料繭の品質確保をはかるため、蚕種冷蔵業への規定を設け、風穴を地方長官（府県知事）の許可制として全国把握し、内部設備等に規定を設けたもので、蚕種冷蔵取締制度が廃止される大正6年度まで続けられた。

この取締規則にもとづく大正元年度から6カ年度間の風穴の実績集成の記録が、農商務省農務局『蚕

業取締成績』(農商務省農務局　1912〜1919)である。これによれば全国32道府県に239カ所の認可を受けた風穴が確認される。大正6年度を例にとると、全国222カ所のうち約半数に迫る105カ所が長野県にあり、山梨県(23カ所)、山形県(15カ所)、岐阜県(12カ所)、長崎県(9カ所)、宮城県(8カ所)、群馬県(7カ所)と続いている(図2)。

国の試験教育機関と蚕種貯蔵風穴

ところで、先述の長野県の渡邊技師が他県風穴成功例の鍵としていたのが、中央の技術指導である。このことについて、群馬県を例に少し触れておきたい。

国は、明治期を通じて農商務省所管の養蚕の試験および教育機関を置き(明治17年蚕病試験場→同20年西ヶ原蚕業試験場→同29年東京蚕業講習所→大正3年文部省所管東京高等蚕糸学校)、桑樹・蚕種・養蚕飼育にかかわる各種試験や養蚕技師養成教育を行った(東京高等蚕糸学校　1942)。ここには全国の蚕糸業者の子弟らも学び、帰郷後、技師や指導者・経営者として知識・技術の普及を担った。

やがて明治後期以降、卒業者のなかに風穴事業にとりくむ人々が現れた。前掲上申書で掲げられた成功例のうち、榛名風穴は西ヶ原蚕業講習所に学んだ地元蚕種家が同講習所長の指導を、星尾風穴は東京蚕業講習所に学んだ地元蚕種家が同窓生の同講習所技手の支援を受け、それぞれ構築された(大

写真1　蚕紙箱
宮城県・材木岩風穴の展示.

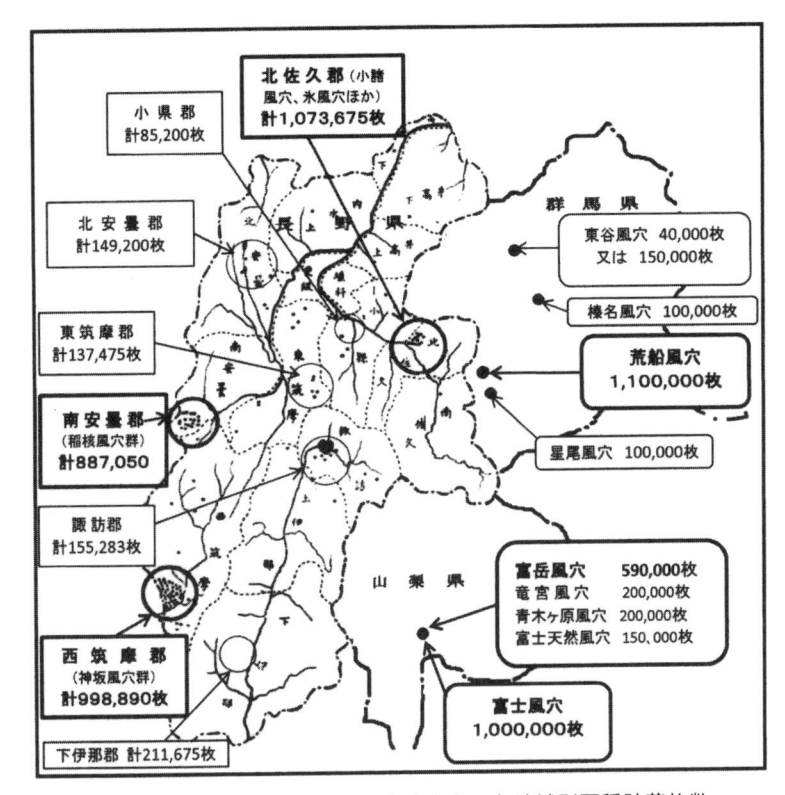

図2　明治43年ころの長野県を中心とした地域別蚕種貯蔵枚数

① この図は、『信濃蚕糸業史』中巻（江口・日高 1937）の「長野県風穴分布図（明治43年調査）」に、長野県内の代表的風穴集中地域（○で囲んだ地域）を含む郡ごとの蚕種貯蔵可能枚数合計と、群馬・山梨両県の大規模風穴を中心に追加し作成したもの。なおこの図は、筆者が群馬県教育委員会文化財保護課在職時に、荒船風穴および東谷風穴の史跡指定業務にあたりとりくんだ風穴調査の結果報告（群馬県教育委員会『蚕種貯蔵風穴の概要―群馬県荒船・東谷風穴蚕種貯蔵所跡の意義―』(2009)・未刊行]で作成したものが元になっている。

② 長野県内の郡ごとの蚕種貯蔵枚数は、『長野県風穴調』（長野県蚕病予防事務所 1910）所載の「風穴調書」にて示されている「蚕種貯蔵許可枚数」による。

③ 群馬県内の風穴の貯蔵枚数は『群馬県蚕糸業史』下（群馬県蚕糸業史編纂委員会 1954）より。なお荒船風穴の枚数は3基の風穴が揃った大正2年以降のもの。明治43年当時は70万枚。東谷風穴は同書に記載された最大値は15万枚。なお、現存遺構規模からは12万枚程度貯蔵可能と推定される。また、星尾風穴の10万枚は『群馬県蚕業家名鑑』(1910) 所収「星尾風穴合資会社」項。

④ 太枠は80万～百万枚クラスの風穴もしくは風穴集中地域。長野県は3地域においてそれぞれ百万枚クラス。山梨の富士風穴、群馬の荒船風穴は1風穴で百万枚クラス。

⑤ 明治末期、長野県内の計百万枚前後となる風穴集中地域を一つの風穴でまかなえる大規模風穴が山梨、群馬に登場。これは、計百万枚に達する風穴集中地域であっても、それぞれが小規模で施設環境も経営も異なる長野に対し、大量の蚕種を同一環境で一括冷蔵保護する大規模風穴が求められるようになったこと、また全国各地との取引にあたり流通至便な関東圏内もしくは関東により近い土地である必要があったことと推定する。

久保1910、東京高等蚕糸学校1929、群馬県蚕糸業史編纂委員会1954）。また、明治40年創業の東谷風穴（中之条町）・幡谷風穴（片品村）の各設営者もかつて西ヶ原蚕業試験場に学び、さらに全国最大の蚕種貯蔵110万枚の荒船風穴では、東京蚕業講習所長にかつて指導を仰いだ（群馬県蚕糸業史編纂委員会1954、下仁田町教育委員会・中之条町教育委員会2009）。大正期に蚕糸業法下で認可を受けた県内7カ所の風穴のうち5例（榛名、星尾、荒船、東谷、幡谷）に、先述の試験場・講習所との人的交流が確認できる。

蚕種貯蔵風穴の形態と構造

天然洞窟と石囲い覆屋

冒頭でも触れた蚕種貯蔵風穴の二つの形式のうち、天然の洞穴を利用した天然洞窟形式では、内部に棚を築き、蚕種紙を収納する箱をおさめるのが一般的である。いっぽう、天然の冷気が吐出する場所に施設を築く石囲い覆屋の形式では、内部は規模に応じて多層階とし、各階に棚を設け、下階を貯蔵庫、上階を作業場や究理室にあてた。全国の風穴の多くはこの形式である。

施設配置（管理棟と蚕種貯蔵庫）

天然洞窟の場合には、洞窟の外部に管理施設が設けられる。いっぽう、石囲い覆屋形式の風穴施設では、施設配置の形状から管理棟と貯蔵庫が一体となったものと、それぞれ別棟となっているものと

61　第4章　蚕種貯蔵風穴の歴史と制度

一棟型

榛名風穴（『群馬県案内』（明治43年刊）より）

星尾風穴（『群馬県案内』（明治43年刊）

別棟型

東谷風穴（『群馬県案内』（明治43年刊）より）

※上の写真及び右の実測図ともに、向かって左の建物が管理棟、右端が蚕種貯蔵庫。

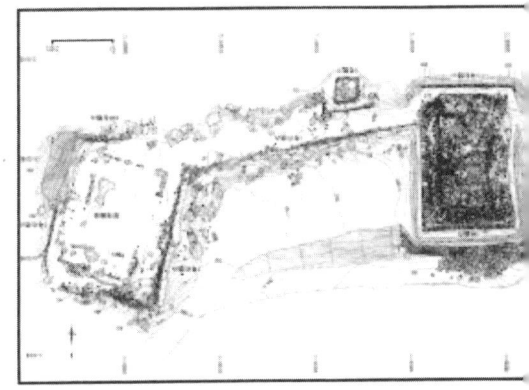

東谷風穴実測図

※左の写真との比較対照のため天地逆にて掲載

（『群馬の蚕種貯蔵風穴群概要調査報告書荒船風穴・栃窪風穴』仁田町教育委員会・中之条町教育委員会　平成21(2009)年）よ

図3　一棟型と別棟型の風穴

大きく2種類に分けられる。

管理棟と蚕種貯蔵庫が一体となったものを「一棟型」、管理棟と蚕種貯蔵庫が別棟で構成されているものを「別棟型」と便宜上呼称しておきたい。総じてこれらの形態の差は、立地する土地の形状と蚕種の需要に規定され、単体の小規模な風穴は一棟型、大規模なものや立地に余裕がある場合には別棟型がとられる傾向にある（図3）。

なお、長野県稲核風穴では、集落の山際の崖錐斜面一帯で冷気が吐出するため、各家ごとに風穴を構え、それぞれ家業として蚕種冷蔵にとりくんでいた。その場合は住宅が管理棟の役割を兼ね、別に石囲い覆屋の蚕種貯蔵庫を1棟ないし複数棟設置する構成がとられていた。

風穴取締規則に規定された風穴の構造

明治39年「長野県風穴取調規則」には、風穴施設の仕様が具体的に規定されている。後の明治44年の国の「蚕糸業法」に基づく「蚕糸業法施行規則」でも風穴の内部環境が具体的に規定されているが、内容・表現の上から長野県での基準が基になっているものと考えられる。ただし国の規則では施設の外形については言及がない。おそらくこれは、風穴施設の仕様がすでに普及しつつあり、内部の蚕種保護環境を順守しておれば、全国各地各所の環境条件に即し、各自各様の工夫が行われていたと推定される。以下、長野県と国の規則で規定された風穴施設の仕様の一部を要約抜粋する（江口・日高 1937、柳澤 1910）。

○明治39年「長野県風穴取締規則」の風穴構造仕様等の規定

第4章 蚕種貯蔵風穴の歴史と制度

1) 内部
① 温度は華氏45度以下に保つ。
② 気象台検定済みの寒暖計を設置。
③ 蚕種容器配置の棚を設置。
④ 蚕種容器は亜鉛板で覆った二重式のもので、蚕種相互の間隔は2分5厘以上保持する（ただし、委託者が予め容器に容れて貯蔵委託した場合以外）。

(2) 屋根：厚さ1尺5寸以上の茅葺き、または中間に厚さ1尺5寸以上のおが屑を充填した二重板葺とする。

(3) 入口：二重構造。それぞれ位置は行き違えに設置。

(4) 石垣と屋根との間の壁：厚さ8寸以上の白壁、または中間に厚さ1尺5寸以上のおが屑を充填した二重壁とする。

○ 明治44年「蚕糸業法」に基づく「蚕糸業法施行規則」の風穴内部の規定
① 寒暖計・検湿計を常備。
② 蚕種容器配置の棚を設置。
③ 蚕種容器は亜鉛板及び木材を用いた二重箱で密閉できるもの。
④ 容器内の蚕種は1厘もしくは4厘以上の間隔を保つ。

蚕種貯蔵風穴の衰退

蚕種貯蔵風穴は、科学技術の発達とエネルギー供給の普及、そして世界経済および国際情勢の変動

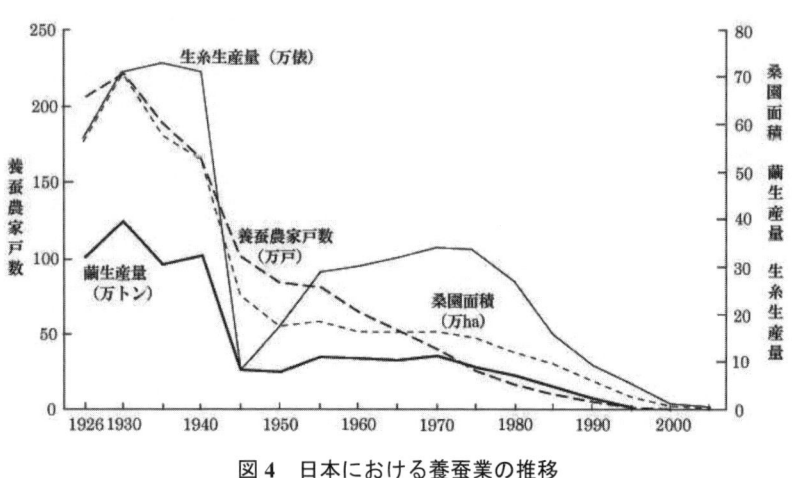

により昭和初期以降相次いで衰退する。

大正中期から昭和初期、蚕糸学の進展により一代交雑種に象徴される蚕品種の改良や人工孵化法が発達し、蚕種貯蔵施設の要件も変容する。貯蔵環境にバラツキがありその多くが交通難渋の山間地に所在する風穴に対し、大正期には氷生産の普及に伴い集落近くに氷庫（氷を用いた蚕種冷蔵施設。当初は天然氷も使用されたが、製氷技術の普及に伴い人工氷を多用）が多数営業され、さらに大正末以降、温度を管理制御できる機械式冷蔵庫が普及していく。

そして昭和4年に始まった世界恐慌と昭和10年代の戦争の進行が、日本の蚕糸業に甚大な影響を及ぼした。日本の生糸輸出は明治30年代からアメリカ市場が中心となった。第一次世界大戦（1914～1918）でヨーロッパの養蚕業が低落する一方、アメリカは空前の好景気を迎え繊維産業も栄えた。日本もその恩恵に浴し、大正後期に生糸対米輸出は95％に達した。しかし世界恐慌でアメリカ経済は低迷し、米国絹産業は大打撃を受け、日本生糸の対米輸出額は半減。さらに昭和12年からの日中戦争以後貿易は低迷し、昭和16（1941）年太平洋戦争開戦により生糸輸出は途絶。国

図4　日本における養蚕業の推移
大日本蚕糸会蚕業技術研究所ホームページ「養蚕」より引用掲載.

第4章 蚕種貯蔵風穴の歴史と制度

内の蚕糸業は低迷した（図4）。

なお、山間地の地域に根ざす一部の小規模風穴は昭和10年代半ばまで使用されたが、多くの蚕種貯蔵風穴は昭和10年前後にその歴史的役割を終えていった。

近代産業遺産としての蚕種貯蔵風穴の今後

夏秋蚕飼育の安定化および多回育化による繭増産は、風穴の利用と、当時主に民間の教育組織が担っていた養蚕の実践指導の普及や、夏秋蚕に適した桑品種の改良や生育の工夫など、教育・技術面の全国的なとりくみと密接にかかわりながら実現できた事象であった。

蚕種貯蔵風穴は、養蚕に特化した蚕室を伴う養蚕農家の建物とともに、近代蚕糸業を支えた施設面の代表と言えよう。また近年は、自然環境への負荷が抑えられた自然の摂理を活用した冷蔵施設として、風穴の今日的意義も見直されてきている。

2010（平成22）年、群馬県の荒船風穴と東谷風穴は、蚕種貯蔵風穴として初めて国の史跡に指定された（史跡荒船・東谷風穴蚕種貯蔵所跡）。現在荒船風穴では、下仁田町により文献調査と並行して保存整備のための発掘調査が続けられ、その姿が明らかにされつつある。

近代産業遺産としての蚕種貯蔵風穴の調査研究は、ようやく緒に就いたばかりである。今後、全国に数多く埋もれている風穴の解明が各地で進み、蚕糸業の歴史を物語る文化遺産として再評価され、適切に保存・整備・活用されていくことを期待したい。

第5章 風穴小屋の原形と変容の方向性

梅干野 成央

風穴小屋とは

国土の大部分を山地が占める日本では、古くから山の恵を利用しながら生活がいとなまれてきた。こうした恵の一つに、山から吹き出る冷風がある。冷風が吹き出る場所は風穴と呼ばれ、そこではさまざまなものが冷蔵されてきた。とくに近代には、国の基幹産業であった蚕業と結びつき、風穴の需要が大きく高まった。蚕種（蚕の卵）を風穴で冷蔵することによって、蚕種の生理を害することなく、風穴の発生を抑制することができる。その産業は蚕種冷蔵業と呼ばれ、日本の近代化に大きく貢献した蚕業の発展の一翼を担った。

風穴には、洞穴から冷風が吹き出るものと斜面から冷風が吹き出るものがあるが、いずれも施設を構え、いわば天然の冷蔵倉庫としての体を成しているものが多い。ここではこの天然の冷蔵倉庫を建築的に捉え、それを風穴小屋と呼びたい。風穴小屋の歴史について考えをめぐらすと、まず、どのような変化を経て今に至ったのか、という

第5章　風穴小屋の原形と変容の方向性

課題にいきつく。風穴小屋は、風穴の種類によって形式が異なり、また、その造りも地域によってさまざまで、それぞれが個別の変化を経て今に至った、と考えるのが一般的であろう。いっぽう、ある造りの建築が、ある出来事をきっかけに、建築的な手本として全国へ伝播した、と考えることもできる。風穴小屋の場合、そのきっかけは、蚕業の発展にともなう蚕種冷蔵業の普及にあった。松本測候所の所長であった柳澤巌が明治39（1906）年に著した、日本の風穴に関する先駆的な研究書『風穴論』（柳澤1906）には、風穴小屋の伝播に関する経緯が次のように記されている。

風穴ナル語ハ直ニ吾人ヲシテ稲核ヲ聯想セシメ稲核ナル名称ハ亦直ニ吾人ヲシテ風穴ナルコトヲ意味セシムル程稲核風穴ノ名超然トシテ頭地ヲ抜キ廣ク蠶業界ニ轟キ獨リ其名ヲ儘ニス 是ニ於テカ其後風穴ヲ建設セシ者ハ皆其構造ヲ彼ニ則ルニ至ル故ニ大同小異其軌ヲ一ニスル誠ニ故アルナリ

ここで紹介されている稲核（いねこき）（長野県松本市安曇）の風穴小屋は、全国へ伝播した建築的な手本の一つであったといえる。稲核の風穴小屋については、これまでにも数度にわたって調査が行われ、文化的な価値が論じられているほか（宮野・半澤1978、野原1987、土本2009など）、世界文化遺産「富岡製糸場と絹産業遺産群」の構成資産の一つである群馬県の荒船風穴をはじめ、日本各地における風穴小屋の開設に大きな影響を与えたことが指摘されている（原田2009）。したがって、稲核の風穴小屋を基準にすれば、先の課題に対して一つの回答となる風穴小屋の原形と変容の方向性についての重要なモデルを示すことができると考えられる。

風穴小屋の原形

稲核は、上高地から流れ出る梓川の上流域に位置する山村である。梓川のつくった河岸段丘のうえに集落があり、そのすぐ背後には山がせまっている。風穴小屋は、集落にほど近い山の斜面に分布しており、主に、食料など（稲核菜(いねこきな)の漬け物は地域の特産品にもなっている）の冷蔵を用途としたカザアナあるいはカザナと呼ばれる家庭用のものと、蚕種などの冷蔵を用途としたフウケツと呼ばれる業務用のものの、二種類がある。ともに、崖錐の斜面を切土して壁面に石垣（石と石の隙間から冷風が吹き出る）を築き、その上に木造の屋根あるいは小屋をかけるという造りである。[1]

こうした造りの風穴小屋が形づくられるまでの過程を想像してみよう。斜面から吹き出る冷風を発見した人が、これを利用しようと試みた当初の場面。まずは、斜面を掘削しただけの状態で、簡単な覆いをかけるだけであった。その後、斜面を切土して壁面に石垣を築き、屋根をかけるようになった。こうしてできた建築を風穴小屋の原形とするのは想像に難くないだろう。

稲核に点在する家庭用の風穴小屋（写真1、図1）は、こ

写真1　家庭用の風穴小屋
2008年撮影．

註（1）稲核の風穴小屋に関する知見は，2008年に信州大学の土本俊和教授および土本研究室と共に行った調査とその後に行った調査の成果にもとづく．調査では，故・山本信雄氏，稲核町会および風穴小屋所有者の皆様にご協力をいただいた．また，調査のまとめは都築舞子氏によるところが大きい．

第 5 章　風穴小屋の原形と変容の方向性

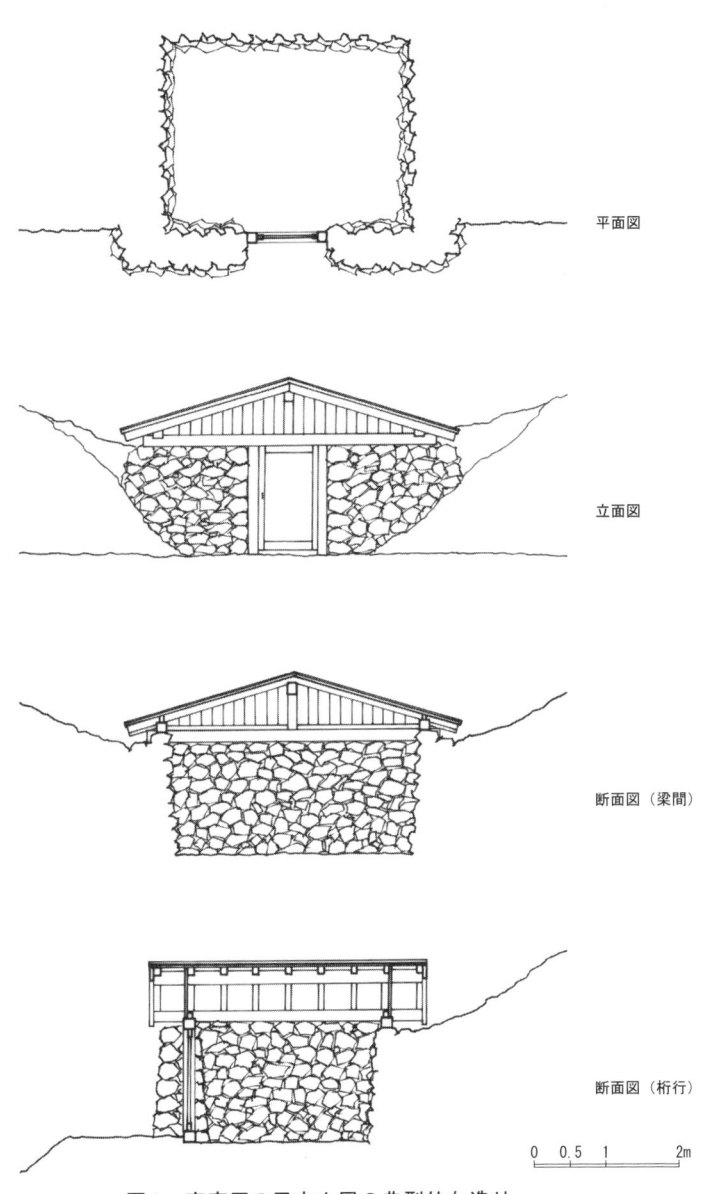

平面図

立面図

断面図（梁間）

断面図（桁行）

0　0.5　1　　　2m

図 1　家庭用の風穴小屋の典型的な造り

した原形のイメージに合致する。これらの風穴小屋は、10㎡に満たない小規模なものが多い。どれも建設された年代は定かでないが、内部に湿気が多いため、屋根を20年に一度ほどの周期でかけ替えるという。いっぽう、石垣はほとんど積み直したことがないという。石垣の積み方は、石を加工せずに積み上げた野面積みの一種で、カラヅミ（空積みのことか）と呼ばれている。集落のなかには同様な石垣を数多く確認できるが、今日、この積み方を継承する石工は、もう稲核にいないという。

ところで、こうした建築の造りは、風穴小屋に固有な造りなのであろうか。他に類例をさがすと、石室と呼ばれる山小屋の造りも同じであることに気づく。石室とは、森林限界の標高を超える岩場の斜面に建設された、登山者のための避難小屋のことである。風穴小屋と、石室とが同じ造りの建築であることは興味深く、両者に共通するのは、斜面という土地の状況のなかで、その土地にある石を主な材料とした、山と縁の深い建築であるという点であろう。そもそも、石室という言葉は、ある特定の造りの建築を意味しており、「岩石を利用し、または岩石でつくった部屋・小屋。岩屋。stone hut」(2)をさす。つまり、風穴小屋は、石室の一種であるといえる。

風穴小屋における変容の方向性

石室の一種である風穴小屋の特異性は、やはり、石垣から吹き出る冷風にあるだろう。この冷風は、食料の冷蔵という家庭用の資源としてだけではなく、蚕種の冷蔵という業務用の資源としても利用されるようになった。稲核の前田家の風穴 "風穴本元"（写真2）は、その先駆けである（柳澤 1906）。風穴本元では、宝永年間（1704～1711）に食料（漬け物）の冷蔵をはじめ、

註（2）梅棹忠夫ほか監修（1995）:『日本語大辞典』
　　（講談社カラー版・第二版）．講談社．

第5章　風穴小屋の原形と変容の方向性

文久年間（1861〜1864）に蚕種の冷蔵をはじめたという（前田1916）。こうした風穴本元の歴史は、食料などを冷蔵する業務用の風穴小屋への変化を物語る。業務用の風穴小屋は、家庭用の風穴小屋に比べて規模が大きく、周囲に付属室を設けていることが多い。また、業務用となれば、風穴小屋の性能の向上が図られたのは想像に難くない。明治30（1897）年代の後半、長野県では、他県に先立って、風穴小屋の性能を向上させるための検討が進められた（原田2009）。『風穴論』（柳澤1906）には、この検討の出発点が次のように記されている。

先之技師渡邊義武氏ノ本縣ニ赴任セラルルヤ汎ク各地ノ風穴ヲ踏査セラレ大ニ改築ノ要アルヲ唱導シ發シテハ上諏訪協議會トナリ安筑四郡ヲ松本町ニ上下伊那諏訪三郡ヲ上諏訪ニ北信九郡ヲ上田ニ招集シ改築ニ關スル諸般ノ事項ヲ協議指導シ他府縣ニ於ケル狀態ヲ詳説セラル　余モ亦命セラレテ其議ニ與ル　是ニ於テ改築ノ聲叫然トシテ起ル　今ヤ是機運ニ向フ縣下風穴ノ改築期シテ待ツベキカ

これによれば、長野県の技師であった渡邊義武が県内各地における風穴小屋の調査を行い、改築の必要性を提唱したことで、「風穴所有者協議會」が設立されたという。「風穴所有者協議會」では、「風

写真2　風穴本元
2011年撮影.

風穴小屋の性能を向上させるための造りが具体的に提案された。『風穴論』（柳澤 1906）には、この提案の内容が次のように記されている。

一 現今ノ二階造ヲ平家トシ究理室ヲ他ニ設クルコト

二 構造上石垣ノ上ニ壁ヲ要スルモノハ之レヲ二重トナシ其厚ヲ各一尺位ニ増設ノ者ハ其中ニ不良導ナル鋸屑ヲ填充シ壁ノ表裏ハ白ペンキ塗板壁トナヌベシ

三 屋根ニハ二重トシ下層ノ厚サヲ一尺位トシ其中ニ前同様鋸屑ヲ填充シ一、二尺ヲ隔テ上層ニ萱葺ノ屋根ヲ設クベシ 厚ハ少ナクトモ一尺五六寸ヲ下ラズ

四 若シ光明ヲ取ルベキ窓ノ設置ヲ要スルトキハ北面ノ軒下上部日光ノ射映セザル所ニ設ケ白ペンキ塗板戸ヲ附シ出入ニ際シ必要ノ時ノミ開閉スベシ
但内部ニ設クベキ窓ノ位置ハ前面ノ者ト筋違トナスベシ

五 吸氣筒ノ設備ヲ要ス（後頁ニ詳説ス）

六 屋根ノ勾配ハ太陽ニ對シテ可成直角ニ對セサル様設備スベシ 之レ轉射熱ノ強ハ轉射面ト其方向トナス角度ニ比例スレバナリ

七 土扉ノ設ケハ現今ノ者ニテ可ナルベシ 唯出入口ノ方位ヲ全ク異ニスルカ若クハ不得已場合ニハ筋違ニナスコトヲ忘ルベカラス

注　（1）第三号ノ下層屋根ハ可成石材ヲ用フルヲ可トス 而シテ其積工合ハ棟ノ周圍約三尺許ハ其接合目ヲ粗ニシテ内氣ノ遁逸ニ便セシメ他ハ極メテ密接セシムベシ

（2）土地ノ狀況ニヨリ萱葺ノ屋根ヲナス能ハサルトキハ便宜相當ノ設備ヲナスヲ要ス

第5章　風穴小屋の原形と変容の方向性

これら七項目をみると、「風穴所有者協議會」では、風穴小屋の性能、とりわけ冷蔵に関する性能を高めるために、気密（空気の流通を止めること）や断熱（熱の移動を小さくすること）や遮熱（熱の出入りを妨げること）といった熱環境の仕組みにもとづいて、それまでの風穴小屋とは異なる造りの建築が追究されたことがわかる。

この後、長野県では、明治38（1905）年に「長野縣風穴改良要項」がまとめられ、翌年の明治39（1906）年に長野県令第27号「長野縣風穴取締規則」が発布された（江口・日高 1937）。このなかには、次の三項目からなる「風穴取締規則ニ據ル蠶種貯藏所構造仕様」が記載された。

一、風穴ノ屋根ハ厚サ一尺五寸以上ノ茅葺又ハ中間ニ厚サ一尺五寸以上ノ鋸屑ヲ填充シタル二重板葺ニ為スコト

一、風穴ノ入口ニハ二重トナシ其位置ハ行違ヒニ設クルコト

一、風穴ノ石垣ト屋根トノ中間ノ圍壁ハ厚サ八寸以上ノ白壁又ハ中間ニ五寸以上ノ厚サヲ以テ鋸屑ヲ填充シタル二重壁ト為スコト

これら三項目をみると、「風穴取締規則ニ據ル蠶種貯藏所構造仕様」では、先の七項目の一部を受け継ぐかたちで、風穴小屋の仕様が定められたことがわかる。こうした仕様のもとにどれほどの風穴小屋が建設されたか、その実態については定かでない。とはいえ、「風穴所有者協議會」の設立から「長野縣風穴取締規則」の発布に至るまでの経緯をふまえれば、風穴小屋に対して、冷蔵に関する性能を

写真3　見学用の風穴小屋
（旧・中信森林管理署の風穴小屋）
2008年撮影.

高めるために熱環境を考慮した造りの建築へと変化していく、という変容の方向性があったことは明らかであろう。

稲核の道の駅「風穴の里」近傍にある見学用の風穴小屋（写真3・図2）は、こうした変容の方向性の先にできた建築である。この風穴小屋は、当初は

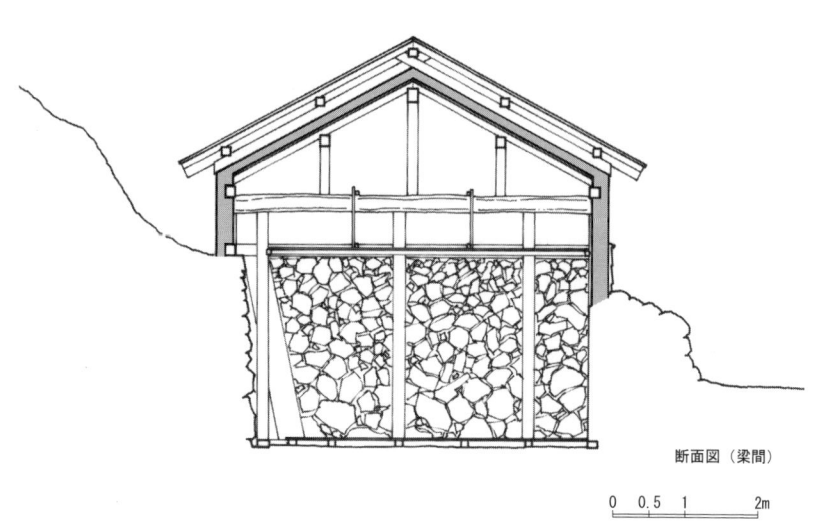

断面図（梁間）

0　0.5　1　　2m

図2　見学用の風穴小屋（旧・中信森林管理署の風穴小屋）の造り

中信森林管理署が昭和26（1951）年に植林樹の種子や苗木を冷蔵するために建設したもので、現在は稲核町会が譲り受けて見学用に整備し、活用している。石垣の上に土蔵造りの小屋をかけ、壁を白漆喰で仕上げ、屋根を置屋根（通気層のある二重屋根）とするほか、小屋の出入口の前に付属室（風除室）を設けるなど、熱環境を考慮した造りの建築となっている。

現代的に表現すれば、冷風という山の恵を利用した環境共生建築の高性能化、というべきか。風穴小屋には、冷蔵に関する性能を高めるために熱環境を考慮した造りの建築へと変化していく、という変容の方向性が確かにあったのである。

コラム3

風穴と氷室の違い

清水 長正

蚕種貯蔵風穴は一般に石室（石垣で囲って屋根を載せたもの）であり、時として天然氷を産することもあるため、風穴と氷室とが混同されるきらいがあった。氷室は、冬季に切り出した氷を夏季まで保存する断熱貯蔵庫のことで、斜面から冷風が吹き出す風穴という自然現象を必要とするわけではない。だから、風穴と氷室は同じものではない。

日本国内での氷室の記録は『日本書紀』まで遡り、長屋王（729年「長屋王の変」で没）の屋敷跡から出土した木簡から、都祁に氷室を所有していたことが知られている。氷室跡は天理市福住、奈良市都祁、宇田市などで確認されており、それらの地は山間の比較的冷涼な気候のある場所ではあるが、自然現象としての風穴のある場所ではない。福住には氷室神社があり、長屋王の時代の茅葺きの氷室が復元されている。また現在でも、栃木県日光市行川には、冬季に天然氷を切り出す池の畔に貯蔵のための氷室がある。

ところが、ごく一部では、風穴が氷室として利用された例もないわけではない。

『北佐久群誌』（1915）によると、元禄年間（1688～1704）に小諸の氷（地名）で凍氷を風穴に貯蔵し藩主へ献じていたが、明治6・7年にこれを蚕種貯蔵へ再利用したという。また、享保9（1724）年松本藩が編纂した『信

註(1) 川村和正（2010）：奈良氷室に関する諸問題．国史学研究（龍谷大学国史学研究会）**33**, 114～145.
註(2) 菊池健太（2009）：エコロジー産業としての天然氷．地理, **54**(7), 22～31.

コラム 3　風穴と氷室の違い

写真 1　氷室としても使われていた大見山風穴
かつての蚕種貯蔵風穴を転用し，氷貯蔵（主に熱さまし用）に使われていた．氷を運ぶため索道（空中ケーブル）も設置されていたという．群馬県神流町（かんなまち）．

『府統記』には乱橋村（みだればし）の氷を領主へ献上した氷室があったことが記され、後にそれが蚕種貯蔵風穴（乱橋氷山風穴）となっている。これらは、江戸期に風穴が氷室として利用され、明治期になって蚕種貯蔵風穴へ転用された例である。

いっぽう、現地での聞き取り調査で明らかになったのだが、関東山地の山間にある荒船風穴（14章大河原参照）をはじめとし、荒船風穴、星尾風穴（群馬県南牧村）、大見山風穴（群馬県神流町・写真1）、奥秋の風穴（山梨県丹波山村）などでは、蚕種貯蔵が廃止されてから戦後しばらく、病人の熱さまし用の氷が風穴へ貯蔵されていた。これらは、山村に電気冷蔵庫がまだなかったころ、蚕種貯蔵風穴を氷室として再利用したものであった。

以上は、風穴を氷室として利用した、ごくわずかな例だ。しかし根本的な両者の相違点である、斜面からの自然の冷風が吹き出す風穴（それを利用して建てた風穴小屋）と、まったく風穴でない場所に氷の保存用として断熱のための小屋を建てた氷室とは、自然・機能・用途ともに、おおすじ異なるものなのである。

第6章　大館の風穴

風穴の冷気の衝撃から風穴研究へ

鳥潟　幸男

秋田県大館市は「風穴のまち」といえる（次々ページの図1）。盛夏期になると涼を求めて長走風穴館を訪れる人は絶えず、風穴館前の名物・ババヘラアイス[1]をもとめて賑わいをみせる。筆者は2008年から大館郷土博物館の職員として長走風穴館の担当になり、盛夏期に冷気を吹き出す風穴地帯の特異な気象を目の当たりにして、衝撃を受けずにはいられなかった。以前は気象予報士として気象業務へ従事していたことから、足繁く長走風穴に通うことになった。

何故、風穴から冷気が吹き出すのか？　話には聞く温風穴とはどのようなものか？　筆者の風穴に対する興味が膨らんでいた2010年5月、まさに絶好のタイミングで、第一線の風穴研究者である澤田結基氏（福山市立大学・本書編者）が長走風穴館と大館郷土博物館を訪問され、共同で調査していくことで意気投合した。

註(1) 主要道路沿いやイベント会場などでみられるアイス売り．ババ（おばあさん）がヘラでアイスを盛ってくれる．秋田の夏の風物詩．

温風穴の発見！

2011年12月7日、大館郷土博物館の調査隊（高橋・富樫・山内・渡邊と筆者の5人）は、ハンディGPSを片手に、藪を漕ぎながら大館市長走にある国見山（454m）の急斜面を這い上がっていた。日本で初期の風穴研究者・荒谷武三郎が大正末期に観測していた山頂付近の温風穴を、再確認し観測するためだ。

目的の温風穴の発見は困難をきわめるものと思われたが、踏査した白銀の斜面に、雪が解けて地面が見える場所がポツリポツリと現れ始めた（写真1）。小規模の温風穴のようだ。さらに植生がコナラ・ミズナラからマツに変わる高度まで来ると、「あった！」と、一行のあちらこちらから歓声のような叫び声が上がった。GPSで位置を計測し、温度を測定した。探し求めていた本格的な温風穴の再発見だった。

温風穴の形状、大きさはそれぞれ異なるが、崖錐斜面に小さな洞穴状の開口部があって、たとえば、観測点記号W14と名づけた温風穴では幅1m・高さ40cmの半円形、W16では幅60cm・高さ30cmの半円形の形状をしていた。洞穴内部の岩屑の隙間からは、15～16℃の温風が吹き出ていた。外気温より15℃も高く、冬季としては充分に暖をとれるほどの温かさだった。温風穴周辺では、雪が解け、ササやシシガシラ（シ

写真1　温風穴（W2　2011.12.7）
周囲に雪があっても，写真中央部のように，温風穴地帯では局所的に雪が解けている．

ダの一種）が青々と繁っていた。また、温風があたって葉の表面で結露した水は、葉全体を濡らし、葉の青々さを一段と際立たせていた。湯気が立ち昇っている温風穴もあった。温風穴の開口部に近づくと湯気でメガネが曇り、拭いては曇りという状況だった。

この日は、局所的に地下空隙温度が高かったり、積雪がゼロまたは非常に少なかったりなど、温風穴の兆候を示す場所を計16ヵ所発見した。温度を観測できた温風穴11地点のデータから、地下空隙温度と標高の散布図を描いたところ、標高が高いほど温風穴から吹き出す空気の温度も高くなる傾向が浮かび上がった。

2012年1月27日には、虻川・高橋・渡邉・筆者のほか澤田・清水両氏も同行して調査にあたった。このときは、斜面下部の冷風穴地帯での外気の吸込みも確認できた。また、澤田氏が積雪底温度の観測を行い、一部例外はあるが標高240〜250 mより上では積雪の底面は0℃であり、それより下では、氷点下の温度であることを確認した。通常、地面と接する積雪底温度が0℃であるが、冷風穴地帯では、冬季、地表から地中の間隙へ外気を吸い込むため氷点下になることが多い。よって、積雪底温度が氷点下であれば、その場所は冷風穴地帯であると考えることができる。この結果から

図1 1:200,000 地勢図「弘前」
秋田県大館市周辺の風穴.

第6章 大館の風穴

国見山西麓では、標高240〜250mより下が冷風穴地帯らしいことがみえてきた。この温風穴調査の概要はマスコミへも提供され、新聞各紙で「長走風穴で温風穴発見」との大見出しが出て、秋田県域で広く知れ渡るようになった。

風穴の微気象観測

長走風穴で冷風穴と温風穴の両方を出入りする空気の温度や風向を詳細に観測すれば、風穴現象のメカニズム理解に一歩近づくことができそうである。そこで国見山西向き崖錐斜面の山麓から山頂付近にかけての地表開口部13カ所にデータロガーを設置し、風穴を出入りする空気の温度を1時間ごとに観測した。(2) また、地表開口部を出入りする風の向きと強さを温度データの回収時に観測した。

風穴の年平均温度とその気候環境

ここでは、2012年9月から2013年8月までの期間に、長走風穴、片山風穴、岩神風穴で1時間ごとに観測した風穴温度の結果を紹介する。各風穴とも欠測が少なく、かつ冷風穴であれば年平均温度が最も低い地点、温風穴であれば年平均温度が最も高い地点を代表的な地点とし、表1に示した。冷風穴の年平均温度は長走風穴でマイナス0.8℃、片山風穴で1.4℃、岩神風穴で1.8℃だった。山麓外気の年平均温度と比較すると、風穴の年平均温度は8〜9℃低い。

冷風穴を最も印象づける盛夏期の温度は、長走風穴では7月・8月ともに約0℃、片山風

註(2) データロガーを設置すれば通年のデータを得ることは容易に思えるが，実際は違った．博物館業務の繁忙や悪天候に左右されて，現地へ足を運べないまま，バッテリー切れによりデータを回収できなかったことも少なくないし，鳥獣により温度計センサーを食いちぎられたり，データロガーを離れた所まで持ち去られたりしたこともあった．さらに，温風穴へのルートは道がなく急斜面で足場が悪い．斜面を這いつくばって藪を漕いで登らなければならない場所もある．クマの出没も相次いでいる．草刈山として利用され，見通しがよかった大正時代とは景観が著しく異なり，現在はアクセスが困難なのである．

穴では7月が約0℃で8月に3・1℃、岩神風穴では7月が約2℃で8月に6・5℃とやや上昇していた。最も温度が高かった月は、長走と片山では10月、岩神では9月だったが、ともに10℃を上まわらない。北緯40度、標高200m未満の低地では考えられないような冷涼な環境が、冷風穴には存在しているのだ。

冷風穴の周辺だけには、冷涼な環境がスポット的に維持され、周辺に生育する高山植物は、最終氷期の頃、当地に広く分布していた植物が、そこに遺存したものと考えられている。

いっぽう、温風穴の年平均温度は、長走風穴で約17℃、片山風穴で約18℃である（表1）。山麓の年平均温度と比較すると、温風穴は、年平均で外気よりおよそ8～9℃高い。これは宮崎市の年平均温度の平年値17・4℃と同等レベルである。また最寒月の月平均温度は、長走風穴で約13℃（4月）、片山風穴で12℃（4月）である。屋久島の最寒月の平均温度の平年値は11・6℃であるから、これと同等の環境がつくり出されていることになる。東北北部では考えられないような温暖な環境が温風穴には存在している。このように、上方の温風穴周辺に、その地域では考えられないような温暖な環境が生じており、逆に、下方の冷風穴周辺に、冷涼な環境が生じているのである。

表1 冷風穴・温風穴の温度観測結果（2012.9～2013.8）

	観測場所	標高(m)	年平均温度(℃)	最暖月平均温度(℃)	起年月	最寒月平均温度(℃)	起年月
長走風穴	冷風穴(2号冷蔵倉庫)	193	-0.8	2.5	2012.10	-5.7	2013.1
	温風穴(W14)	405	16.8	20.6	2013.8	12.9	2013.4
	山麓外気	182	8.7	22.0	2013.8	-4.8	2013.1
片山風穴	冷風穴(K5)	51	1.4	7.0	2012.10	-1.9	2013.1
	温風穴(K9)	120	18.1	24.3	2012.9	12.0	2013.4
	山麓外気	55	9.5	22.7	2013.8	-4.3	2013.1
岩神風穴	冷風穴(I1)	105	1.8	8.6	2012.10	-3.7	2013.1
	温風穴(I6)	158	x	23.7	2012.8	x	x

長走風穴では，冷風穴として2号冷蔵倉庫，温風穴としてW14地点を選んだ．
片山風穴では，冷風穴として東向き斜面のK5，温風穴として同斜面のK9を選んだ．
岩神風穴では，冷風穴として風穴冷蔵倉庫背後の崖錐斜面のI1，温風穴として欠測期間が短かったI6を選んだ．

風穴の温度の年変化

冷風穴および温風穴の温度の年変化は、各風穴において同様の傾向を示した（図2、図3）。冷風穴では、夏季は上下動がほとんどなく緩慢な推移を示すのに対し、冬季は、外気温とシンクロした振幅がみられ

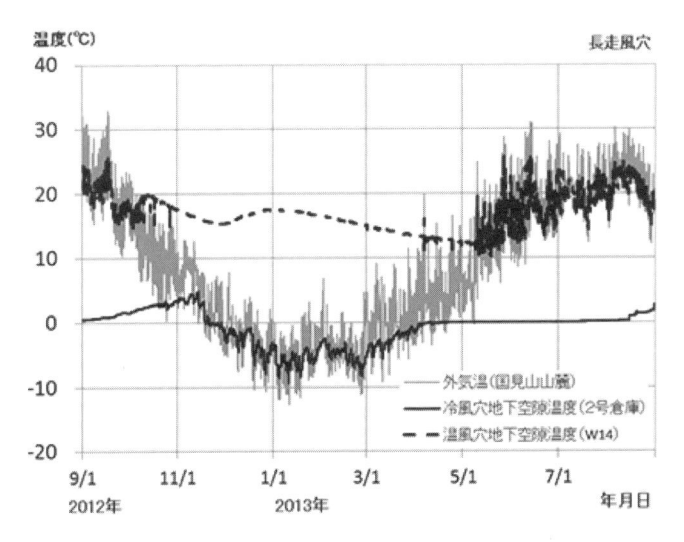

図2　風穴地下空隙温度の年変化（長走風穴）

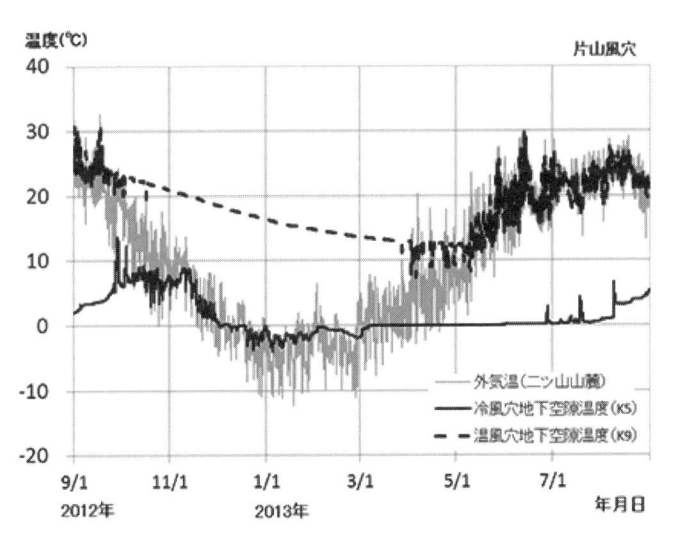

図3　風穴地下空隙温度の年変化（片山風穴）

た。いっぽう、温風穴では、冬季に緩慢な推移を示し、夏季に外気温とシンクロした振幅がみられた。図4のように、長走風穴では、冷風穴での地下空隙と外気との温度差の年変化をみてみよう。図4のように、長走風穴では、冷風穴での地下空隙と外気の温度差は、5月から8月にかけて大きくなり、とくに6月から8月では20℃以上となり、ピークの8月では21・2℃にも達した。逆に温風穴での地下空隙と外気の温度差は、10月から4月にかけて大きくなり、とくに12月から2月にかけては15℃〜20℃以上となり、ピークの1月では21・9℃にも達した。片山風穴と岩神風穴でも、同様の傾向がみられた。

風穴の温度の日変化

風穴地下空隙温度の日変化をみてみよう。ここでは、長走風穴を取り上げ、季節ごとに、連続する3日間の冷風穴（5号倉庫跡背後の崖錐）と温風穴（W14）の温度変化を比較した。これによると、夏季の温風穴の温度は外気温とほぼ同じで、日変化の位相も同じだったが、対照的に、冷風穴の温度は、外気温より著しく低温で、かつ温度の日変化はみられず、ほぼ一定だった（図5）。

冬季は、この逆で、冷風穴と外気の温度はほぼ同じで、

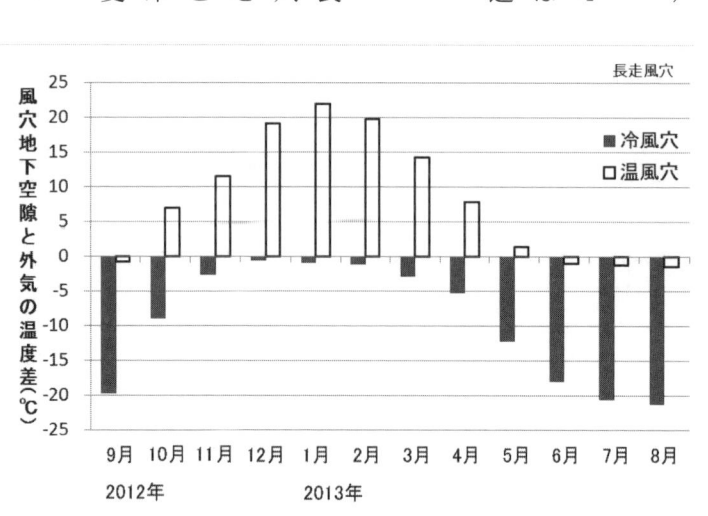

図4　風穴地下空隙と外気の温度差（長走風穴）
　冷風穴は2号倉庫，温風穴はW14での観測値．

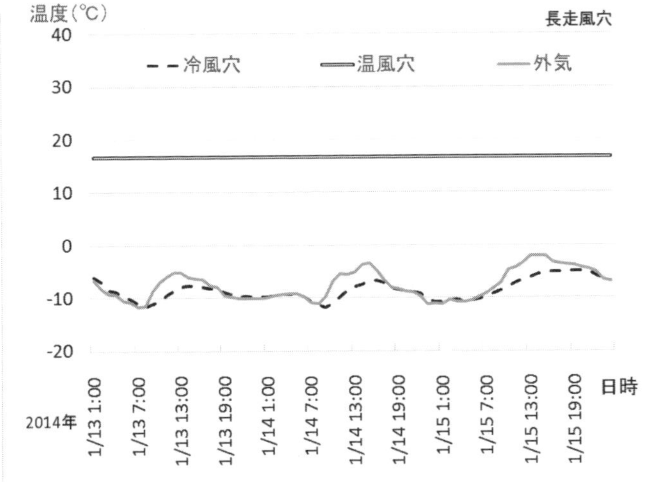

図5 長走風穴地下空隙温度の日変化
（冬季 2014.1.13 〜 2014.1.15）

冷風穴は5号倉庫跡背後の崖錐，温風穴はW14，外気は山麓での観測値．

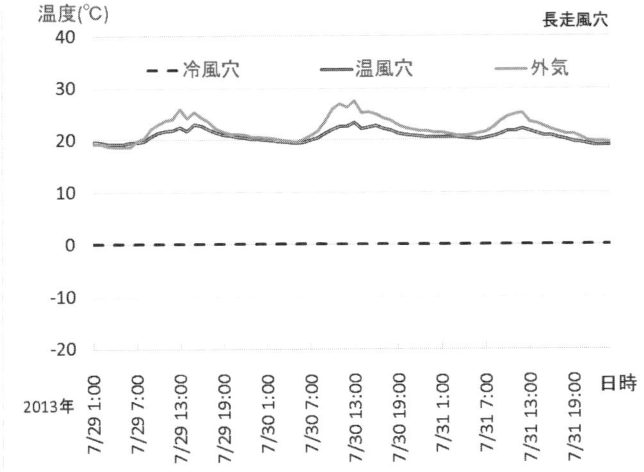

図6 長走風穴地下空隙温度の日変化
（夏季 2013.7.29 〜 2013.7.31）

冷風穴は5号倉庫跡背後の崖錐，温風穴はW14，外気は山麓での観測値．

外気とシンクロした日変化がみられた（図6）。夏季の温風穴の場合とやや異なるのは、その位相が、外気温の日変化の位相よりやや遅れ気味になるという点だ。冬季の冷風穴地帯は積雪で厚く覆われているため、これが影響しているものと考えられる。

夏季の冷風穴、冬季の温風穴のように、地下空隙温度が一切の日変化を示さず、72時間連続して一

定だったということは、日変化を示す外気が地下に吸い込まれなかった結果と考えることができる。また、夏季の温風穴、冬季の冷風穴のように、地下空隙温度が外気の日変化と位相をほぼ同じくして上下動することは、外気が地下に吸い込まれた結果と考えられる。

風穴の風速

風穴のある斜面は岩屑が堆積した崖錐斜面であり、外気と地下空隙の間で温度差が大きくなる時期は、対流が活発になるため、風穴を出入りする風は強まると考えられる。

風速は、同じ風穴の開口部であっても、測る場所によって変わるので、注意が必要である。開口部の断面積が大きい所で測れば風速は小さくなるし、奥の狭い所で測れば風速は大きくなる。ここでは、洞穴状の温風穴の場合は地表と接する開口部の中央付近を測点にして観測した。

長走風穴の温風穴W16は、国見山の西向き斜面の温風穴群で最も標高が高く、最も風速が大きい。冬季のW16では、地中から外に向かって温風が吹く（写真2）。風速は、2011年12月21日と2012年1月27日が瞬間値で、それぞれ2.2～2.4 m/s, 2.0 m/s、2013年1月23日は1分間平均値で2.07 m/sだった。これは荒谷（1927）が大正時代に観測した2.45 m/s(1926.1.4)、2.15 m/s(1926.4.1)、3.00 m/s (1926.12.16) と、ほぼ同じオーダーである。

長走風穴では、夏季の温風穴W16の風向は、冬季とは反対に、地中に向かって外気を吸い込む（写真3）。観測した風速は、すべて1分間平均値で、2012年6月8日が1.44 m/s, 9月8日が1.48 m/s, 9月26日が0.48 m/s, 2013年6月13日が1.80 m/s, 2014年5月31日が1.28 m/sだった。

冬季の冷風穴では、2012年1月27日に、2号指定地周辺の積雪の隙間で瞬間値0.8〜1.0 m/sの吸い込みを確認した。2013年1月23日は同じく2号指定地周辺の積雪の隙間2カ所で、1分間平均値でそれぞれ0.27m/s, 0.66m/sの吸い込みを確認した。夏季は、2013年6月13日に、1分間平均値で、1号倉庫で0.81 m/s、2号倉庫で0.62 m/s、3号倉庫で0.74 m/sの吹き出しを観測した。

温風穴と冷風穴を比較すると、夏季、冬季とも温風穴の風が強い。

地中空気対流説の実証

荒谷（1920）によると、冬季は崖錐斜面の地下空隙を暖かく軽い空気が斜面上方に向かって移動し、山頂付近の温風穴から暖気として吹き出す。そして、山麓の冷風穴からは同量の外気を補償流として吸い込む。夏季はその逆で、冷たく重い空気が地下空隙を麓に向かって移動し、山麓の冷風穴から冷気を吹き出す。山頂付近の温風穴からは、補償流として地下へ外気を吸い込む。果たして、本当に山頂付近の高所と山麓の低所で、地下空隙を通じて空気が行き来しているのであろうか？と始めたのが以下の実験である。

空気の流れを実証する方法として、夏季であれば外気を吸い込む山頂付近の温風穴から何らかの気体を入れ、それが山麓の冷風穴から出てくるこ

写真3　外気を吸い込む温風穴
（長走風穴 W16　2014.5.31）

写真2　暖気を吹き出す温風穴
（長走風穴 W16　2013.1.23）

とを現地で実験すればよい。ここでは、温風穴の開口部でドライアイスを粉砕して気化を促進させ、CO_2（二酸化炭素）をトレーサとして吸い込ませる方法をとった。

実験した場所は、片山風穴がある二ツ山の東向き斜面である。2012年8月に3回実験を行った。各回とも、まず初めに、山麓の冷風穴に二酸化炭素濃度を計測・記録できるデータロガー（T&D TR76Ui）を設置し、1分間隔でCO_2濃度を記録させた。その後、山頂付近の温風穴から10kg弱のCO_2を12～20分間かけて吸い込ませ、それを山麓の冷風穴で検出できるかを確認した。実験に使用した温風穴と冷風穴を結ぶ斜面長は約116m、斜度は約37度、高低差は約69mである。比較のため、CO_2の環境濃度の変化も1分間隔で記録した。

温風穴へ8月1日、9日、30日に、CO_2を吸引させた後（この時刻をt_0とする）、しばらくして東向き斜面の冷風穴でCO_2濃度が上昇した（図7）。1日はt_0の74分後にCO_2濃度が上昇を開始して、その後394分間高濃度が観測された。濃度のピークは、t_0の120分後で1,198 ppmだった。30日は濃度のピークがやや遅れ気味だったが同様の傾向が観測された。9日は濃度のピークが遅く現れ、t_0の113分後に濃度が上昇を開始して、その後612分間高濃度が継続した。濃度のピークはt_0の294分後で1071 ppmだった。

これら3回の観測結果により、片山風穴では、山頂付近の温風穴から取り込まれた外気が山麓の冷風穴まで斜面で地下空隙を通じて運搬されていることが実証された。確かに、山頂付近の温風穴と山麓の冷風穴が地下で連絡していたのだ。

また、温風穴から冷風穴に至る地下空隙を循環する空気の平均移動速度は、外気温（括弧内は、CO_2投入時からCO_2濃度ピーク到達時までの平均気温）が高かった1日（300℃）と30日（28.1℃）

大館の風穴分布とその利用

大館の風穴といえば、天然記念物「長走風穴高山植物群落」のある長走風穴があまりにも有名だが、市内にはこのほかに、片山風穴、岩神風穴、新沢風穴なども存在する。

これらの風穴では、所有者の世代交代が進むにつれて地域住民や関係者子孫の記憶から失われ、位置がわからなくなっている。2010年から2014年の踏査により、風穴を利

が同程度の1.5〜1.6 cm/s、外気温が低かった9日（23.8℃）は0.7 cm/sだった。これは福島県の中山風穴で観測した循環速度1.0〜2.6 cm/s（田中ほか2004）と同程度だった。

さらに、8月1日の観測事例によれば、温風穴から地下に吸い込む空気は30℃前後で、冷風穴から吹き出す空気の温度は1.9℃だった。温風穴から吸い込まれた高温の空気は、斜面の地下空隙を2時間かけて下る間に、約28℃も低下したことになる。このことは、崖錐斜面の地下には、温度が1.9℃以下の冷たい岩石や地下氷が存在し、吸い込まれた空気を冷やしたことを示している。

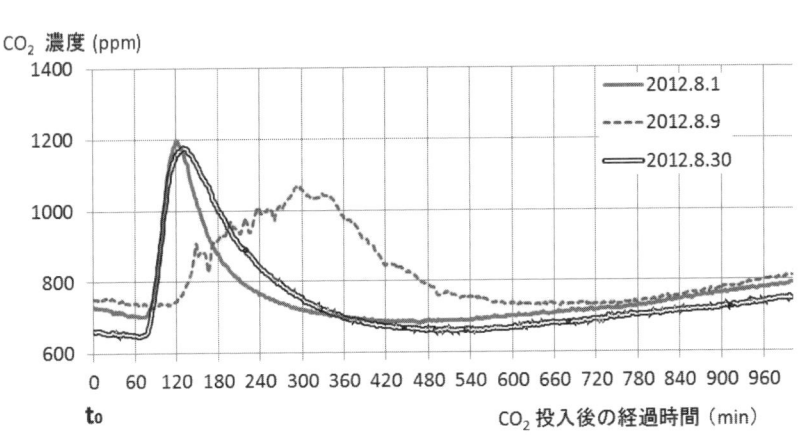

図7　ニツ山東麓の冷風穴におけるCO_2濃度の変化
（空気対流説実証実験）

用した冷蔵倉庫跡が新たに12カ所発見され、これで市内全部で計20棟が発見されたことになる（鳥潟2013、2015）。長走風穴では、まだ多くの風穴倉庫が森林に埋没しているとされるため、今後の発見を待ちたい。

このほか、各方面から寄せられた情報を基に文献調査をした結果、旧田代町の平戸内沢では高山植物が記録され（古家1954）、松峰では松峰風穴が存在した（松峰郷土誌編集委員会編1997）。

さて、全国的には風穴に蚕種を貯蔵するのが一般的だが、大館の場合は貯蔵品が異なる。片山風穴では蚕種も貯蔵されてはいたが、長走風穴の佐々木耕治をはじめとする人たちが活用した風穴の冷蔵倉庫では、津軽リンゴが主要な貯蔵品だった。長走では、このリンゴのほか、種子、蚕種、農産物、鶏卵、鮮魚、肉類、酒類等が貯蔵されていた（荒谷1920、工藤1939）。たとえば、次のような大館郷土博物館所蔵のメモ資料である。

「昭和8年度入庫セシ物品及び数量全部調べ」によると、佐々木の冷蔵倉庫では1933年度（昭和8年度）、「リンゴ國光7457箱、花種子8箱（横浜市坂田商会より）、馬鈴薯17俵、球根（グラジオラス及び百合）4箱（秋田市より）、杉●種子89箱（青森営林局外16所、貯蔵期間昭和10年度まで）、清酒4斗（大館より）、白米25俵が貯蔵されていた。

（●は読めず）

註(3) 長走風穴最初（明治45年）の風穴冷蔵倉庫設置者．倉庫業経営のほか，高山植物群落の保護にも尽力した．「風穴王」とも呼ばれ，現地には氏を顕彰する大きな石碑が建てられている．

註(4) 矢立村役場が1927年に発行した小冊子『天然記念物指定長走風穴案内』（大館郷土博物館所蔵）．

第6章 大館の風穴

長走は、奥羽本線の鉄道路線沿いに位置し、リンゴの一大産地である津軽地方に隣接している。このため、収穫後に風穴冷蔵倉庫へリンゴを運搬・貯蔵し、季節をずらして翌年に関東方面へ出荷するのに適していた。また、秋田営林局が建築した風穴冷蔵倉庫「秋田営林局種子貯蔵庫」では、杉苗種子の貯蔵試験が行われていた（石川1936）。

このほか、聞き取り調査を行った結果、岩神風穴では、魚・漬物などの食品、新沢風穴でも、魚などの食品が貯蔵されていたことがわかった（鳥潟2013、2015：写真4、写真5）。

写真4　岩神風穴冷蔵倉庫（2014.5.24）
荒谷武三郎が1926（大正15）年に調査した記録に冷蔵倉庫の所有者名が記載されているため、当初の冷蔵倉庫は、少なくとも昭和より前の建築である．現在の冷蔵倉庫は1965（昭和40）年頃に建築したものと推定されている．食品会社が食品の保存したり、短期間であったが酒造会社が酒を貯蔵したこともあった．

写真5　新沢風穴冷蔵倉庫跡（2013.9.10）
1943（昭和18）年頃に営林署が建築して、魚などを保管した．1968（昭和43）～1975（昭和50）年頃は民間事業者が、肉・野菜・漬物などを冷蔵保存して商用利用した．写真右下のトタンは冷蔵倉庫出入口．

第7章 風穴風の吹き出しと吸い込み
——北海道置戸町鹿ノ子風穴での観測から

曽根 敏雄

風穴では斜面下方の冷風穴から夏に冷風が吹き出し、反対に冬には外気が吸い込まれると一般に考えられている。また春と秋には早朝に吸い込み午後には吹き出すなど、一日のなかで風向が転換することもあるとされ（荒谷1924）、真冬でも吹き出すこともある（樫村2003）という。風穴におけるこのような吹き出しと吸い込みはいつどのように生じるのだろう。

風穴風と風穴気温の変動

北海道東部の置戸町鹿ノ子ダム左岸では、1980年のダム工事の際に地下氷が発見され、地温が周囲

図1　1:25,000 地形図「曲り沢峠」「常元」
鹿ノ子沢風穴の位置を示す．

よりも異常に低温な場所があることがわかった(曽根 2004)。この斜面には風穴があり(図1)、その存在が局所的に寒冷な環境をつくり出すのに役立っているものと考えられる。そこで、この鹿ノ子風穴の斜面下部の冷風穴における風穴風速と風穴気温、および外気温を測定してみた。

まず日変化を主体に3つの期間の変動についてみてみよう。図2Aに2001年9月2日から5日までの晩夏の測定結果を示す。外気温と風穴風速は同じような変化を示し、両者に相関があることがわかる。すなわち外気温が高いときに吹き出す風穴風速は大きく、外気温が低いときには風穴風速は小さい。なお風速は起動速度が約0.3m/sの風車型風速計で測定したので、風速がこれより小さいときには正確には計測できていない。この期間には、風穴気温には数℃程度の変化しかみられないが、日変化を詳しくみると外気温が高いときに風穴気温は最も低くなり、外気温が低下したときにやや上昇する。外気温が10〜8℃以下に下がったときには、風穴気温が1℃ほど上昇して、外気温が上昇すると風穴気温は元に戻るような変化がみられる。ここで風穴気温の上昇は、風穴風の吹き出しが弱まったときに、外気温の影響を受けるためと考えられる。

次に10月30日から11月2日までの秋季における測定結果(図2B)に移ろう。この期間では風穴風は外気温が高い日中に吹き出し(正)、外気温が低下した夜間に吸い込み(負)が生じている。この期間では風穴気温は、日中の外気温が高いときには、ほぼ0℃で一定の温度であるが、夜間には外気温と同調した変化を示すため、外気を吸い込むような変化を示す。ただしここでは外気温は地表1.5mでの気温に対して、風穴気温は地表約0.1m上での気温であるため、必ずしも両者は同じ温度とはならない。また11月1日の日中に、風穴気温にパルス状の変動が多数みられる

註(1) 高橋ほか(1991)は鹿子風穴としたが、ここでは鹿ノ子風穴とする.

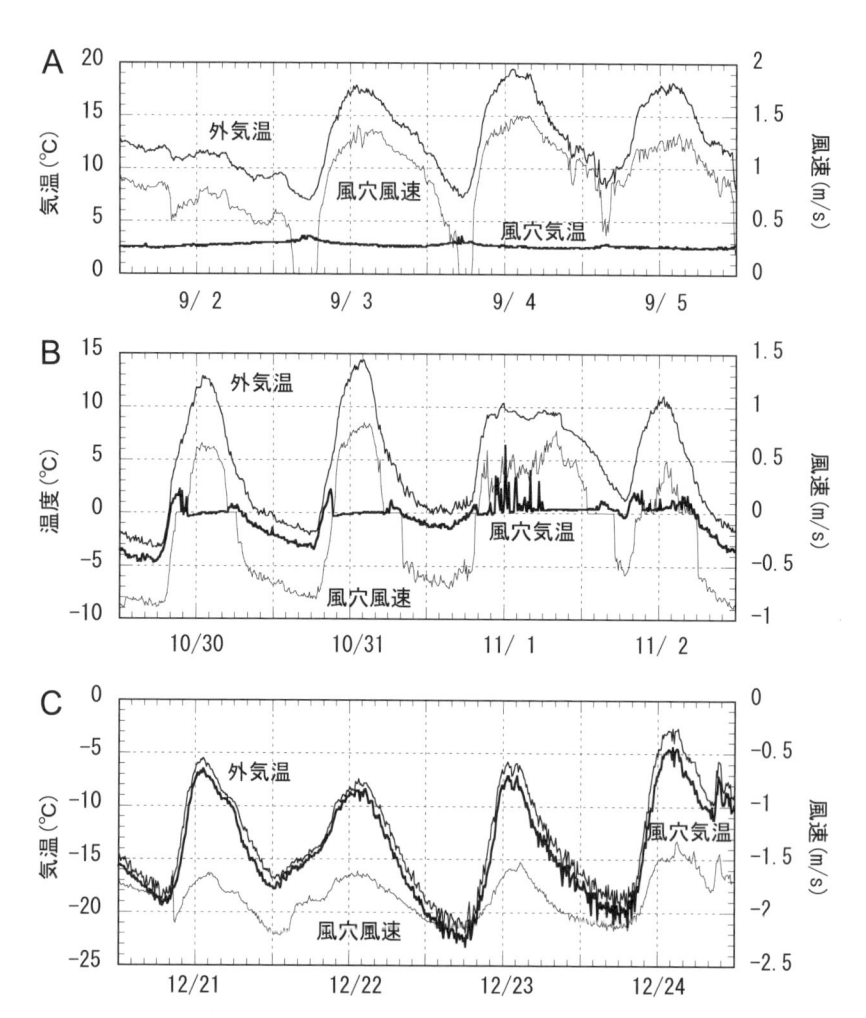

図2 鹿ノ子風穴における観測結果（**A**:外気温，**B**:風穴気温，**C**:風穴風速）
正値は吹き出し，負値は吸い込み．気温は10分おき値，風速は10分平均値．
A：2001年9月2日〜5日，B：10月30日〜11月2日，C：12月22日〜25日．

が、これは外部の風の影響を受けたものと考えられる。

さらに12月21日から24日の冬季の期間の測定結果（図2C）をみよう。この期間は外気温が0℃以下と低温で、冷風穴では吸い込み（負）となっている。外気温が低い夜間に風穴風速が大きくなっており、この時期も風穴風速と外気温に相関があることがわかる。また風穴では外気を吸い込んでいるため、風穴気温は外気温とほぼ同じ変動を示している。

次に、季節変化の傾向についてみることにしよう。風穴気温は（図3B）、8月から10月にかけて約5℃へと上昇するが、9月下旬には外気温が一時的に低下したときだけ外気温と同調する変化がみられるようになる。上述した図1Bの期間にみられる変化である。この特徴的な変化は、10月から11月にかけて風穴気温が低下していく期間に多くみられる。11月下旬から1月にかけては外気温とほぼ同じ変動を示す（図2Cにみられる変化）。しかし風穴が積雪におおわれるようになると、風穴の温度の日変動は小さくなる。この風穴口付近は1月中旬から4月中は雪や氷におおわれており、5月になって気流が発生した。風穴気温は5〜6月には、一時的に下降し短期間で元の温度に戻るようなパルス状の図2Aと同様の変化がみられるが、これを除くとほぼ1から2℃であり、6月下旬から風穴気温は徐々に上昇していく。

風穴風速は（図3C）、9月下旬からときどき負の値、すなわち風穴への吸い込みがみられるようになる。10月下旬以降は吹き出しと吸い込みが交互に発生し、外気温が低下した11月下旬以降は吸い込みのみとなる。1月には風穴口が積雪におおわれて気流が停止するが、5月から吹き出しが再開し、6月に一時的に吸い込みがみられた後は、吹き出しが優勢となり、7月に最も風速が大きい。風穴風速には、積雪期を除いて外気温と相関があることがわかる（図3A、C）。

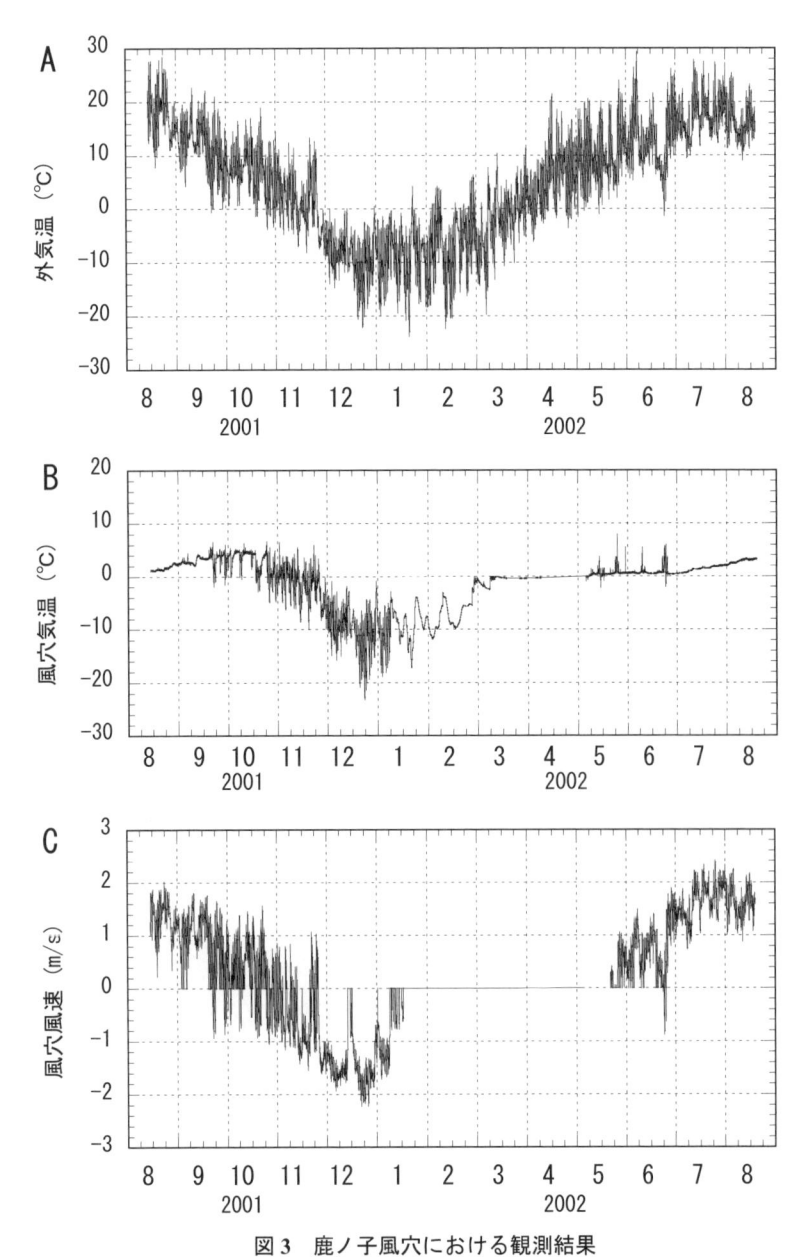

図3 鹿ノ子風穴における観測結果
外気温 A, 風穴気温 B, 風穴風速 C. 正値は吹き出し, 負値は吸い込み.

風穴現象のモデル

高橋ほか（1991）は、鹿ノ子風穴において夏期の冷気が吹き出す時期に風穴風の風速観測を行い、外気温と冷風穴の風速とによい相関がみられたことから、この風穴のしくみを図4のようなモデルで説明可能と考えた。風穴内部の空気の平均温度 T_0 は外部の空気の温度 T に比べて低いときに、風穴内部の空気の方が重いため下側の風穴（冷風穴）から冷風が吹き出す。風穴内外の空気の温度差が大きいときほど冷風の風速は大きくなる。また風穴内部の空気の温度よりも高いときには、風向が逆になり風穴に空気が吸い込まれることがこのモデルで示される。

鹿ノ子風穴で観測された風穴風の風速と外気温との相関についてみてみよう。9月2日から5日までの期間の両者の関係をみると（図5A）、外気温が高いほど風穴風の速度が大きいことがわかる。また風穴風が停止するときの外気温が7から9℃であることも読み取れる。図5Aの外気温と風穴風速との関係は、高橋ほか（1991）の風穴現象のモデル（図4）でよく説明できる。10月30日から11月

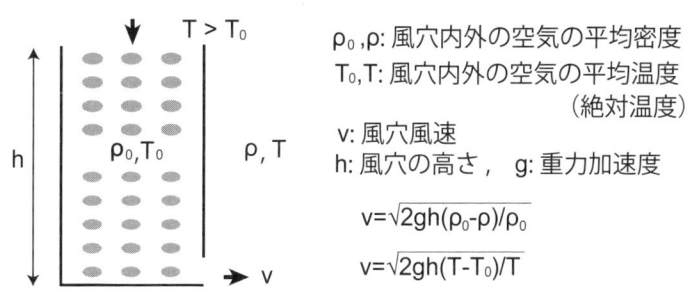

図4 鹿ノ子風穴における風穴現象のモデル
高橋ほか（1991）を改変．

ρ_0, ρ: 風穴内外の空気の平均密度
T_0, T: 風穴内外の空気の平均温度（絶対温度）
v: 風穴風速
h: 風穴の高さ，g: 重力加速度

$$v=\sqrt{2gh(\rho_0-\rho)/\rho_0}$$
$$v=\sqrt{2gh(T-T_0)/T}$$

註(2) 外気温が T_0 付近のときには温度差 $T-T_0$ に比例し、外気温が T_0 から離れると式 $v=\sqrt{2gh}$ に漸近することになり、外気温と風穴風速との関係をよく説明できる．ただし実際の h の値とは必ずしも合わない．

2日の期間（図5B）では、11月1日に風穴外部で強風があった影響で乱れた部分（外気温9℃付近）もあるが、図4の説明と調和的な関係がここでもみられ、T_0は5から9℃と少し幅があるようである。また12月21日から24日の期間では、外気温が低いほど吸い込まれる風速が大きく、T_0は5〜10℃とみられる（図5C）。

まとめると、鹿ノ子風穴では以下に列記するような、風穴内部の空気の平均気温T_0と外気温Tとの差により風穴現象が生じていると考えられる。

（1）外気温が約7℃（5〜10℃）を境に、これより高いと冷風が吹き出し、低いと外気が内部に吸い込まれる。

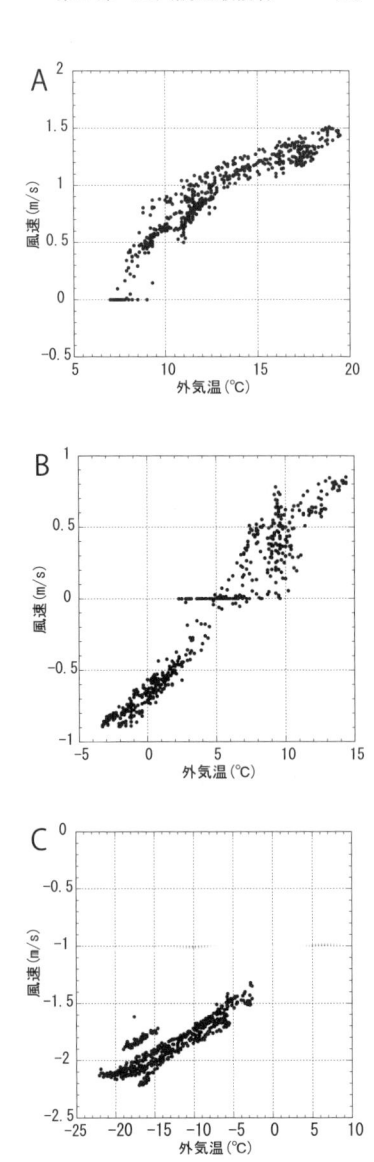

図5 鹿ノ子風穴における観測結果
　　　（外気温・風穴風速）

A：2001年9月2日〜5日，
B：10月30日〜11月2日，
C：12月21日〜24日．
正値は吹き出し，負値は吸い込み．

(2) 風穴内部の空気の平均気温と外気温の差が大きいほど冷え、風は強風となる。
(3) 吹き出しと吸い込みの境界の温度は風穴内部の空気の平均気温と考えられる。
(4) 外気温と風穴内部の平均気温が等しいときに風は止まる。
(5) 同じ外気温に対する風穴風速が時期によって異なる（図5）。この理由の一つとしては、気流の経路など風穴内部の状態が変化するためと考えられる。

米谷・宮下（1999）は、洞窟型風穴である羅生門ドリーネ（岡山県）において、洞窟内外の温度と風穴での風向風速の観測から、洞窟を通る気流の向きや大きさが洞窟内外の気温差によってコントロールされていることを報告している。その風穴においても、外気温が低下したときに鹿の子風穴でみられた特徴的な風穴気温の変化（図2）と同様の風穴気温の変化が観測されている（米谷ほか1998）。このような風穴気温の変化は、風穴内外の温度差により生じている、風穴に特徴的にみられる現象と考えられる。

風穴の内外の温度差によって風穴の気流が発生している風穴においては、とくに秋から冬にかけて、風穴気温の変化から内部の平均温度を推定できることがある。またこのような風穴では、冷風穴から吹き出す風の年最低温度は、その場所の年最低気温よりも低くなることはないであろう。地中地温は日変化が小さく、短時間ではほぼ一定である。このとき、冷風穴気温は風穴内部の空気の平均温度よりも低く、また外気温は風穴内部の平均気温よりも高い。ただし外部の風が強い場合には撹乱されることもある。風穴に風が吸い込まれるときには、風

第Ⅱ部　風穴調査最前線　100

風穴内部温度 T_0 と風穴風の吹き出しと吸い込み

つぎにこれまでの結果を踏まえて、T_0 と風穴風の吹き出し吸い込みについて、別の風穴を事例に読み取ってみたい。秋田県長走（ながばしり）風穴において荒谷（1927）は風穴の風速を観測している。この観測データをみると、外部の風の影響を受けたとみられる部分もあるが、風穴風速と外気温とに相関があることがわかる（図6A）。また風穴風が0 m/sになるときの外気温は、約マイナス2から10℃の範囲で季節変化しており、冬（2月）に低く、夏から秋に高くなっている（図6A）。外気温が T_0（約3～10℃）よりも高い春から夏の期間に風穴風は吹き出しで、最低気温が T_0（約10℃）よりも低下する秋になると、日中は吹き出しで夜間に吹き込みとなり、冬期には吹き込むこと、春には T_0（0～3℃）を気温が頻繁に上下し、吹き出しと吸い込みが交代することが読み取れる。T_0 の変化がわかると、風穴風の吹き出しと吸い込みの予測が可能となる。T_0 の冬期の温度変化から、長走風穴では冬期でも外気温が約2℃以上であれば風穴風が吹き出す可能性があることがわかる。

風穴には、冷風穴と温風穴が明瞭な洞窟型の風穴や、ひとつの斜面に多数の風穴が存在する崖錐・岩塊斜面に発達する風穴、植生におおわれて温風穴が不明瞭な風穴など、さまざまな風穴が存在する。

しかし外気温に対する風穴気温や風穴風速の変化のしかたを読み解くと、その風穴の個性がわかってくる。一見、風穴内外の空気の温度差による対流によって風穴風が発生することと矛盾するようにみえる現象があっても、よく調べると逆にその説でよく説明がつくこともある。まだ風穴のしくみについてはわからないことが多く、その解明には地道な調査が必要である。それにしても風穴のなぞ解きはおもしろい。

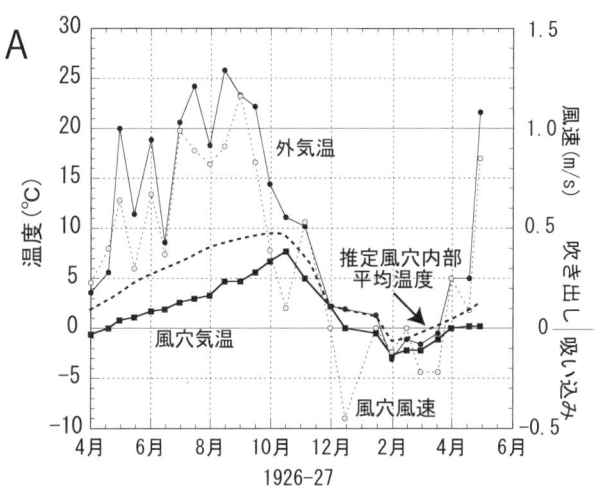

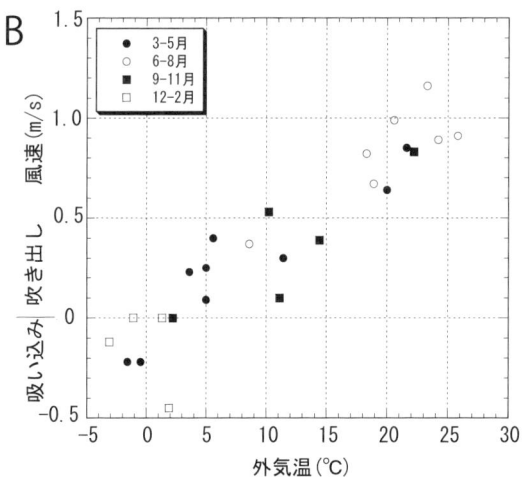

図6 長走風穴における観測結果（外気温ほか）
A: 長走風穴における外気温，風穴気温，風穴風速（荒谷1927）および推定風穴内部平均温度．
B: 風穴風速と外気温の関係．

第8章 草津・氷谷風穴での観測

永井 翼・和泉 薫

観光用の氷室として今も活用

全国有数の温泉地「草津温泉」の西方、草津白根火山の麓に、夏季に冷風を吐出する風穴が存在する。草津町では、毎年5月の最終日曜日または6月の第一日曜日に、「氷室のふるまい」という行事が開催されており、氷谷風穴の冷風穴に生成される天然氷が採取され、観光客に「あずき氷」として振る舞われる（山口ほか 2008）。

氷谷は複数の熔岩流に挟まれた初生的な谷で、風穴は氷谷西端の岩塊熔岩（安山岩）からなる東向き斜面の最下部（標高1300m）に位置している（図1）。草津国際スキー場から徒歩15分ほどで谷の奥の風穴に達する。氷谷風穴には風穴小屋が造られているが、農商務省農務局（1914〜1919）には記載がなく、蚕種用以後の植林用の種子貯蔵庫として利用されていた（写真1）。この風穴小屋の内部は、夏季においても床に氷が残存するほど低温が保たれている。

冷風穴と温風穴からの吹き出し

ここの岩塊熔岩の上方を踏査したところ、風穴小屋から比高30mほど上部の斜面に、冬季に積雪が穴状に融けている場所を発見した（写真2）。この場所は、冬季には水分を多く含んだ温風を吐出し、夏季になると外気を吸入することが認められた。これらから、風穴小屋のある冷風穴に対し、上部の穴を温風穴とみなした。

これまでの風穴のメカニズムに関する研究によって、夏季に冷風穴で吹き出し・温風穴で吸い込み、冬季は冷風穴で吸い込

写真1　冷風穴入口と残雪
2014年7月1日.

写真2　雪が融けている温風穴
2014年2月1日.

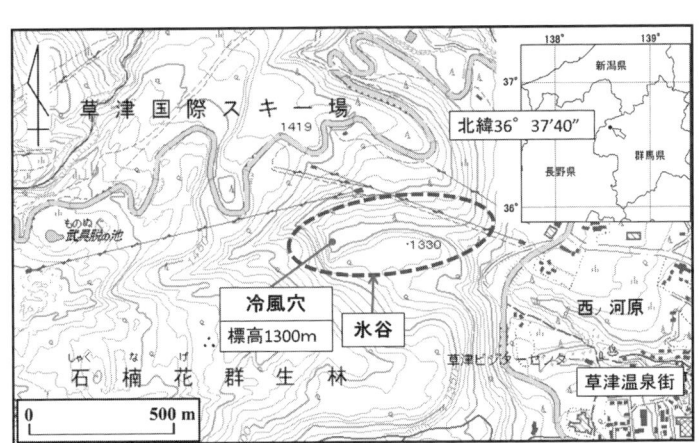

図1　1:25,000 地形図「上野草津」
破線の楕円は氷谷の範囲を示す.

温度の観測

氷谷風穴における、冷風穴と温風穴のそれぞれ内部の温度と外気温の変動を図2に示す。10月上旬頃に冷風穴で上昇から下降へ、5月上旬頃から冷風穴で横ばいとなり温風穴では上昇、という温度変化が現れる。このことから、風穴内での温度は、5月から10月の夏型と、10月から翌5月の冬型に分けられよう。夏型の期間、冷風穴では7月頃になっても、0℃に近い低温を維持している。その後、9月頃になると若干上昇し始め、10月の5℃をピークに下降へと転じる。いっ

み・温風穴で吹き出すというモデルが一般的であった (Suzuki and Sone 1914、荒谷 1920など多数)。ところが、氷谷風穴で夏季と冬季それぞれ観察したところ、夏季には冷風穴で安定的に冷風が吹き出しているものの、冬季になると、温風穴・冷風穴の双方でともに吹き出しが認められた。この事実から、冬季にも冷風穴からの吹き出しがあるということに注目し（樫村2003）、冷風穴・温風穴のそれぞれの温度や風速・風向などの関係を考察してみた。

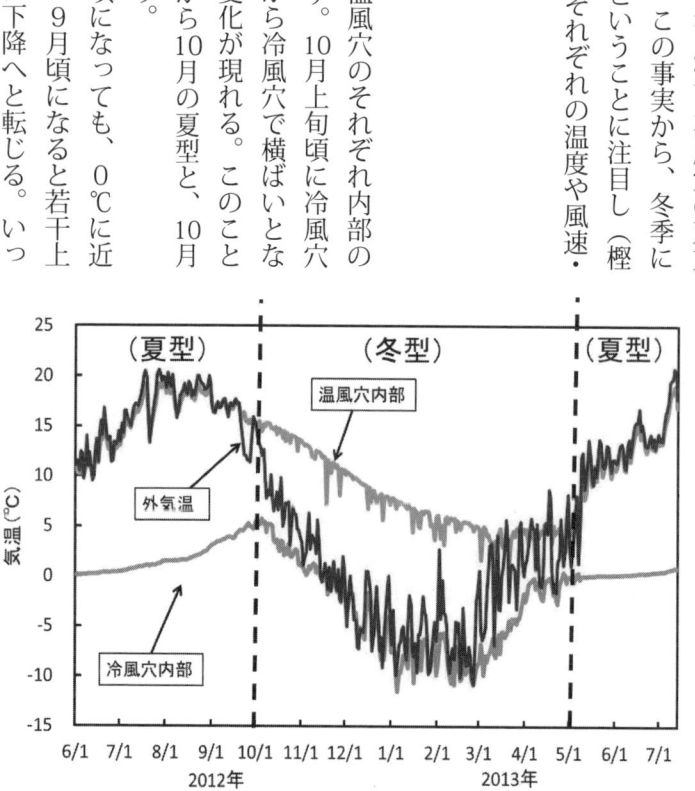

図2 2012～2013年における冷風穴内部・温風穴内部・外気温の温度変化

風速の観測

温度の推移が変化する10月上旬頃と5月上旬頃を境に、温風穴では風向が変わることを、現地調査により確認した。ところが、温風穴では風向の変化は認められず、通年にわたって吹出し方向のままであった。それについて詳細を知るために、冷風穴・温風穴それぞれの風穴口に、自記風速計を1週間から10日程度設置し、風速の変動や風向きの変化について観測を行った。

使用した観測機器は、風車型風速計、熱線風速計、超音波式風速計などである。風車型風速計は測定精度、微風での反応などに不都合だったので、熱線式風速計と超音波式風速計による観測結果を以下に述べる。

図3に、2012年8月に実施した熱線式風速計による温風穴での2分間隔の観測の結果を示す。夏型の期間にあ

ぽう温風穴の夏型の期間は、外気温とほぼ一致して推移する。その後、冬型の期間に入ると、冷風穴で外気温と一致する傾向がみられる。

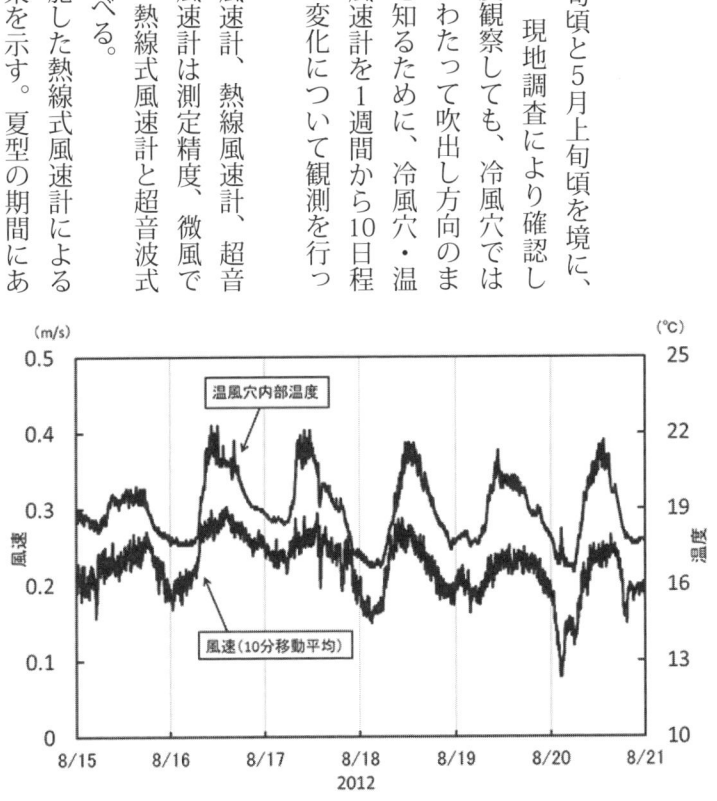

図3 熱線風速計での連続観測結果
（温風穴・吸込み方向）

たり、風穴内の温度と外気温がほぼ同じで、温風穴では外気を吸い込んでいる。熱線式風速計では、一方向の風速しか記録できず、図3では吸込み方向の風速の推移を示している。吸込み方向の風速の変化は、風穴内の温度（外気温）の変化と同じ傾向を示すことが明らかになった。外気温が高くなる日中には吸込み方向の風速が大きくなり、低くなる夜間や早朝には風速が小さくなるのである。

超音波式風速計は、風速だけでなく風向も測定できる利点がある。超音波式風速計（海上電機社製）による、2013年10月の冷風穴における10分間隔の観測結果を図4に示す。氷谷では、斜面下部の冷風穴において、冬型期間の日中には吹き出しが観察されていたが、実際には夜間や早朝を中心に外気の吸込みが生じていることが、この観測で明らかになった。

さらに、冬型の期間にあたる2014年2月に、超音波式風速計（Gill社製 Wind Sonic）2台を使用し、冷風穴・温風穴それぞれ同時に2分間隔で観測を行った。この観測結果を図5、図6に示す。冷風穴では、外気温が冷風穴内の温度を下まわった2月4日に、風向が安定的に吸込み方向へ転じている。いっぽう、温風穴での結果をみると、冷

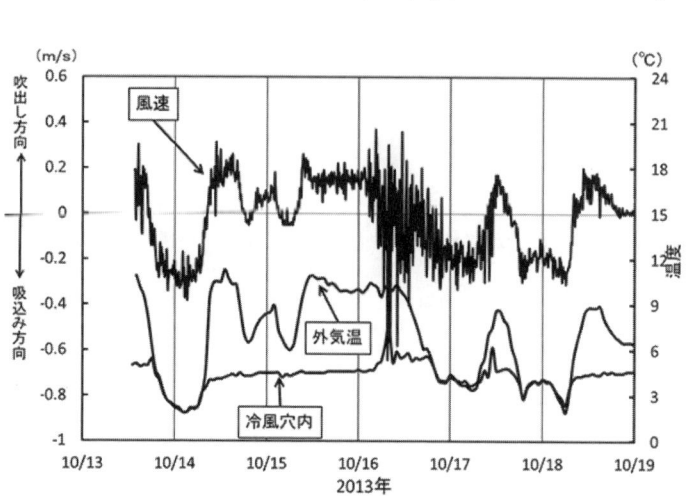

図4 超音波式風速計①（海上電機社製）での観測結果（冷風穴）

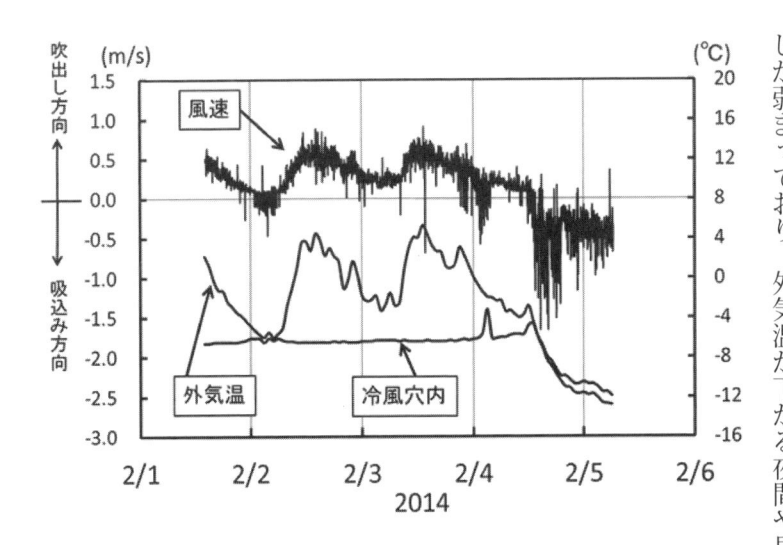

図5 超音波式風速計②（Gill社製）での観測結果
（冬型・冷風穴）

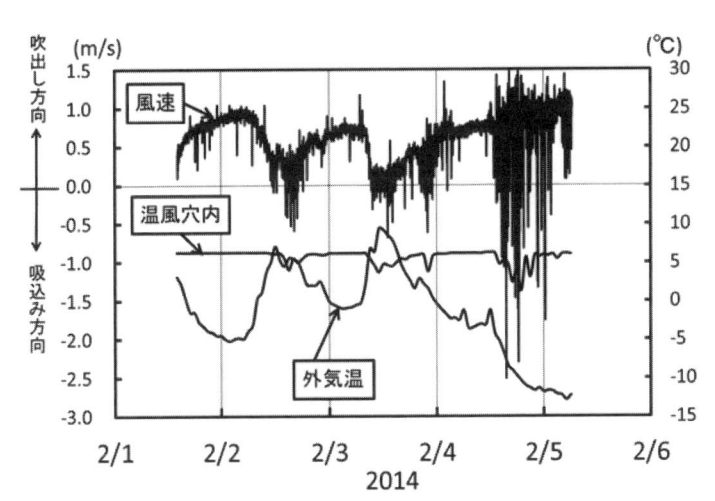

図6 超音波式風速計②（Gill社製）での観測結果
（冬型・温風穴）

風穴とは反対で、外気温が上がる日中には、風穴内の温度との温度差が小さくなることで温風の吹出しが弱まっており、外気温が下がる夜間や早朝になると温風の吹出しが強くなる。

以上の風穴現象をまとめると、図7のようになろう。結果として、各風穴口での風向きや風速の大きさは、それぞれの風穴内の温度と外気温のみによって変化するのである。時として2月2日や2月3日のように、外気温が温風穴内部の温度と同程度かそれ以上になると、温風穴では風向が吸込み方向に転じることもある。しかし、冬型の期間においては、この温度の逆転は長期間続くことはなく、温風穴では温風を吹き出している時間が圧倒的に長い。

冬季における冷風穴と温風穴の双方の同時観測から、ともに吹き出しが認められ、これまでに報告されている一般的な風穴とは異なる空気の循環があることがわかった。人が入り込めない岩塊堆積地の深部で、直接温度を観測することは非常に困難であるが、風速・風向の連続観測のデータと外気温の高低により、斜面深層の温度を大まかに推定することも可能と思われる。

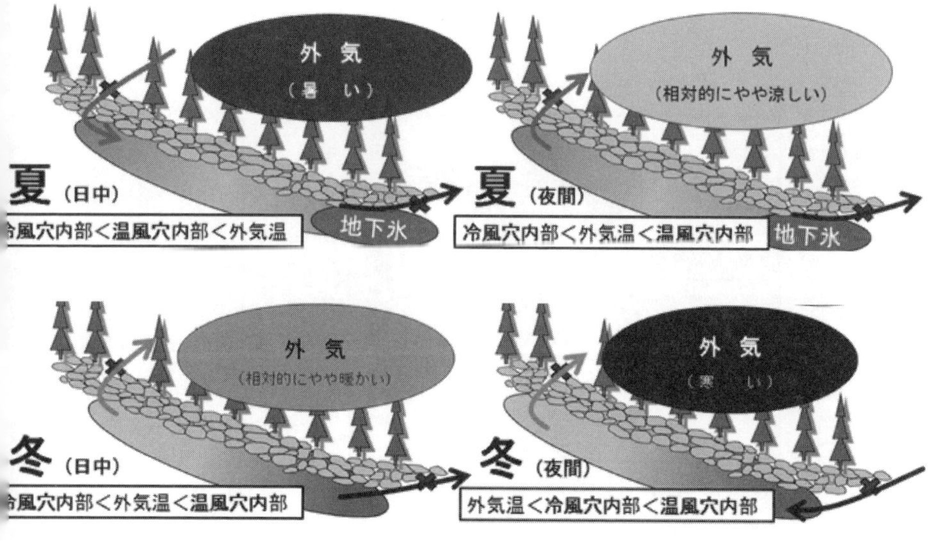

図7　夏と冬の昼夜それぞれの風穴温度と外気温の関係

第9章 富士風穴の氷穴に関する考察

大畑 哲夫

1980年代から1990年代の初頭にかけて富士山麓の氷穴（氷のある風穴）を調査し始めたので、それをもとにここで記述しよう。筆者が1982年に名古屋大学で新たに助手として仕事を始めたときに、何名かの学生が入学していた。そのなかの一人に、吉田 稔氏（現在、東京・白山工業㈱）がいた。彼は「積雪の融解」をテーマにしていたが、関心が広く、「氷穴」というものに興味を示しており、私も彼を通じて「洞窟や氷穴」について知ることになった。スペレオロジー Speleology（洞窟学）という研究分野も初めて知った。もともと、狭いところは好きではないので、観光地となっている鍾乳洞などには入ったことがあったが、それらをより深く知ろうということはなかった。

富士山麓の「氷穴」、しかも通年で氷が存在する氷穴を、そのとき初めて知った。その後、何年もかかわりをもったのは、富士山の気象の情報などをもとに以下の疑問が生じたことによる。

疑問：「なぜ年平均の地上気温がかなり高い（後で地上気温は8℃程度と判明）ところで、一年中融けきらずに氷が存在できるのか？」

この疑問を別に言い改めると以下の表現となる。

一般的に地面の温度は、表面の気温ないし地表面温度と地下深くから来る熱流の兼ね合いによって決まる。富士山のすそ野を考えると、冬季はマイナス10数℃以下になるが地上気温の年平均気温は8℃程度である。一つは平均的な状態をもとに考えると、地中に氷があり、年中0℃ないしそれ以下であるということは考えにくい。さらに火山地域であるので熱が地下からかなり表面へ輸送されているはずなので、なおさら考えにくい。一般的に凍土の分野では、永久凍土が存在できるのは、年平均地上気温が0℃以下の地域とされている。凍土地帯にも場所により、さまざまな条件は異なるため、0℃より高い場所でも氷が通年で存在することはありうる。しかしながら、年平均気温が8℃というところで、氷が存在できるとは、考えにくい。

これに対して人は、たとえば氷河はかなり気温が高いところでも見られるけれど、というかもしれない。昔行ったことのある、長さ20kmを超えるパタゴニアのサンラファエル氷河の末端付近の年平均気温は、たぶん10℃程度であろう。氷河は上流で雪が蓄積され、氷となり、下流に流れてくるが、下流では消耗一辺倒である。下流部の氷がその場所で維持されているのではなく、氷河の流動のなせる業である。地上気温が相当高い場所で、越年性の氷が維持されている例はあまりないであろう。

この疑問を解決するため、同じ研究室に入ってきた古川昌雄氏（現、国立極地研究所）らと、結局10年ほど富士風穴の観測調査をし、論文としてまとめた（Ohata et al. 1994a, 1994b）。自分なりの納得

富士風穴の概要と氷体の維持状況

富士風穴の概要

図1に富士風穴と富士山麓の他の氷穴の場所を示した。富士山周辺にある氷穴（鳴沢氷穴、富岳風穴など）は、同じ地形環境（玄武岩熔岩）の同じような場所に形成されており、形成要因も富士風穴に近いものと思われる（小川1971、浜野ほか1980など）。洞口の標高は1120 mであり、青木ヶ原の樹海のなかにある。図1には河口湖気象測候所（標高860 m）が示されているが、後に長期気象データを使用する甲府気象台（標高2733 m）は、風穴の北北西35 kmにある。富士風穴は国の天然記念物で準観光スポットになっており、林道からの入口には天然記念物を示す解説板が存在する。ただ、鳴沢氷穴などのように整備され、観光客が多数押しかけるところではない。なお、富士風穴は、

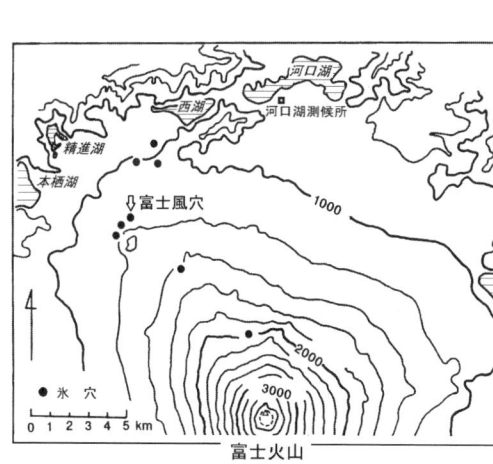

図1 富士氷穴の位置
Ohata et al. (1994a).

氷穴（アイスケーブ）として国内屈指であり、「富士氷穴」と改めてもいいほどである。

富士風穴は、氷のある「氷穴」および陥没口（洞口）を挟んで逆方向に延びている氷のない洞窟（本稿では「空風穴」と呼ぶ）からなり、それらの縦断面を図2に示した。氷穴の方向は入口から北東方向に延び、200mほどの長さである。河口湖の気象観測所のデータに基づくと、この氷穴の場所の年平均地上気温は、8.4℃であり、降水量は河口湖と同じと考えられ1500mm程度である。筆者はいわゆる洞窟探検の興味はないので、それ以外の洞窟での調査はしていない。氷は図2のように床一面を覆っているものが大部分で、少量の氷筍がある。氷の厚さも、残念ながら正確には把握していないが、深いところで数mと推測している。正確に測定・把握したのは、表面での氷の増減と気象要素であった。

氷の変化と洞窟内環境

1984年から1986年にかけて詳細な観測を行い、洞窟内各地点での氷の表面レベルの変化を出した（図3）。洞口付近は冬季の3月から7月にかけて増加し、7月から次の冬季にかけて減少する季節変化を示している。年間の変化は一桁のcm単位であり、少ない。それに対し洞窟の奥の方は、目立った季節変化はないが、この2年の間、奥の方の氷量は徐々に

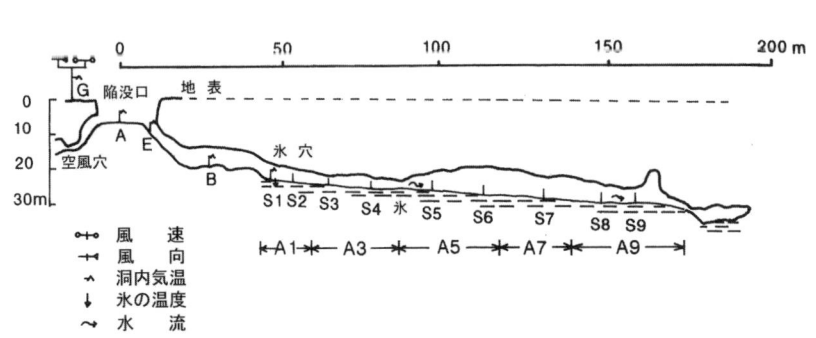

図2 富士氷穴の断面図と観測点
Ohata *et al.* (1994a).

増加する一方であった。入口付近は真冬ではなく、3月頃から春にかけて氷が増えているといえる。地上の気温とずれが生じて、氷体の増減が起こっているのがわかる。寒いところに水分（たぶん融解した雪、春先の雨）が供給され、凍結したのであろう。このように、洞内全体としてはこの期間、氷は増加傾向にあった。

氷の形成・融解に大きな影響を与える氷穴および空風穴の気温の分布をみよう。図4に、冬と夏とにおける氷穴と空風穴の気温分布を示した。冬季は、陥没口

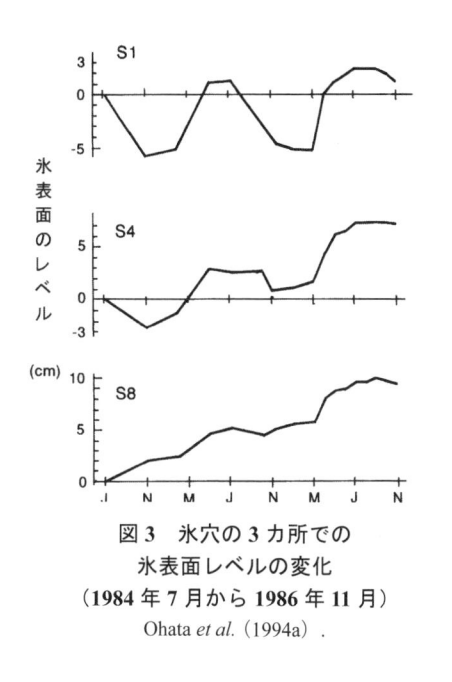

図3 氷穴の3カ所での氷表面レベルの変化
（1984年7月から1986年11月）
Ohata *et al.*（1994a）．

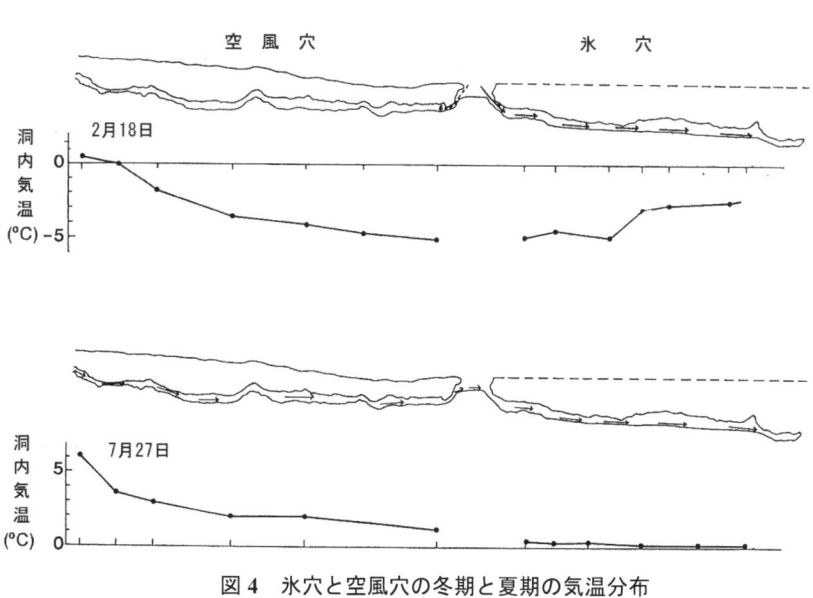

図4 氷穴と空風穴の冬期と夏期の気温分布
Ohata *et al.*（1994a）．

を中心として気温が低く氷点下になっているのがわかる。夏季には、氷穴では気温が全体に0℃に近いが、空風穴は気温が相当高くなっている。空風穴については後で触れることにして、ここでは、氷穴についてより詳しくみることにする。

洞窟内の気温は、冬季急激に下がり、4月以降は0℃付近で、次の冬が来るまで、そのように保たれている。また冬の間には、より寒い日に氷穴に空気がよく流れ込み、効率よく氷穴が冷やされていた。夏季、地上気温が20℃であり、洞内が0℃であって、冬より気温差が非常に大きくても、氷穴に入る空気の風速は弱かった。たぶん、夏季の氷穴内の気塊は地上から来ているのではなく、空風穴から来ているためと考えられる (Ohata et al. 1994a)。

富士山の傾斜地にある通気性のよい熔岩の地面では、冬の寒気が入りやすく、冷えた空洞で冬季から春季にかけて浸透した水が凍結し、それが夏の間でも融けきらずに、次の冬まで持ち越してしまう。冬には暖かい年と、寒い年があり、それによって氷の全体の質量が、融解が卓越し減少する場合と、凍結量が多く増加する場合がある。

夏季には氷穴では気温が0℃程度であるのに対し、空風穴は気温がかなり高くなっている。この原因は、以下が影響していると考えられるが、空風穴に関する風などの他のデータがないので、現在は正確には説明できない。

(1) 氷穴の方が、寒気が入りやすい。
(2) 空風穴の方が暖気が入りやすい。
(3) 水の供給が氷穴の方がよく、氷が成長しやすい。氷が成長しやすいと、冬の寒気を蓄える

氷穴の年々の成長と衰退

氷穴の氷は年々変化するのか、それは何と関係があるのか？ は興味のあるところである。観測調査を行った1984年から1992年の間に、氷の量は大きく変化した。図5に氷穴の平均的な氷の量（最上段）、前年からの氷の量の増減量、いわゆる質量収支（2段目）、地上気温・降水の年々変化（3段・ことになり、夏季気温が上がりにくい。

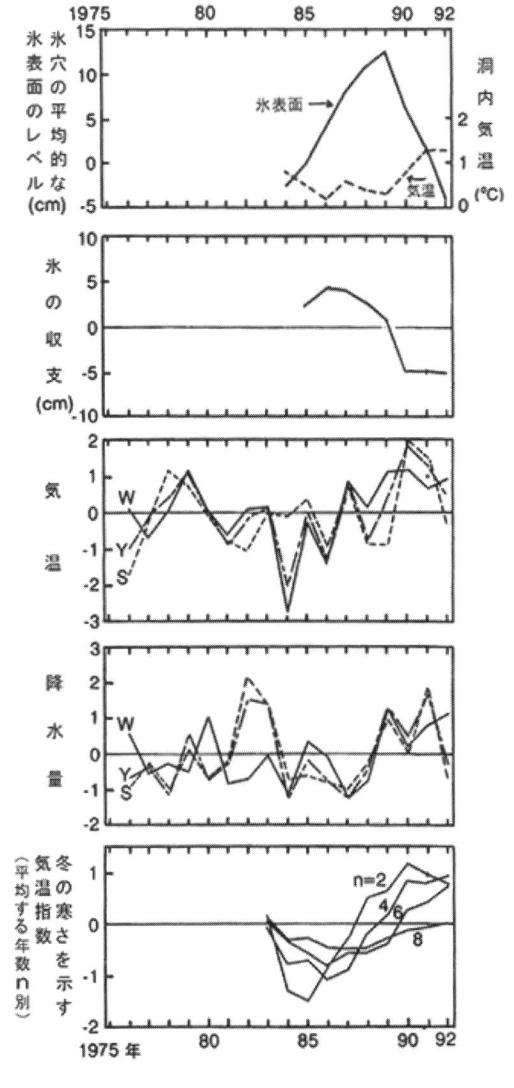

図5 富士氷穴の1984年から1992年にかけての氷の平均レベル，氷の収支，気温・降水（通年，冬期，夏期），と年数を変え示した氷穴気温指数 Ohata *et al.* (1994b).

4段目)、これと氷の質量収支と気温の指数の関係(5段目)を示した。ここでいう氷の量は、「氷位」(全観測点の氷のレベル)の上下で表した。期間中の平均値からの偏差で表した。最後の気温指数は、特定年からさかのぼること2、4、6、8年の冬季平均気温として示した。

さて、図5をみるとわかるのが、氷位は、1984年から1989年まで上昇し、その後急落していることである。質量の増減量(氷の収支)は氷位に対応し、86年が最も大きく、89年にかけて減少し、90年には負値となっている。氷位は92年には観測当初より低くなっている。

気温・降水は、ともに84年から90年代初めにかけて上昇傾向にある。降水の変化が氷位に影響するかどうかに関しては、結論としてネガティブである。水が作用するとすれば、一つは氷を作る水としてであり、もう一つが夏の暖かい水が氷表面に供給される過程が考えられる。前者については、この地域の降水は年平均1300㎜以上で、年間の氷の成長量最大50㎜をはるかに超えているので、降水が年々変動の因子になるとは考えにくい。後者については、現在のところ関係は薄いと考えている。

前節でも述べたように、冬季の寒気の流入がきれいに逆相関になっているので、これが氷穴の成長の指標とみなせる。当然、氷の成長・損失は、水と熱の複雑な関係に基づくので、AB2つの論文の結論以外のストーリーもありうるだろうが、その可能性は薄い。

風速など風の動きは寒気や暖気を運ぶので重要だ。冬季の地上気温と洞窟への寒気の関係は、気温が低ければより風速が強いという関係が得られているので、気温が低いことにより寒気が入りやすい関係である。風が寒気の流入の年々の変化を加速することがあっても、抑制することがないと考える。

このように、10年余りの観測調査から、氷体の変動機構についても、それなりの結論が得られた。

長期的気候変化と氷穴の氷の変化

氷穴の氷は観測を実施した10年間の間で変化した。氷はその形成条件から考えると、より長い気候変化によって変化していくことが考えられる。富士風穴に関する過去の資料としては、日本の天然記念物に関する脇水（1936）の報告がある。写真1に、それに載っていた昭和2（1927）年9月22日に撮影された写真を示した。富士風穴の最深部ということである。おそらく写真1は、図2のS9の先ではないかと考えられる。1980年代の調査時期には氷筍が見られたが、このように大きな氷は一度も見られなかった。昭和2のころは、おそらく氷がよく成長した時期だと推測し、1920年代は気温が極端に低かったのだろうと考えた。

この時期の気象データと対応させてみる。第3章で記したが、氷の量は、寒い冬期に成長し、その年の氷の量（レベル）は、そのときの過去4年間の冬季気温の積算値とよい関係があった。これを「氷穴気温指数」と呼ぶことにする。冬季気温（12月〜3月）の積算値の4年間平均値。上記は氷筍であるが、洞窟全体の氷の量の変化と比例していると考え、氷穴気温指数をみることにする。

第二圖　富士風穴最奥部の氷筍（昭和二年九月廿二日寫）

写真1　1927年9月22日の富士氷穴最奥部の氷筍の写真
脇水（1936）.

甲府市では、1898年から気象データが取得されている。簡単化し、甲府での気温を用いて計算した氷穴気温指数の4年間積算値は氷穴地点のものに比例するので、甲府の気温を用いて計算した氷穴気温指数を図6に示した。たとえば、1904年は、1901～1904年の12～3月の平均気温の4年間積算値である。

図6をみると、氷穴気温指数は1980年代までは変化を繰り返しながら徐々に上がっているが、1980年代後半にギャップがあり、それまでに比べると飛躍的に高く、冬が暖かくなっている。地球温暖化に伴う日本の気候の特徴を表しているといえる。1900年頃からみると、1900年ころ、そして1940年代半ばに気温が低いときがあり、それ以外では高くなったり低くなったり変化している。脇水の写真（写真1）の時期、1920年代半ばは、確かに氷穴気温指数は低めであるが、他と比べて特段、低いわけではない。また調査観測を行った1984年から1990年にかけては、氷穴気温指数が低いレベルから高いレベルへの境にあたり、1985年ごろは氷位の高い時代であるし、その後、急激に氷位は減少した。もし、1990年代に観測調査を開始していたとしたら、筆者はあまり強い関心をもてなかったかもしれない。長期変化について整理すると、以下のことがいえる。

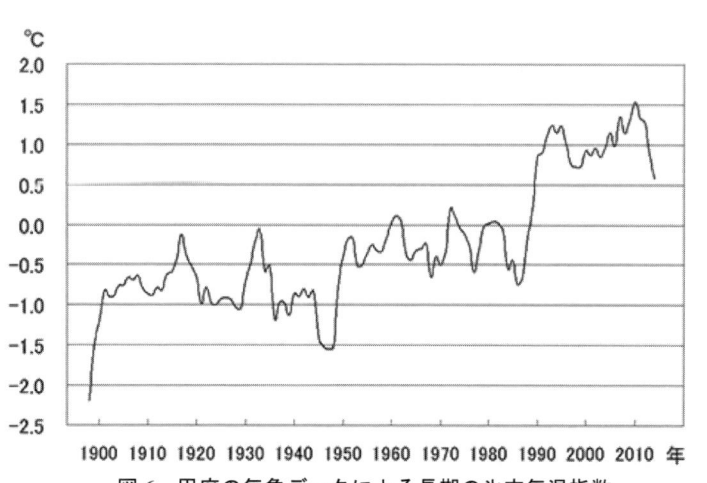

図6　甲府の気象データによる長期の氷穴気温指数
各年から遡ること4年間の12～3月の平均気温の積算値.

第 9 章　富士風穴の氷穴に関する考察

(1) 氷穴の氷位や氷筍について長期記録はなく、1927年と1984年以降の記録しかない。
(2) 氷位の変化に比例するとみなせる氷穴気温指数は、1900年から1980年代までは全体としてゆっくり暖かくなる間に、高低の変化を繰り返していた。
(3) 過去の写真のある1927年は、氷位の高い時期かと考えていたが、氷穴気温指数から判断すると、際立って氷位の高い時期とみなせる時期ではなかった。氷穴気温指数から、1900年代初頭、1940年代半ばにはもっと氷の成長が大きく、氷筍が発達していた時期があったと推測できる。

なお、今後、氷が成長する時期が来るかというと、地球温暖化のせいで、それは難しいであろう。

今後の氷穴研究の課題

2つの空間規模別（スケール）に区分して、わかったこと、はっきりしていないこと、今後の課題などを整理してみよう。

氷穴の存在する洞窟群スケール

地下には洞窟群が繋がっていて、氷のあるところ、ないところが存在する。通気口の場所などが主とした要因で、洞窟内の気温（とくに冬冷えるときに空気が流入しやすく、夏は流入しにくい）が決

定的因子となると考えられる。水が主原因とは考えられないこともあり、その影響の評価は正確にはできていない。富士風穴と空風穴の違いが説明できていない。いろいろ調べられていない場所を探ると、まだ新たな氷体が見つかる可能性もある。

氷穴スケール

これについては定性的な、そしてある程度まで定量的な氷の状況、氷を涵養し消耗させる過程についてはわかった。しかしながら、氷の量が、なぜ現在の量なのかは、説明できていない。これを行うには、空気の入れ替え、水の供給、氷の成長・融解を含む物理モデルを作成し、いろいろな条件下でそのモデルを走らせることが必要である。

このようなモデルを活用したおもしろい一つの検討が、本当に寒くなった場合に、氷は限りなく成長するのか、ということである。たぶん、氷が一定量以上多くなると通気性が悪くなり、冷えなくなるということが考えられる。氷の量に上限値があることが推測される。

もう一つ興味深い検討は、地球温暖化の影響（図6で見られている冬の気温上昇）でいつ富士氷穴の越年性の氷がなくなってしまうかということである。それは冬期の温暖化で近いうちにおとずれるかもしれない。この問題は、氷穴と形成・消耗過程は異なる氷である氷河でも同じで、温暖化で縮小、ひいては消滅する運命にあり、現時代における地球上の雪氷のすべての共通問題である。

コラム4 富士山麓の洞穴を風穴と呼ぶわけ

清水 長正

首都圏や山梨県・静岡県で、風穴といえば富士山麓の洞穴（熔岩トンネル）(1)、というイメージが一般的である。専門的な『地学事典』（平凡社 1996）にも、風穴とは熔岩トンネルの大型のもの、というように説明されている。ところが、熔岩トンネルのなかではごく少数であり、富士山麓以外にはわずかにしかない。広く全国的にみれば、崖錐型風穴とそれを利用した風穴小屋跡の方が大半を占める。富士山麓の熔岩トンネルは、江戸期以前には人穴(ひとあな)や蝙蝠穴(こうもりあな)のように、単に○○穴と呼んでいたようである。その後に風穴の名称が定着し、いつのまにか熔岩トンネルが日本の風穴のスタンダードとなってしまった。ここで、そのわけを考えてみよう。

富士山麓の熔岩トンネルの成因については、熔岩や火山ガスの抜け跡のほか、水蒸気やガス圧による空洞などが考えられている（小川 1971、浜野ほか 1980）。熔岩トンネルが最も集中するのが北西麓の青木ヶ原で、平安時代初期の貞観(じょうがん)6（864）年に、寄生火山の長尾山付近の複数の火口から噴出した青木ヶ原熔岩（粘性の低い玄武岩熔岩）の流動に伴って形成された熔岩トンネルが21本確認されている。2万5千分の1地形図「鳴沢(なるさわ)」には、11カ所の風穴・氷穴・洞穴などの注記（地図中の文字）と洞口の記号が表示されている。

久保田（1909）によれば、明治32年に富士風穴で蚕種貯蔵が開始され、大正

註 (1) 熔岩トンネルと熔岩樹形はまったく異なる地形だが、しばしば混同されるので注意が必要だ．「熔岩トンネル」は流動中の熔岩やガスの抜け跡であり、「熔岩樹形」は熔岩流動中に取り込まれた樹木が焼けて空洞になったものである．

元年度の農商務省農務局（1914）に、青木ヶ原の蚕種貯蔵風穴として、富士風穴、富岳風穴、青木ヶ原風穴（西湖蝙蝠穴）、富士龍宮風穴、森風穴（本栖風穴）、富士天然風穴（軽水風穴）、富士龍宮風穴（龍宮洞穴）が載っている。富士風穴以外は蚕種貯蔵の開始年が不明だが、それらでは大正元年までの明治後期に蚕種貯蔵が開始されていたことになる。

これらのなかで、富岳風穴、富士龍宮風穴、森風穴、富士風穴などでは、6月以降の夏季まで氷が残る。洞内の氷の発達が最も著しいのが富士風穴で（10章大畑参照、佐藤2005）、明治40年ころに松本測候所長の柳澤巌が訪れ、洞内の氷柱を見て奇怪なる風穴と評した（久保田1909）。脇水（1936）には、富士風穴内に蚕種貯蔵用の建物が4棟あったことを示す平面図がある。

静岡県側では、大正11（1922）年に、駒門風穴（御殿場市）・万野風穴（富士宮市）が、規模の大きい熔岩トンネルとして国の天然記念物に指定された。日本で最初の、風穴の天然記念物指定である。

一方、青木ヶ原では、山梨県天然記念物調査官の石原初太郎が青木ヶ原の洞穴を調査し、昭和4（1929）年には、富士風穴・富岳風穴・鳴沢氷穴・龍宮洞穴・西湖蝙蝠穴・神座風穴・大室洞穴・本栖風穴の8洞穴が、国の天然記念物に指定された。

これらの天然記念物の名称には風穴・氷穴・洞穴などが混在する。その使い分けの根拠は定かでないが、富士風穴・富岳風穴は、すでにあった蚕種貯蔵風穴の固有名をそのまま天然記念物の名称としている。富士山麓の熔岩トンネルは、低温の洞穴という風穴と呼ばれるのだろうが、そのきっかけは、おそらく明治期に先行して名づけられた蚕種貯蔵風穴の風穴名に因むようである。それらが国の天然記念物として著名になったことから、「風穴とは熔岩トンネルである」という少々偏った概念が、一般に広く普及してしまった。

第10章 稲核の風穴本元における温度観測と氷の消長

柿下 愛美・清水 長正

稲核の風穴

松本市（旧・安曇村）稲核は、日本で最も古くから風穴が利用されてきた場所である。崖錐斜面から夏季に冷風が吐出するので、吐出口に小屋を建て天然の冷蔵倉庫として利用している。稲核には、今日でも実用の冷蔵倉庫としての風穴小屋が複数あり、その他にも、道の駅「風穴の里」近傍に、見学用の風穴小屋が地元の町会により整備されている（図1）。

『前田風穴沿革誌』（前田 1916、風穴だよりに抜粋）によると、江戸中期の宝永年間（1704～1711）以降に、風穴に漬物を保存した。その後、幕末期には、蚕種（蚕の卵）を風穴に冷蔵して孵化を抑制し養蚕の時期を延長させる手法がここで開発されたという。母屋の裏に明治期に建てられた「風穴本元」と掲示された二階建て蔵造りの、かつての蚕種貯蔵風穴が現存する（写真1）。建物背後は角礫からなる崖錐堆積物に接していて、その空隙からの冷気を蓄える構造となっている。

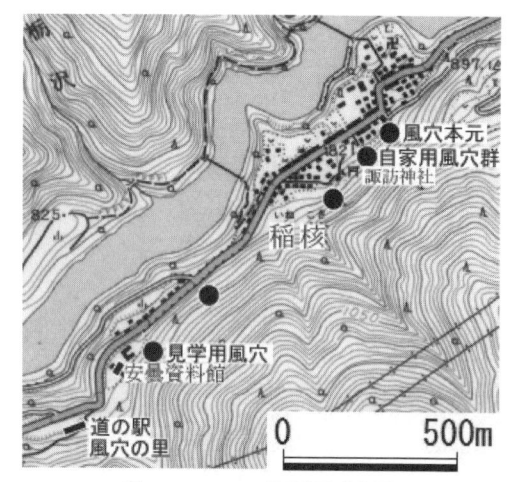

稲核地域に分布する地層は、ジュラ紀付加体の砂岩・泥岩が、接触変成作用を受けホルンフェルス化した非常に硬質な岩石であり、細片化しにくいため、空隙を形成するのに適当な巨礫サイズの角礫を形成した。崖錐堆積物の供給源は斜面上方の崩壊であろうが、その発生要因は明らかではない。梓川の河谷と平行する梓川断層群の影響を受けている可能性があると考えられる。さらに梓川沿いには稲核の集落が広がる段丘が発達し、崖錐堆積物が梓川河床へ落下することなく段丘面背後の斜面に累積している。

明治31（1898）年から約15年間、松本測候所が風穴の気象観測を実施した。おそらく、風

図1 1:25,000 地形図「古見」

写真1 風穴本元
山本信雄撮影.

註(1)『松本の気象百年』（松本測候所百年誌編集委員会 1998）には風穴のことがほとんど載ってないが、年表には、「明治31（1898）年農商務省の委託により南安曇郡安曇村の風穴について気象観測を開始．この業務は、明治45（1912）年まで継続」、というわずかな記述がある．『風穴論』に記載される以外の観測資料が現存するかは不明．また、柳澤（1908）には松本測候所特別調査報告発刊目録があり、『風穴気象調査報告』（明治34年）が挙げられているが、今のところ、この報告書の存在も不明である．

第10章 稲核の風穴本元における温度観測と氷の消長

穴の通年温度変化に関する国内最初の仕事であろう。明治39年には、松本測候所長の柳澤 巖が『風穴論』（柳澤 1906）を著した。これは風穴に蚕種を貯蔵するための技術書であるが、風穴に生じる地下氷の生成や、風穴の機構についても言及している。

風穴本元内の温度観測

『風穴論』に「稲核某風穴ニ於テ自記寒暖計ヲ以テ観測」とあり、半旬期（約5日）ごとの測定値の通年温度変化グラフが示されている。観測位置については、『風穴論』に「稲核某風穴」としか記載がないが、後の柳澤（1908）には「前田、有馬の風穴を調査研究」とあるので、そのどちらかだろう。『風穴論』には観測年も明記されてないが、「明治37年ヨリ38年ニ至ル同風穴ノ自記寒暖計自記紙」を引用しており、1904～1905年の観測結果である可能性が高い。このグラフによる風穴内の温度変化は、4月に0℃より上昇し9月に11℃以上の最高値を記録し、再び11月に0℃を下まわるという結果が示されている（コラム2参照）。

1906年以降の1世紀以上、稲核での風穴の温度観測の記録が見あたらなかったので、2011年5月から2013年2月までの期間（2012年1月中旬～3月下旬欠測）、風穴本元の石垣において1時間ごとの温度観測を行い、次のような結果が得られた（柿下・大塚 2012）。図2には、2011年6月～2013年2月の、ほぼ2年間にわたる温度変化を示した。

観測開始日の2011年5月20日に1.9℃を記録し、以後9月のピークをむかえるまで上昇を続けた。9月のピークは2回あり、2回目のピーク後、温度は下降を続け12月9日には氷点下に達

した。また、グラフの温度上昇期（A）は日変動幅が小さく、一定の傾きをもって温度は上昇している。

いっぽう、温度下降期（B）は上昇期とは異なり、日変動幅が比較的大きく、上昇・下降を繰り返しながら全体として温度が下降している。そのため、グラフは鋸歯状である。さらに外気温の温度のピークと風穴内の温度のピークを比較すると、外気温は7月15日～17日がピークであったのに対し、風穴内温度のピークは9月7・8日と9月22日～23日であり、ピークの出現は風穴内の方が約2カ月遅いことが読み取れる。なお、2012年には10月にピークが現れている。

2011年12月中旬から翌2012年5月下旬にかけて、風穴内の石垣の温度はマイナス側を示している。このうち春季～初夏にあたる4月中旬から5月下旬には、0℃前後の温度横ばい期（C）が1カ月半にわたって続く。風穴における、こうした特徴的な温度横ばい期の要因を、次項でさぐってみよう。

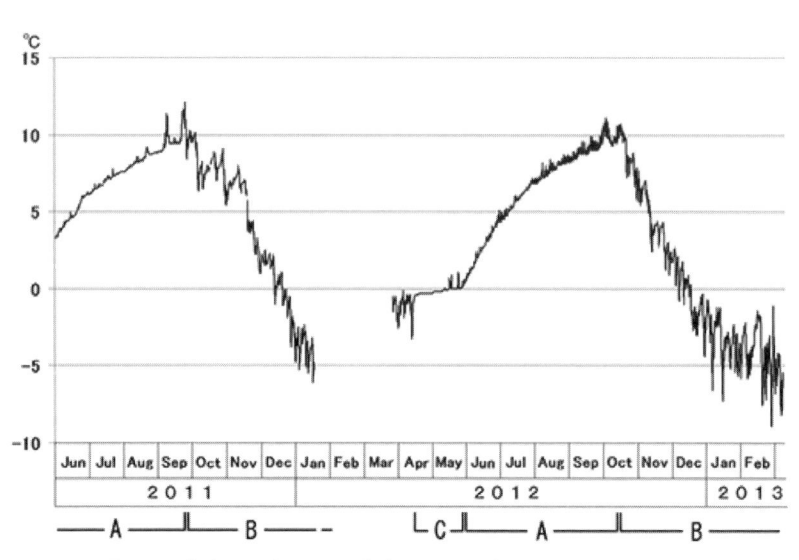

図2　風穴本元における温度変化（2011年6月～2013年2月）
ただし2012年1月中旬～3月下旬の間は欠測．
A：温度上昇期　　B：温度下降期　　C：0℃前後の温度横ばい期．

風穴本元内の氷の消長

『風穴論』には、風穴内の氷の生成について左のような記載がある（文語を口語に意訳）。

外界が漸く花が咲きだして晴れ、四方まだ残雪がある時期に暖風一掃し氷雪を解かすにあたって、その水滴が漸次地中に浸透し岩石の間に結氷する。それを繰り返して氷塊は増大し、外界に暑さが加わるに至っても地中の氷塊はその形を改めない。

明治期にこのように記録された風穴内の氷塊について、改めて詳細な温度変化や氷の生成・融解時期を知るため、2012年と2013年の、それぞれ冬季から春季にかけて、風穴本元で温度観測や氷の観察を行った。温度観測については風穴本元の内外数カ所に温度ロガーを設置し、1時間ごとに記録した。氷の観察にあたっては、澤田ほか（2013）に準じ、風穴本元内にカメラを設置し、90分ごとにインターバル撮影を行った。撮影対象は、風穴本元内の崖錐斜面を造成した奥壁で、例年氷が形成される梁・柱・床に区切られた面積約2.5m²の石垣露出部である（写真2）。2012年12月～2013年6月における、氷の表面積の変化と温度の変化の両方を、図3に表した。

2011年5月以降における2年間の風穴本元内の石積の温度変化は、12月上旬～中旬に0℃以下となり、以後マイナス側で推移し、3月下旬ころから0℃前後の横ばいとなり、5月末には0℃より上昇した。これに対して氷の消長については、2013年2月上旬～6月上旬におけるインターバル

撮影から、以下の結果が得られた。2月以前の冬季には氷がほとんど認められず、2月上旬から氷の成長が始まり、3月下旬に最大となり、その後徐々に融解・縮小しながら5月下旬まで氷が残存するが、6月はじめには完全に消滅した。

氷の成長期は、風穴内の温度がマイナス側で、外気温がプラス側に大きく上昇するとき（すなわち積

写真2　風穴本元の奥壁の氷
黒光りしている部分が氷．2012年3月2日撮影．
第Ⅱ部扉の写真（41ページ）も参照．

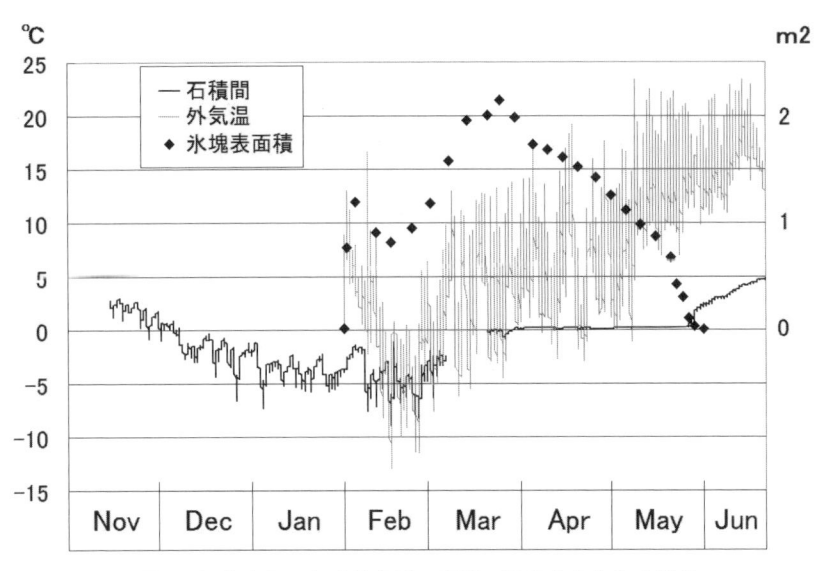

図3　風穴本元における冬季〜春季の温度変化と氷の消長
（2012年11月中旬〜2013年6月中旬）
氷表面積は壁に現れた氷の面積．

雪の融解時）に対応するようである。２月中旬に氷が一旦縮小するが、一時的に外気温が上昇した影響による可能性がある。２０１２年３月下旬には風穴本元の背後にだけ残雪がみられたので（写真３）、その融雪水が風穴内で再結氷したと考えられる。

３月下旬以降の融解・縮小期は、外気温がプラス側になり風穴内で０℃前後の横ばい期で、外気温が20℃以上に達したときに氷が急激に縮小した。氷の消滅後は風穴内温度も上昇するので、氷の存続が風穴の低温を維持する効果をもたらすものであろう。つまり、図２の横ばい期（C）の主因は、春季～初夏の地下氷の存続によるものと考えられる。こうした地下氷の存続による風穴内の低温については、天童市のジャガラモガラ（真木１９９９）、北海道然別の西ヌプカウシヌプリ（澤田・石川２００２）、福島の中山風穴（田中ほか２００４）などでも述べられている。

２０１３年の風穴本元内での氷の消長は、２０１２年の大館市・長走風穴での観測結果（澤田ほか２０１３）と比較して、氷の成長開始や最大時で約２カ月も早い。稲核と長走の緯度差は４度、その気候の差のほか、積雪や年ごとの気温変化の差、さらに地下の状態の相異などの要因が推定される。

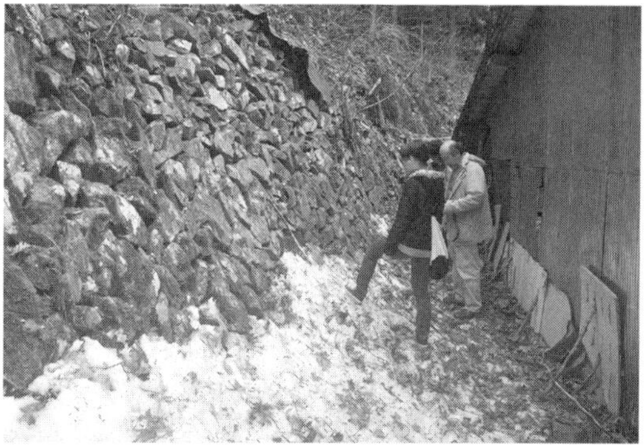

写真３　風穴本元背後の残雪
2012年3月22日撮影.

コラム5

風穴の霧

鳥潟 幸男

外気はたくさんの水蒸気を含むことができる。もし外気が気温28℃・相対湿度80％であれば、この空気は1m³当たり21.8gの水蒸気を含んでいる。[1] これが冷風穴から吹き出した冷気たとしよう。気温2℃の空気の飽和水蒸気量は、1m³当たり5.6gであるから、外気がこの冷風で2℃まで冷やされれば、1m³当たり21.8-5.6=16.2g 分の水蒸気が凝結して、液体の水として姿を現さなければならない。

この凝結で発生した微細な水滴が浮遊している状態が、私たちがよくみる冷風穴の霧である。冷風穴周辺でみられる霧は、外気に含まれている水蒸気が、冷風穴から吹き出す冷気によって冷やされて発生した霧なのである（写真1）。よって、夏季の蒸し暑いとき、すなわち高温の雨天時に最も濃い霧が発生する。また、吹き出した冷気は外気より相対的に重いため周辺に漂うことが多いが、ときに

冷風穴や温風穴の周辺では、ときに霧が発生する。夏季は冷風穴、冬季は温風穴周辺でみられる。どちらの場合も、風穴の地下空隙から外へ向かって空気が移動して、それが外気と接し、凝結によって発生した微細な水滴が空気中を浮遊した結果、「霧」として私たちに認知される。冷風穴の霧と温風穴の霧は、凝結という点では同じ現象であるが、その成因は明確に異なる。

夏季は、地温より外気温が高い。気温が高いということは飽和水蒸気量が外気温が大きいということであり、

註 (1) 1m³当たりに含まれる水蒸気量は、Tetensの近似式および水蒸気の状態方程式により算出した．

コラム5　風穴の霧

斜面をゆっくりと這うようにみえることもある。

逆に冬季は、地温より外気温が低い。たとえば、温風穴から厳冬期に吹き出す15℃、99％の暖気は、1m³当たり12.7gの水蒸気を含んでいる。これが外気、たとえば気温マイナス5℃の外気によって冷やされたとしよう。気温マイナス5℃の空気の飽和水蒸気量は、1m³当たり3.4gであるから、温風穴から吹き出した暖気が、この外気で冷やされれば、1m³当たり12.7−3.4＝9.3g分の水蒸気が凝結して、液体の水として姿を現さなければならない。この凝結で発生した微細な水滴が浮遊している状態が、温風穴の霧である。温風穴周辺でみられる霧は、地下空隙に含まれている水蒸気が、温風穴から吹き出す時に、外気によって冷やされて発生した霧なのである。よって、冬季は外気温が低ければ低いほど温風穴周辺で濃い霧が発生する。また、吹き出した暖気は、外気より相対的に軽いため、煙のように立ち昇ってみえることが多い（写真2）。

写真1　夏季の風穴霧
長走風穴の冷風穴（山麓）で発生したもの．2014年6月16日撮影．

写真2　冬季の風穴霧
長走風穴の温風穴（山頂付近）で発生したもの．2012年1月27日撮影．

第11章　鬼押出し熔岩の風穴群と湧水
――冷たい湧水を探る

鈴木 秀和

鬼押出し熔岩の風穴群

群馬・長野県境に位置する浅間山（あさまやま）（２５６８ｍ）は、現在も噴火活動を続ける活火山であり、最近では２００４年、２００９年そして２０１５年と、約５年おきに小規模な噴火を繰り返している。群馬県側の北斜面には、今から約２３０年前、１７８３（天明３）年に起こった大噴火のときに山頂から流下した鬼押出し（おにおしだし）熔岩が、山麓の標高１２００ｍ付近まで広がっている。

鬼押出し熔岩は、その如何とも形容しがたい景観から名勝地として名高く、鬼押出し園や浅間園といった観光施設が設けられている（写真１）。

一般にはほとんど知られていないが、熔岩表面の岩塊の間には、至る所に風穴が分布している（図１）。熔岩上に散策路が設けられている

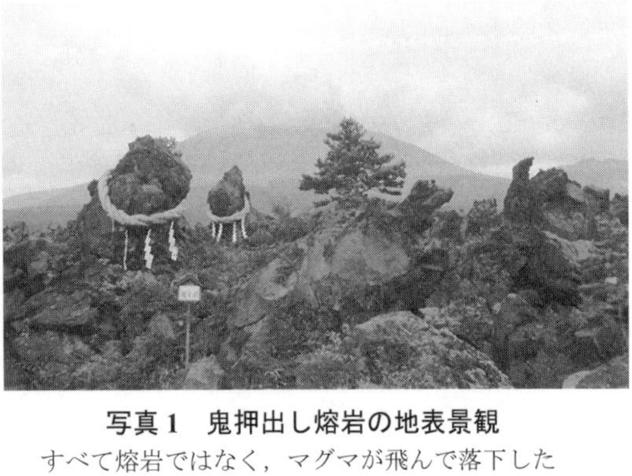

写真１　鬼押出し熔岩の地表景観
すべて熔岩ではなく，マグマが飛んで落下したスパター（火砕岩）が含まれるという説もある．

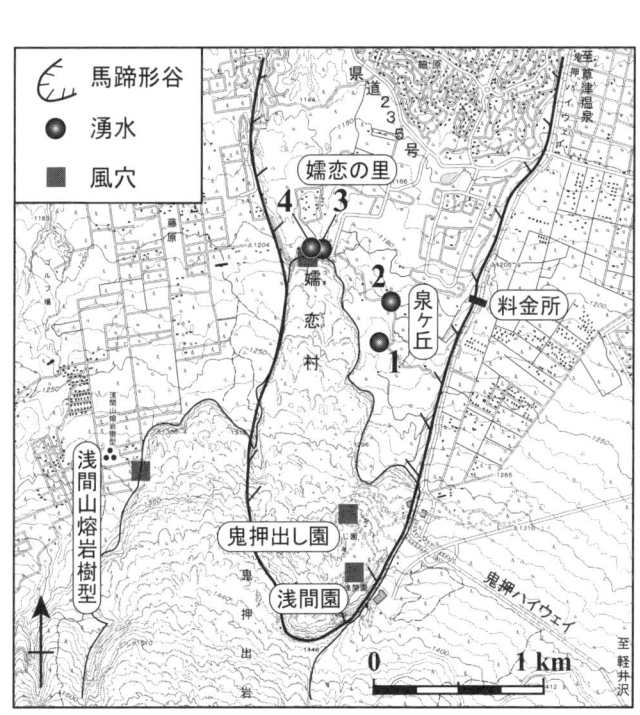

鬼押出し園や浅間園にも、夏季に岩塊の隙間から冷気を吹き出す地点があり、鬼押出し園ではそこに雪だるまを置き、長く解けないので入園者の目を惹く効果が得られている。また、浅間園内で確認された風穴における1997年8月29日の測定結果では、外気温が22・3℃であったにもかかわらず、積み重なった岩塊の隙間から6.5℃の冷気が吹き出していた（鈴木・田瀬2007）。

鬼押出し熔岩の西側には、1952（昭和27）年に国の特別天然記念物に指定された「浅間熔岩樹型」があり、ここを訪れる人も多い（図1）。しかし、そこから東へ数百mほど未舗装道路を進むと、鬼押出し熔岩の側端部が比高20mほどの崖となっており、その崖下（標高1300m）に風穴が発達していることを知る人はほとんどいないであろう。2014年7月21日に測定したところ、風穴内部の気温は2℃未満であり、そこの水溜りの水温は0.3℃と氷点下に近く、内部には氷が存在して

図1 鬼押出し熔岩末端部に分布する風穴と湧水
1:25,000 地形図「北軽井沢」に加筆.

いることがうかがえる。周辺にはコケモモ・イワカガミ・ベニバナイチヤクソウなどの高山植物が自生しており、近くの熔岩樹型と合わせて見せることで、自然の神秘を伝えるジオサイトとして今後活用できるだろう。

熔岩流の末端部（標高1200m）の嬬恋村第一上水道水源付近にも、夏季に2.5℃の冷気をともなう風穴が確認されている。鬼押出し熔岩周辺にはこれらの風穴が存在しているが、なかでも末端部にある風穴のすぐ脇には、年間を通して約3℃と、異常に低い水温を示す湧水が存在する（図1の地点4）。ここでは、風穴現象がこの湧水の水温形成に果たす役割について概説する。

鬼押出し熔岩末端部の湧水

成層火山である浅間山の山麓部には、富士山麓と同様に清冷な湧水が数多く分布し、周辺市町村では、湧水が生活・農業・養鱒用水などに利用されている。また、東麓を流れる湯川源流の一つである白糸の滝は、軽井沢の観光名所として夏季を中心に多くの観光客で賑うなど、地域の重要な水資源として山麓湧水の果たす役割は大きい。今回対象とした鬼押出し熔岩末端部の湧水も、嬬恋村の上水道水源、別荘地の生活用水や庭園の池水などに活用されている。以下に、その概要を説明しよう。

図1に示したように、軽井沢方面から鬼押ハイウェイ（有料道路）を進み、鬼押出し園を過ぎた先にある料金所の手前から入る泉ヶ丘別荘地内の標高1200m前後に数カ所の湧水（地点1と2）があり、別荘地の飲用水などに利用されている。1995～1996年にかけて測定された各湧水の年平均水温は、地点1が約5℃、地点2が約4℃である。また、料金所を過ぎ県道235号大笹北軽井

第11章　鬼押出し熔岩の風穴群と湧水

沢線との十字路を左折した先に入口がある「嬬恋の里」別荘地の奥には、浅間山麓でも最大規模（日量2万8千トン）[1]の湧水が存在している。この湧水は、嬬恋村の第一上水道水源として利用されている（地点3）。水道施設のため残念ながら主湧出口の様子をみることはできないが、施設脇にある熔岩流末端崖基部の窪地には、年間を通じて約3℃と最も低温を示す湧水が湧出している（地点4、写真2）。

ここで、一つ興味深い情報があるので紹介しておきたい。[2] 嬬恋村大笹の住民が所有する古文書のなかに、「天明噴火の際、鬼押出し熔岩の末端部付近より温泉が湧き出し、それを吾妻川沿いの大笹宿まで引湯し、湯小屋を建て2年後に開業した」との記述があり、村内の鎌原にある別荘地には、引湯の遺構が実際にみられるそうである。その後、大笹の湯は泉温が次第に低下し、1806（文化3）年頃廃止されたそうであるが、その後さらに水温が低下し、現在に至っているものと推定される。このように天明噴火直後の鬼押出し熔岩末端部の湧水は、噴出直後の熔岩がもつ熱の影響により、入浴に適するほど高温になっていたことをうかがい知ることができる。

浅間山北麓の湧水群と水温特性

図2には、鬼押出し熔岩末端部を含む浅間山北麓における湧水温（1996年8月に測定）

写真2　鬼押出し熔岩末端部の湧水
図1の地点4．

註(1) 高橋稠・後藤隼次・菅野敏夫（1974）：長野・群馬県湯川および吾妻川上流域水理地質図．日本水理地質図，**23**，地質調査所．

註(2) 松島榮治(1989)：「大笹の湯」引湯跡．広報つまごい　**561**．

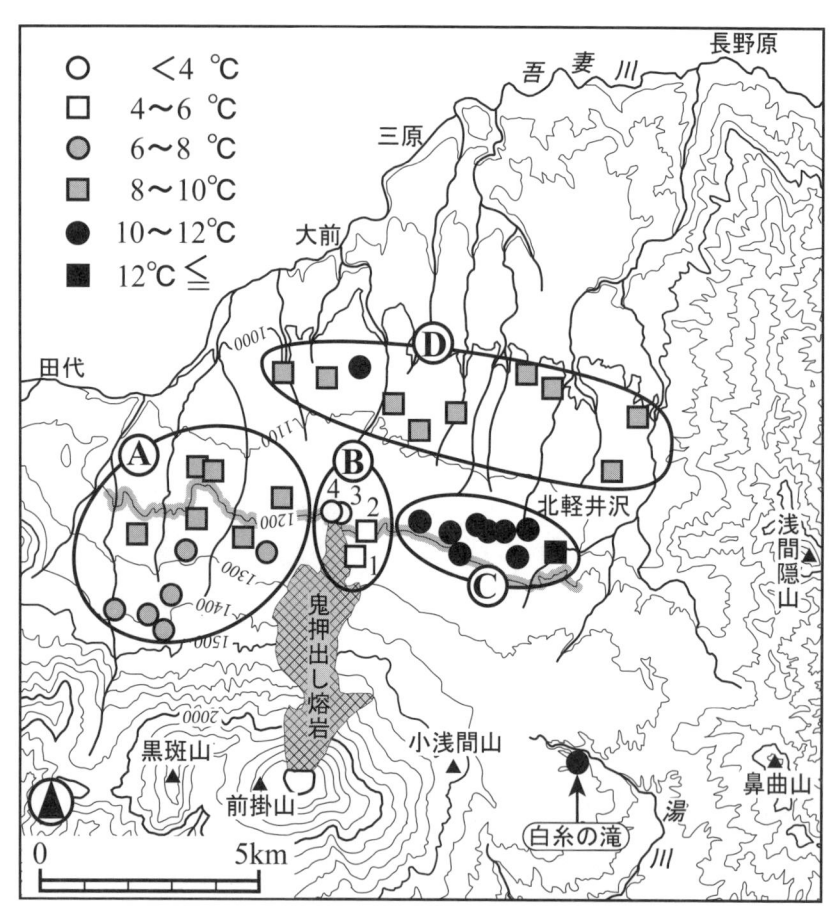

図2 浅間山北麓における湧水温の分布図（1996年8月）

図中のアルファベット（A～D）は，水温，水質特性，湧出量および地理的位置に基づき分類された4つの湧水群を示す．

第 11 章　鬼押出し熔岩の風穴群と湧水

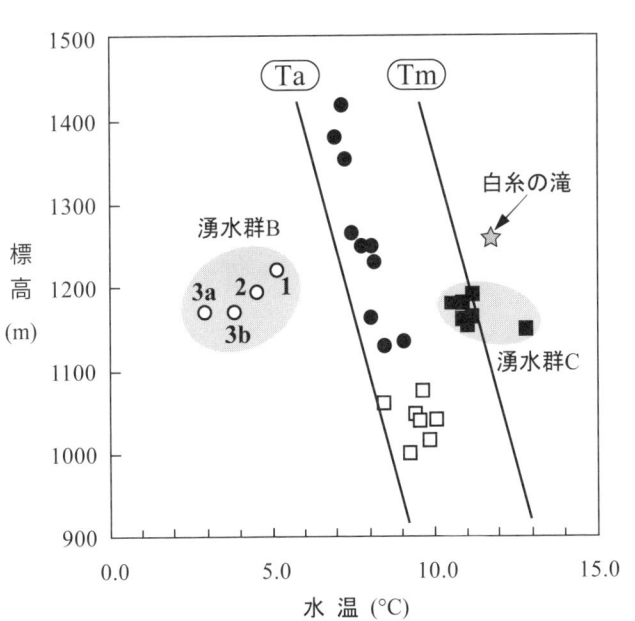

の分布図を示した。これらの湧水は、その水温、水質特性、湧出量および地理的位置により、A〜Dの4つの湧水群に分類できる（鈴木・田瀬 2007）。図2をみると、標高1200mの等高線に沿って分布する湧水の水温が、各湧水群により異なっていることが明瞭だ。一般的に標高と湧水温の間には、気温と同様に、標高の低下にともない温度が上昇するという関係がある。黒斑山山麓の標高1150m以高の湧水群Aと、標高1000m付近に分布する湧水群Dの湧水温と標高の間には、明瞭な逆相関関係が認められる（図3）。しかし、熔岩流末端部に位置する湧水群Bの湧水温は周囲のものより低く、標高1420mと最も高所に位置する湧水より2〜4℃も低い。一方、そのすぐ東側の北軽井沢地区に位置する湧水群Cの湧水温は10℃以上と、より低所に位置する湧水群Dの湧水温よりも高い値を示す。このように、同一標高に位置する湧水でも、湧出するまでの過程で受けるさまざまな影響により、その水温に大きな違いが認められる。

図 3　湧水温と標高の関係

周辺地域の気象観測点における気温と標高の関係を示す回帰直線（Ta）と、気温を降水量で重み付けした加重平均値と標高の関係を示す回帰直線（Tm）も示した．
● : 湧水群 A，○ : 湧水群 B，■ : 湧水群 C，□ : 湧水群 D．

湧水温の形成機構

湧水温の高温異常は、活動的な火山山麓においてよく観察される事象である。しかし、鬼押出し熔岩末端部の湧水群Bではそれとはまったく異なり、湧水温が平均気温より2～4℃も低く、図3においてTaから左側に大きく離れた位置に偏在する。このような湧水は、涵養地点と湧出地点の高度差が大きい湧水であることが示唆される。湧水群Bにおける低温異常の原因についても同じようなことが考えられる。しかし、水温異常がみられない湧水群Aのなかで、湧水群Bと同一標高帯の湧水の水温も約8℃であることから、その可能性は低い。以上のことから、本地域での低温異常は、局所的な地温（低温）の影響を受けた結果と推定される。

鬼押出し熔岩には各所で風穴が分布しており、その内部が全体的に低温状態にあることは明白である。塊状熔岩である鬼押出し熔岩流の末端崖や側端崖には、程度の岩塊が堆積した崖錐が発達している（写真3）。これは熔岩（または火砕岩）が冷却固化する際に、その表面が急速に冷却されることで亀裂が生じ、それに沿って割れた多数の岩塊が崖下に堆積したものである。また、浅間園内で実施されたボーリング結果によると、鬼押出し熔岩の厚さは約65mに達しており、内部は緻密なものの多数の亀裂が確認されているが[5]、安山岩質の鬼押出し熔岩には、熔岩トンネルのような大きな空洞は存在しないものの、連続した割れ目系があり、それを通して風穴循環システムが成立したものと考えられる。また、鬼押出し熔岩が馬蹄型の谷を埋めており（図1）、周囲より低い場所に位置することも、

註(3) 鈴木裕一（1994）：八ヶ岳の湧水および地下水の水温について．ハイドロロジー（日本水文科学会誌）**24**, 83～92.

註(4) Suzuki, H. (2003): Chemical and isotopic compositions of spring water around Asama volcano, Central Japan. *Science Reports, Institute of Geoscience, Univ. of Tsukuba, Section A (Geographical Sciences)* **24**, 51～70.

註(5) 山田 孝・石川芳治・矢島重美・井上公夫・山川克己（1993）：天明の浅間山噴火に伴う北麓斜面での土砂移動現象の発生・流下・堆積実態に関する研究．新砂防 **45**(6), 3～12.

効率的に冷気を溜め込む一因となっているに違いない。そして浅間園や鬼押出し園のように、湧水の上流（涵養）域の地表付近の温度が低いことから、夏季には降水の涵養過程でも冷却が行われているものと推定される。

以上のように、熔岩流内部が年間を通して低温に保たれていることが、湧水の低温異常を引き起こす重要な要因であると考えられている。しかし、多量の地下水を低温状態の熔岩流内部に滞留・流動することのみによって、5℃近くも冷却することが可能であるのか、今後は熱収支的な観点からの考察も必要と思われる。

熔岩流末端部付近における地下水の流れ

浅間園や鬼押出し園の広がる辺りには、天明噴火以前に柳井沼という沼沢地が存在していた。したがって、この付近は火山体斜面で涵養された地下水の流出域であったと推定される。現在は65mもの層厚をもつ熔岩に覆われているため、地下水は地表に流出せず、さらに下方へと熔岩内部の隙間を流れ、最終的にその末端部で湧出しているのである。湧水群Bの水温や水質に大きな季節変動がみられないことからも、馬蹄型谷頭（図1）付近に

写真3　鬼押出し熔岩の側端崖に
　　　発達した岩塊熔岩の斜面

流出する地下水の貯留層の存在が推定される（図4）。

また、CFCs（フロンガス）による地下水の涵養年代の測定結果から、地点4の湧水の平均滞留時間は約30年であることが明らかにされている（鈴木 2011）。これは雪解けの冷たい水が熔岩の末端部ですぐに湧出していないことを意味しており、地下水貯留層の存在を支持する結果となっている。以上を勘案すると、鬼押出し熔岩末端部における湧水の低温異常は、浅間園付近の地下水貯留層およびそこから流下する間に、風穴循環システムにより形成される熔岩内部の低温環境によって引き起こされるものと考えられる（図4）。

湧水をともなう他の風穴について

風穴に関連する湧水としては、島根県出雲市佐田町にある八雲風穴の下流側に位置する福寿泉

(m)
1600
1500
1400
1300
1200

：風穴循環による低温域

柳井沼跡地
（爆裂火口跡？）

ボーリング孔

低温異常を示す湧水

地下水貯留層

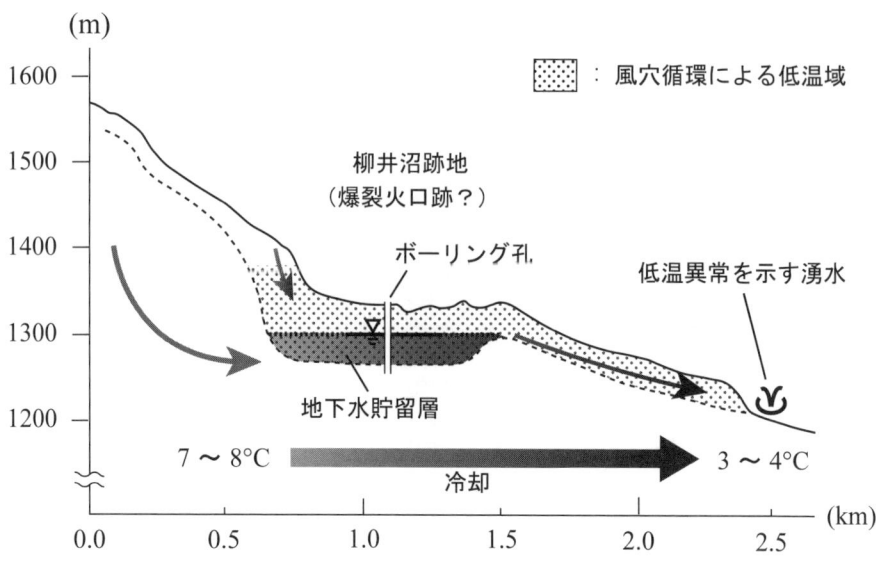

7〜8℃　　　冷却　　　3〜4℃

0.0　　0.5　　1.0　　1.5　　2.0　　2.5　(km)

図4　鬼押出し熔岩末端部における地下水の流動と水温形成を示す模式図

（19章参照）や、韓国の Ice Valley（ウールムゴル）における風穴斜面下の湧水などが知られている。八雲風穴では、風穴から吹き出す冷気の形成に地下水が関与しているとの指摘があるが、これはその水温が、周辺の河川水や地下水温あるいは平均気温と比べ低いことなどが影響して伝承されてきた説のようだ。しかしこれは逆で、鬼押出し熔岩末端部の湧水と同様に、風穴現象が地下水（湧水）の水温に影響を与えていると考えるべきであろう。

日本では寒冷地域を中心に、夏季でも0℃に近い冷風を吹き出す風穴が数多く存在している。その ような風穴内部には一部で氷の存在が指摘されている。その氷は、春季の融雪水が風穴内に浸透して結氷し生成されることが確かめられている（澤田・石川 2002など）。このように風穴循環システムの成り立ちを解明するためには、空気の流れのみならず、その周辺地域における水の動きの把握も必要不可欠であることを最後に指摘しておきたい。

第12章 北海道の風穴植生観察記

佐藤 謙

風穴植生は、垂直分布帯として広い帯状分布を示す植生とは異なり、一つの垂直分布帯のなかで、岩塊斜面下部や崖錐末端という地形的特徴によって低温・湿潤環境が形成された場所、すなわち風穴地に局所的に成立する（吉岡 1973、1977）。

北海道において垂直的に帯状分布を示す植生は、表1に示す通りである。山地帯と亜高山帯の境界の標高は、道央で約800m、道北と道東では約500mまで低下する。また、高山帯が始まる森林限界標高は、道央で約1300～1500m、道北と道東では約1000mとなる場合が多い。

これらのうち、主に亜高山帯に生育する植物（以下、亜高山植物）と高山帯に生育する植物（以下、高山植物）が、より低い亜高山帯や山地帯の風穴地に隔離されて出現し、局所的な風穴植生を形成する。北海道の風穴地に出現する植物として、イソツツジ、コケモモ、エゾムラリキツツジ、リンネソウ、ハイマツ、ガンコウランなどの高山植物、またはアカエゾマツ、ゴゼンタチバナ、スギカズラ、シラネワラビ、ウサギシダ、エゾヒョウタンボクなどの亜高山植物が挙げられる（表2、および後述の表

また、風穴地では空気の対流による結露や凍土融解などによって湿潤環境が形成されるので、スギバミズゴケ、ゴレツミズゴケなど主に高層湿原に生育する蘚苔類や、ホソバミズゴケ、ウロコミズゴケなど森林内の湿潤地に生育する蘚苔類、さらにはナギナタゴケなどの高山地衣類がしばしば出現し、風穴植生を特徴づけている。

他方、北海道の風穴植生は、相観（植物群落の外形や姿）の特徴から周囲の高木林と明瞭に区別される矮低木群落や低木群落など高山植物群落を形成する場合と、林冠は周囲の高木林と連続するが、林床においてササ類を欠き、亜高山植物や高山植物が出現する場合がある。

以上の風穴植生は、比較的稀にしか出会えないので、私たちに自然の不思議さとともに、保護すべき貴重な自然であることを教えてくれる。以下に、筆者が観察してきた北海道の風穴植生について、それらの概要をお伝えしよう。他方、風穴植生にかかわる自然保護活動にもとりくんできたので、関連するところを少し述べておきたい。

3参照）。

表1　垂直分布帯（対応する気候帯），標高範囲および主な植物群落

垂直分布帯（気候帯）	標高範囲	主な植物群落*
山地帯（冷温帯）	約800m以下（道央）	落葉広葉樹林（ミズナラ，イタヤカエデ，シナノキなどの林）
	約500m以下（道北・道東）	針広混交林（上記広葉樹とトドマツ，エゾマツとの混生林）
亜高山帯（亜寒帯）	約800m以上（道央）	常緑針葉樹林（トドマツ林，エゾマツ林，アカエゾマツ林など）
	約500m以上（道北・道東）	上部針広混交林（上記針葉樹とダケカンバの混生林）
	森林限界まで**	ダケカンバ林
高山帯（寒帯）	森林限界以上	各種の高山植物群落

*　山地帯と亜高山帯の森林は、ほとんどの場合、林床でササ類（クマイザサ，チシマザサなど）が優占する．
**　北海道における森林限界標高は，前ページ本文参照．

表2　北海道において観察した風穴植生

風穴地（市町村）	標高(m)	垂直分布帯	周辺植生	風穴植生（括弧内の記号は、表3に対応）
1. 漁入ハイデ（札幌市）	720-740	山地帯	針広混交林	ハイマツ群落(PP), イソツツジ群落(L), アカエゾマツ林(P)
2. 東ヌプカウシ山域（上士幌・鹿追町）	700-1000	山地帯〜亜高山帯	落葉広葉樹林　上部針広混交林（トドマツ・ダケカンバ林）	ダケカンバ・エゾムラサキツツジ群落(B) イソツツジ・ガンコウラン群落(L), エゾムラサキツツジ・イソツツジ群落, ガンコウラン(R), ハイマツ群落(PP), アカエゾマツ林（アカエゾマツ・イソツツジ群落とアカエゾマツ・ハイマツ群落；P), トドマツ林（トドマツ・イソツツジ群落(AL), トドマツ・タチハイゴケ群落(A))
3. 札内川上流七の沢（中札内村）	720-740	山地帯	落葉広葉樹林	イソツツジ・ガンコウラン群落(L), トドマツ・アカエゾマツ林(AP)
4. 札内川上流八の沢（中札内村）	725	山地帯	落葉広葉樹林	イソツツジ・ガンコウラン群落(L), トドマツ・アカエゾマツ林(AP)
5. 猿留川（えりも町）	140	山地帯	針広混交林	トドマツ林（リシリシノブ出現, A)
6. 十四乃沢, 十勝三股（上士幌町）	830-840	山地帯	針広混交林	エゾムラサキツツジ・イソツツジ群落(R), アカエゾマツ林(P)
7. ホロカピリベツ川（足寄町）	540-550	山地帯	針広混交林	エゾムラサキツツジ群落(R), アカエゾマツ林(P)
8. トイマベツ小川（足寄町）	480-500	山地帯	針広混交林	アカエゾマツ林(P)
9. チセンベツ川・喜登牛山（陸別町）	1060	亜高山帯	針葉樹林〜ダケカンバ林	アカエゾマツ林の皆伐により群落不明(?; イソツツジ, ガンコウラン, ハイマツなど出現)
10. 中山（置戸町）	520-610	山地帯	針広混交林	エゾムラサキツツジ群落(R), アカエゾマツ林(P)
11. 武利川神霊水（丸瀬布町）	490	山地帯	針広混交林	アカエゾマツ林(P), トドマツ・アカエゾマツ林(AP)
12. 下立牛（紋別市）	80-150	山地帯	落葉広葉樹林	エゾムラサキツツジ群落(R)
13. サンルダム予定地（下川町）	160	山地帯	針広混交林	トドマツ・アカエゾマツ林(AP)
14. 0号（富良野市）	260	山地帯	落葉広葉樹林	ミズナラ・シラカンバーコケモモ群落(Q)
15. 扇山（富良野市）	240-300	山地帯	落葉広葉樹林	ミズナラ・シラカンバーコケモモ群落(Q)
16. 雄阿寒岳（釧路市, 旧阿寒町）	480	山地帯	針広混交林	アカエゾマツ林(P)
17. 羅臼岳・東ヌプ台地（斜里町）	370	山地帯	針広混交林	アカエゾマツ林(P)

風穴植生の不思議さを知る ── 漁入ハイデの風穴植生

1977年8月、北海道営林局定山渓営林署（当時）が命名・保護していた豊平川上流域の「漁入ハイデ」（標高720〜740m）を訪れた。周辺に山地帯の針広混交林が成立するなか、地すべり地形の末端にある凹地周辺に局所的に高山植物群落がみられ、その辺縁部にアカエゾマツ林が成立していた。まさに別世界、非常に不思議な印象が残り、植生生態学の観点から長年の気がかりとなった。

風穴植生

漁入ハイデの風穴植生（佐藤ほか1993）は、斜面最下部・凹地最低部のハイマツ群落（群落名は優占種による。以下同様）、斜面下部のイソツツジ群落、そして斜面上部のアカエゾマツ林の3群落からなっていた（表3）。各群落の主要構成種は、記述の順序でハイマツ、コケモモ、イソツツジなどの高山植物やオオヒモゴケ、ホソバミズゴケなどの湿潤地に生育する蘚苔地衣類から亜高山植物へ、そして山地帯の植物が加わるように順序よく交代した。

低温・湿潤環境

植物群落ごとに季節を変えて、地表面から120cm高の気温、地表面温度ならびに5cm深の地温を測定した。7月中旬では群落間の温度差が少なく、全体に岩塊下が凍結して低温環境にあった。8月下旬には岩塊下を流れる伏流音が聞こえ、凍土融解が進行中と推測された。9月下旬に、岩塊斜面下部、

づける主な出現種（風穴地番号と植物群落は，表2に対応）．

	2 B	L	R	PP	P	AL	A	3 L	AP	4 L	AP	5 A	6 R	P	7 R	P	8 P	9 ?	10 R	11 P	P	AP	12 R	13 AP	14 Q	15 Q	16 P	17 P
	.	+	+	+	+	+	.	+	+	+	.	.	+	+	+	+	+	.	.	+	.	.	+	+	.	.	.	+
	+	+	+	+	+	.	.	.	.	+	+	.	+	.	+	+	.	+	.	.	+	.	+	+	+	+	.	.
	+	+	+	+	+	.	.	+	+	+	.	.	+	.	+	+	+	+	+	+	+	.	.	+	.	+	+	.
	+	.	.	.	.	.	.	.	.	.	.	.	.	.	+	.	.	.	.	.	+	.	.	+	+	+	.	+
	.	.	.	.	.	.	.	.	.	.	.	.	.	.	.	.	.	+	.	.	.	.	.	.	.	.	.	+
	.	+	+	+	+	.	.	.	.	.	.	.	.	.	.	.	.	+	.	.	.	.	.	.	.	.	.	+
	.	+	+	+	.	.	.	+	+	+	.	.	.	.	.	.	.	.	.	.	.	.	+	.	.	.	.	.
	+	+	+	.	+	.	.	.	.	.	.	.	.	.	.	.	.	.	.	.	.	.	.	.	.	.	.	.
	.	.	.	.	.	.	.	+	+	.	.	.	.	.	.	.	.	.	.	.	.	.	+	.	.	.	.	.
	.	.	+	.	.	.	.	.	.	.	.	.	.	.	.	.	.	.	.	.	.	.	.	.	.	.	.	.
	+	.	.	.	.	.	.	.	.	.	.	.	.	.	.	.	.	.	.	.	.	.	.	+	.	.	.	.
	+	.	.	.	.	.	.	.	.	.	.	.	.	.	.	.	.	.	.	.	.	.	.	+	.	.	.	.
	.	.	.	+	.	.	.	.	.	+	.	+	.	.	.	.	.	.	.	.	.	.	.	.	.	.	.	.
	.	.	.	.	.	.	.	.	.	.	.	+	.	.	.	.	.	.	.	.	.	.	.	.	.	.	.	.
	+	.	.	.	.	.	.	.	.	.	.	.	.	.	.	.	.	.	.	.	.	.	.	.	.	.	.	.
	+	.	.	.	.	.	.	.	.	.	.	.	.	.	.	.	.	.	.	.	.	.	.	.	.	.	.	.
	+	.	.	.	.	.	.	.	.	.	.	.	.	.	.	.	.	.	.	.	.	.	.	.	.	.	.	.
	+	.	.	.	.	.	.	.	.	.	.	.	.	.	.	.	.	.	.	.	.	.	.	.	.	.	.	.
	.	.	.	.	.	.	.	+	.	.	.	.	.	.	.	.	.	.	.	.	.	.	.	.	.	.	.	.
	.	.	.	.	.	.	.	+	.	.	.	.	.	.	.	.	.	.	.	.	.	.	.	.	.	.	.	.
	.	.	.	.	.	.	.	.	.	.	.	.	+	.	.	.	.	.	.	.	.	.	.	.	.	.	.	.
	.	.	.	.	.	.	.	.	.	.	.	.	.	.	+	.	.	.	.	.	.	.	.	.	.	.	.	.
	.	.	.	.	.	.	.	.	.	.	.	.	.	.	.	.	.	.	.	.	.	.	+	.	.	.	.	.
	.	.	.	.	.	.	.	.	.	.	.	.	.	.	.	.	.	.	.	.	.	.	+	.	.	.	.	.
	.	.	.	.	.	.	.	.	.	.	.	.	.	.	.	.	.	.	.	.	.	.	.	.	+	.	.	.
	.	.	.	.	.	.	.	.	.	.	.	.	.	.	.	.	.	.	.	.	.	.	.	.	.	.	.	+
	.	+	+	+	+	+	.	.	.	.	.	.	.	.	+	+	.	+	.	+	.	.	.	.	.	.	.	.
	.	+	.	+	+	+	.	.	.	.	.	.	.	.	.	+	.	+	+	.	.	.	.	.	.	.	.	.
	.	+	.	.	.	.	.	.	.	.	.	.	.	.	.	.	.	.	+	.	.	.	.	.	.	.	.	.
	.	+	.	+	+	.	.	.	.	.	.	.	.	.	.	.	.	.	.	.	.	.	.	.	.	.	.	.
	.	+	+	.	.	.	.	.	.	.	.	.	.	.	.	.	.	.	.	.	.	.	.	.	.	.	.	.
	.	+	.	+	+	.	.	+	+	.	.	.	+	+	.	+	+	.	.	+	.	+	+	+	.	.	.	.
	.	.	.	.	.	.	.	.	.	.	.	.	.	.	.	.	.	.	.	.	.	.	.	.	.	.	.	.
	.	.	.	.	.	.	.	.	.	.	.	.	.	.	.	.	.	.	.	.	.	.	.	.	.	.	.	.
	.	+	.	+	+	.	.	.	.	.	.	.	.	.	.	.	+	.	.	.	.	.	.	.	.	.	.	.
	.	+	+	+	+	.	.	.	.	.	.	.	.	.	.	.	.	.	.	.	.	.	.	.	.	.	.	.

わが国最大級の風穴地帯を守る ——東ヌプカウシ山域の風穴植生

1993年9月中旬、当時の自然保護テーマであった「士幌高原道路」予定地周辺の植生を初めて調査した。この道路計画は、大雪山国立公園の「東ヌプカウシ山域」を横断し、希少種エゾナキウサギの生息地を破壊するなど、貴重な自然に大きな影響を与えることが危惧されていた。事業者のアセス書には、山地帯と亜高山帯に高山植物が多く出現する植物群落が報告されていた。実際、10cm深地温0℃などの低温値を測定し、この山域における風穴植生の存在を確認した。風穴植生を他地域と比

凹地最低部ほど地温や地表面温度が低く、周辺の斜面上方ほど高くなる変化が明らかになり、前述の群落配列が最もよく説明された。湿潤地に生育する蘚苔地衣類は、9月下旬の低温地に出現し、結露や凍土融解による湿潤環境下に生育すると考えられた。

表3 北海道の風穴植生を特徴

風穴地植物群落	1 PP	L	P
（高山植物）			
イソツツジ	+	+	+
コケモモ	+	+	.
エゾムラサキツツジ	.	.	.
ミヤマハンショウヅル	.	.	.
リンネソウ	+	+	.
ハイマツ	+	.	.
ガンコウラン	.	.	.
シラネニンジン	.	.	.
ツマトリソウ	.	.	.
オオタカネイバラ	.	.	.
カラマツソウ	.	.	.
オニカサモチ	.	.	.
タカネナナカマド	.	.	.
エゾノマルバシモツケ	.	.	.
エゾオヤマノリンドウ	.	.	.
ミヤマオダマキ	.	.	.
チシマフウロ	.	.	.
エゾシオガマ	.	.	.
マルバシモツケ	.	.	.
イワブクロ	.	.	.
アカモノ	.	.	.
リシリシノブ	.	.	.
エゾウスユキソウ	.	.	.
ケヨノミ	.	.	.
ウシノケグサ	.	.	.
ミヤマハタザオ	.	.	.
ウコンウツギ	.	.	.
（高山の蘚苔地衣類）			
ナギナタゴケ	+	.	.
ハナゴケ	.	.	.
ミヤマハナゴケ	.	.	.
マキバエイランタイ	.	.	.
シモフリゴケ	.	.	.
（湿潤地の蘚苔類）			
ホソバミズゴケ	+	+	+
オオヒモゴケ	+	+	.
イトササバゴケ	+	+	.
ウロコミズゴケ	.	.	+
スギバミズゴケ	.	.	.
ゴレツミズゴケ	.	.	.

第Ⅱ部　風穴調査最前線　　148

| 2 B L | R | PP | P | AL | A | 3 L | AP | 4 L | AP | 5 A | 6 R | P | 7 R | P | 8 P | 9 ? | 10 R | 11 P | PAP | 12 R | 13 AP | 14 Q | 15 Q | 16 P | 17 P |

第12章 北海道の風穴植生観察記

較すると、岩塊斜面下部、崖錐末端に発達する点では同じであるが、散在する風穴地ごとに優占種が異なる植物群落が多様に成立していた。

山地帯の風穴植生

ダケカンバ・エゾムラサキツツジ群落は、林冠構成種が周辺のダケカンバ・ミズナラ林から連続するが、岩塊が半ば露出する林床において、ササを欠く代わりに多数の高山植物や亜高山植物が出現する特徴が認められた（表3）。

亜高山帯の風穴植生

トドマツ・ダケカンバ林が発達する亜高山帯における風穴植生として、第一に、高山植物群落（矮低木群落のイソツツジ・ガンコウラン群落、低木群落のエゾムラサキツツジ・イソツツジ群落とハイ

表3 （続き）

風穴地 植物群落	1 PP	L	P
（亜高山の蘚苔類）			
ダチョウゴケ	.	+	.
タチハイゴケ	+	+	.
オオフサゴケ	+	+	+
イワダレゴケ	+	+	+
チシマシッポゴケ	.	+	+
チャシッポゴケ	.	+	+
ウマスギゴケ	+	.	.
（亜高山植物）			
アカエゾマツ	+	+	+
トドマツ	+	+	+
エゾマツ	+	+	+
ダケカンバ	+	+	+
ナナカマド	.	+	+
オガラバナ	+	+	+
ハクサンシャクナゲ	.	.	+
コヨウラクツツジ	+	+	+
ウスノキ	+	+	+
ハナヒリノキ	+	+	+
オオバスノキ	+	+	+
エゾクロウスゴ	+	+	+
ゴゼンタチバナ	+	+	+
スギカズラ	.	.	+
マイヅルソウ	.	.	+
ツルツゲ	.	.	+
コミヤマカタバミ	.	.	+
シラネワラビ	.	.	+
ミヤマワラビ	.	.	+
タカネノガリヤス	.	.	+
イワツツジ	.	.	+
ウサギシダ	.	.	+
オクヤマシダ	.	.	+
ヒメマイヅルソウ	.	.	+
エゾヒョウタンボク	.	.	+
コイチヤクソウ	.	.	+
ウスバスミレ	.	.	+
（山地帯の植物）			
シラカンバ	.	+	+
ミズナラ	.	.	+
ウダイカンバ	.	.	+

マツ群落）が挙げられる。これらの群落は、優占種が異なるが、共通してイソツツジ、ガンコウラン、コケモモ、ハイマツ、エゾムラサキツツジ、シラネニンジンなどの高山植物を主体としていた。第二に、林床に高山植物や湿潤環境に生育する蘚苔類を伴う針葉樹高木林（アカエゾマツ・ハイマツ・イソツツジ群落、アカエゾマツ・ハイマツ群落、トドマツ・イソツツジ群落）が挙げられる。

以上の風穴植生では、岩塊に起因する凹凸微地形の変化に応じた蘚苔地衣類の交代が認められた。小凸地上や日当たりがよい場所ではホソバミズゴケ、マキバエイランタイなど、岩塊間の小凹地や日影の場所ではホソバミズゴケ、スギバミズゴケなどがそれぞれ優勢に出現した。さらに、林床に高山植物を伴わず、蘚苔類が優勢で、ときにホソバミズゴケが出現するトドマツ林も風穴植生と考えられた。

群落配列と低温・湿潤環境

前述の高山植物群落は、岩塊斜面下部の風穴地において、中心部に成立し、林床に高山植物や湿潤地の植物が多い高木林は、高山植物群落の周辺部、あるいは高山植物群落を介在せず岩塊斜面下部に直接、成立していた。これらの群落では、晩秋まで低い地表面温度・地下の地温が継続しており、微地形に応じた蘚苔地衣類の交代は、土壌の乾湿だけではなく低温環境の違いによると考えられた。

自然保護において重視した観点

この山域における道路・トンネル掘削計画に対して、各所に多数散在する風穴地をすべて守り、1 カ所でも悪影響を及ぼさないことを考えると、山域の自然をまるごと保護することが現実的であった。非風穴地の道路建設であっても風穴地近隣の工事となるので、地下構造が重要な風穴地に悪影

第 12 章　北海道の風穴植生観察記

響を及ぼし、また風穴地間の非風穴地を移動するエゾナキウサギを初めとしたカラフトルリシジミ、マツダタカネオニグモ（Tanikawa 1994）など、希少動物の生活に悪影響を及ぼすと危惧されたからである。

「風穴」「風穴地」「風穴地帯」の区分について、筆者は、冷気を吹き出す個々の穴に「風穴」、その影響が及ぶ範囲に「風穴地」を使用することとして多数の風穴地が散在する地域にあてることを（斎藤 1953）、そして「風穴地帯」を非風穴地に介在して東ヌプカウシ山域の自然全体を「わが国最大級の風穴地帯」として特徴づけ、山域の自然をまるごと保護することができた（佐藤 1994、1997、2000、佐藤・紺野 1997）。この風穴地帯を横断する道路計画は、1999年3月、自然保護を重視する全国的な世論によって中止され、この山域はいま、貴重な価値を秘めながら、静寂な世界に戻っている。

日高山脈の小規模な風穴植生を守る ——札内川上流七ノ沢と八の沢（中札内村）、猿留川（えりも町）の風穴植生

日高山脈襟裳（えりも）国定公園の「日高横断道路」計画は、険峻な日高山脈を横断し、多様な自然を大々的に破壊することが危惧されていた。事業者のアセス書には、十勝側のトンネル坑口予定地（札内川上流七ノ沢）に、山地帯（標高720〜740m）にありながらエゾナキウサギの生息と高山植物の出現が記されていた。そのため、近隣の八の沢にある風穴地（標高約725m）を含んで観察した。いずれの風穴地も岩塊斜面下部にあり、周辺に林床でクマイザサが優勢な山地帯針広混交林が認められた。

七ノ沢と八の沢の風穴植生

七ノ沢風穴地では中心部にイソツツジ・ガンコウラン群落、その辺縁部にトドマツ・アカエゾマツ林が成立しており（表3）、八の沢でもほぼ同じ構成種からなる上記2群落が認められた。

七ノ沢における低温環境

8月中旬（気温24.0～25.6℃）、10cm深地温はイソツツジ・ガンコウラン群落で0.5～1.6℃、トドマツ・アカエゾマツ林では多くの地点で9.9～12.6℃であったが、局所的にイソツツジとガンコウランが生育する地点では0.3～0.4℃が測定された。以上によって、8月中旬における土壌凍結が示唆され、風穴植生であることが確認された。

日高横断道路計画は、2003年8月、自然保護を求める全国的な世論によって計画の凍結（事実上の中止）が公表された。岩塊斜面下部にある風穴地は、道路やトンネルが掘削される場と重なり破壊されやすいが、士幌高原道路、日高横断道路、次に述べる山の道（大規模林道）と、北海道の風穴地・風穴植生を破壊する大規模な道路計画が中止されたことは、真に幸いであった。

えりも町の風穴地

日高山脈を横断する山の道「様似・えりも区間」を調査した際、工事用道路による破壊が懸念された小規模な風穴地（標高約140m）を、猿留川流域の岩塊斜面下部で確認した。周辺は山地帯の落葉広葉樹林に覆われていたが、林床で岩塊が半ば露出した斜面下部にトドマツ林が成立し、とくに斜

道東・道北の風穴植生を観察する

十勝地方北部から北見地方にかけて、また上川地方（下川町と富良野市）において観察した風穴植生について（表2、表3）、特記すべきところを以下に述べる。

亜高山帯にある十勝三股十四之沢（標高約840m、鈴木ほか 1987）では、風穴地の中心部にエゾムラサキツツジ・イソツツジ群落、辺縁部に高山植物を伴うアカエゾマツ林が認められ、9月下旬（気温11.8〜12.2℃）、10cm深地温はそれぞれ0.3〜7.5℃と8.6℃であった。ここでは、前者のエゾムラサキツツジ・イソツツジ群落が周囲の高木林より低い温度と結びつき、その点で東ヌプカウシ山域の場合と似ていた。

美里別川流域チセンベツ沢上流（喜登牛山北稜、標高約1060m）の亜高山帯にある風穴植生は、東ヌプカウシ山域と同様に、ハイマツ、ガンコウランおよびスギバミズゴケの出現によって特徴づけられた。

周囲を山地帯針広混交林に囲まれた美里別川流域ホロカピリベツ川の風穴（標高540〜550m）と中山の春日風穴（勝山風穴：標高520〜610m、西川ほか 1995）でも、エゾムラサキツツジが優占する低木群落とアカエゾマツ高木林の組み合わせが認められた。ホロカピリベツ川

における8月下旬の10cm深地温は、エゾムラサキツツジ群落の2.9～5.8℃に対して、アカエゾマツ林の0.2～1.5℃が測定された。また、中山では、斜面下部のアカエゾマツ林内に風穴小屋（春日風穴）が半壊状態で残されており、冷気の吹き出しが実感された。

紋別市の下立牛（標高80～150m、佐藤1996）のエゾムラサキツツジ群落は、斜面上半部がシラカンバ・ミズナラ林（二次林）に覆われた同一斜面の下半部に成立していたが、群落の種類構成や立地は前述2風穴地と似ていた。エゾムラサキツツジ群落は、岩塊斜面上方ほど露岩地が交錯して散在し、最下部で植被率が増加し、とくにイソツツジやダチョウゴケが出現した。9月中旬（気温18.3～23.4℃）の地表面温度：10cm深地温は、エゾムラサキツツジ群落が成立する斜面上方でそれぞれ15.2～16.6℃、8.7～9.6℃、斜面最下部で11.8～12.3℃、3.4～5.8℃となり、斜面最下部が最も低温であった。

下川町のサンルダム建設予定地（標高約160m）のトドマツ・アカエゾマツ林は、サンル川に面した斜面下部に成立し、イソツツジ、コケモモ、ホソバミズゴケを伴い、周囲をササが優勢な山地帯針広混交林に囲まれていた。9月中旬（気温22.7～23.4℃）の10cm深地温は、周辺の針広混交林では16.4℃であったが、トドマツ・アカエゾマツ林では多くの地点で13.9～13.3℃、局所的にイソツツジ、コケモモおよびホソバミズゴケが生育する地点では3.1～7.4℃の低温が測定された。この風穴地では、過去に林業用に設けられた風穴小屋跡が小さな凹地として残されていた。なお、この周辺に富岡（2000）の報告があるが、ともに今後のダム建設によって失われる運命にある。

周囲の森林植生と相観的に区別しにくい風穴植生の例が、富良野市の0号風穴と扇山風穴（それぞれ標高約260mと約240～300m）である。林冠の優占種が周囲の落葉広葉樹林から連続す

古くて新しい風穴研究を考える —— 岩礫地系アカエゾマツ林から分子系統地理学へ

シラカンバとミズナラであったが、林床でササを欠き、高山植物のゴゼンタチバナ、オクヤマシダなどが局所的に生育する風穴植生エゾムラサキツツジ、亜高山植物のゴゼンタチバナ、オクヤマシダなどが局所的に生育する風穴植生が認められた。ここの低温環境については、富良野高校科学部（2000）の報告がある。

岩礫地系アカエゾマツ林

知床半島羅臼岳の西斜面、通称「東ヌプ台地」（標高約370m）において、林床でハイマツ、イソツツジなどの高山植物を伴い、蘚苔類が優勢なアカエゾマツ林を観察した（佐藤 2005）。このアカエゾマツ林では、8月中旬（気温18.0℃）、10cm深地温0.2〜4.0℃が測定され、土壌凍結が示唆された。このように、山地帯において高山植物を伴うアカエゾマツ林が成立する例は、美里別川流域トイマベツ小川（標高480〜500m、足寄町）や武利川流域神霊水付近（標高約490m）などでも観察されている。

他方、阿寒湖に面する雄阿寒岳の南西斜面（標高約480m）において、単木的に出現したエゾムラサキツツジを除いて高山植物が認められず、タチハイゴケ、イワダレゴケ、オオフサゴケなどの蘚苔類が優勢なアカエゾマツ林を観察した。7月中旬（気温15.2〜16.7℃）の25cm深地温は、このアカエゾマツ林と周囲でササを伴う山地帯針広混交林それぞれに3.7℃と15.4℃が測定され、高山植物を伴わないアカエゾマツ林でも風穴現象との関係が認められた。

すでに舘脇は、岩塊斜面に成立するアカエゾマツ林を「岩礫地系アカエゾマツ林」として区分して

岩塊斜面上のアカエゾマツ林は、大雪山、阿寒、知床、定山渓付近など北海道の山岳域にかなり普通に認められるが、既存研究では、風穴現象との関係が指摘されていなかった。特異な立地に成立するアカエゾマツ林の生態的特性について、さらなる研究が必要と考えている。

知床半島のオホーツク海に面した海岸では、海岸の岩塊斜面に局限されてガンコウランなどの高山植物を伴うトドマツ林が成立し、風穴現象が指摘されている（弘前大学石川幸男氏私信）。このことから、岩塊斜面における風穴現象と針葉樹優占林の関係について、いっそうの精査を必要とする。

地史的遺存と分子系統地理学

林床にササを伴う高木林が成立する山地帯と亜高山帯において、局所的に高山植物や湿潤環境下に生育するミズゴケ類などが出現する風穴植生はかなり稀である。しかし、不連続あるいは永久凍土地帯となるシベリヤ、北欧などの亜寒帯・亜高山帯針葉樹林をみたところ、高山植物や湿潤地の植物を伴う針葉樹林は比較的普通に認められる。以上を考え合わせると、北海道の風穴植生は、氷期以降の気候変動に伴って過去に広く分布していた高山植物群落や亜寒帯針葉樹林が、小面積の風穴地に残された遺存植生と考えられる。

風穴地の植物は、風穴地に生息する高山棲動物のエゾナキウサギ、マツダタカネオニグモ、ラウスオサムシ、カラフトルリシジミなどと同様に、顕著な隔離分布を示すので、同種であっても分布・生育地ごとに遺伝子が異なる可能性がある。風穴地の生物は、いま急速に研究が進んでいる分子系統地理学の格好の対象となり、生物分布・移動の歴史を新たな面からひもといてくれると期待される。

以上のように、風穴植生は、興味が尽きない不思議さを備えているのだ。

註(1) 舘脇 操 (1943)：アカエゾマツ林の群落学的研究．北海道帝国大学農学部演習林研究報告 **13** (2)，1〜181+PL1〜20.

コラム6 風穴と蝶

美ノ谷憲久

私と福田晴男氏が、偶然にも風穴地に生息する特異なフタスジチョウを発見したのは1985年のことである。このことについては拙著『見つけた！まぼろしのチョウ』（福田・美ノ谷 1986）に詳しい。当時、発見地の南会津地方では生息地が未知であったが、周辺の奥只見・至仏山・谷川岳・戦場ヶ原などに分布しており、そこに生息している可能性が充分にあった（写真1）。

この蝶が生息するためには、幼虫の食餌植物であるシモツケ属の植物が生育していることが必須である。可能性のある食餌植物は、比較的標高の高いところに生育するイワシモツケ・アイズシモツケ・ホザキシモツケが考えられたが、フタスジチョウの生息地の発見には至らなかった。

ところが、南会津の湯ノ花温泉近くで、民家に植栽されたユキヤナギの木でこの蝶の幼虫を発見した。ユキヤナギはシモツケ属の植物なので、しばしば成虫が近くの本来の生息地から飛来して産卵することがあるが、なぜこのような低標高の場所で発見されたのかはわからなかった。だが、偶然にもそば

写真1　南会津産フタスジチョウ
黒地に白の斑紋．
カバーのカラー写真も参照．

の民家の庭でアイズシモツケを見つけた。住民に聞けば、近くに地面から冷気が吹き出しているところがあり、そこから採ってきたとのことであった。その場所へ行くと、シラカバが生え、オオタカネバラが咲き、コケモモが地面を敷きつめるという亜高山的な環境があった。そして、食餌植物のアイズシモツケの群落の間を、フタスジチョウが乱舞していた。そこは風穴地だったのである。風穴地だからこそ、このような低標高地に生息が可能だったのだ（写真2）。

フタスジチョウの成虫の斑紋は、奥只見に分布する個体群と日光に分布する個体群との中間的な特徴をもつことがわかり、風穴地に分布が隔離されてから長い年月が経っていることを物語っていた。

風穴地に生育する植物を食餌植物として、蝶が遺存的に分布することは、大型鱗翅目としては初めての発見であり、非常にまれなケースである。なぜそのようなことが狭い風穴地で可能であったか、とても不思議である。その後の調査でフタスジチョウの生息する風穴地は、周辺に数カ所あることがわかった。おそらく風穴地の間でメタ個体群をつくり、長い年月の間、残り得たのであろうと推測された。風穴地の多い南会津地方だからこそ可能だったのだろう。このような経緯があり、私にとって風穴地とは、蝶の分布の成因に新しい発想を与えてくれた場所なのである。

写真2　フタスジチョウの産する
南会津の風穴

中央右側，道路脇の明るく見える斜面に食餌植物となるアイズシモツケの群落が分布する．そこは風穴の冷風が吹き出す場所だった．

コラム7

氷期の生き残りラウスオサムシ

須田 修

北海道の大雪山周辺には、風穴を伴う局所的な永久凍土が分布する。そこには、夏の低温環境に依存して、隔離分布する昆虫がみつかっている。ラウスオサムシがそれである。

ラウスオサムシ（写真1）はコウチュウ目オサムシ科に分類される昆虫で、千島、サハリン、北海道に分布するチシマオサムシの1亜種であり、北海道東部に局地的に分布する。

本種は、高標高地以外の森林帯にも局地的に分布していることが知られているが、その生息地は永久凍土などの地下低温層の存在と重なることがわかってきた（宮下ほか 1992、1993）。また、それらの場所では、一緒に生息するオサムシ科昆虫のなかでも本種が優占している場合が多く、その傾向は永久凍土などの冷涼な環境の規模が大きく安定しているほど顕著となる。

このことから、本種はおそらく、氷期の寒冷な時期に北海道に入り全道に分布を広げたが、その後、気候が温暖になるに従い高地や永久凍土などの冷涼な環境に追いやられた個体群が、局地的に取り残されたと推測される。

本種の主要な生息地の一つに、上士幌町の三股地

写真1　ラウスオサムシ

区にある十四の沢がある（写真2）。この地域には、東大雪地域の森林帯に点在する永久凍土のなかでもとくに規模の大きな永久凍土地帯があり、その重要性から町の天然記念物に指定され保護されている。

アカエゾマツ・トドマツの林床に、エゾツツジ、コケモモの低木がみられ、ホソバミズゴケやゴレツ

写真2　永久凍土の分布する十勝三股、十四の沢
林道工事の際、永久凍土の一部が融けて高さ100 m以上の崩壊地となった。永久凍土は奥の森林下に現存している。1982年 清水撮影。

ミズゴケなどがマット状に覆っている（写真3、鈴木ほか 1987）。そこかしこにある風穴からは、ひんやりとした冷気が吹き出している。夏でも周辺に立ち入れば冷蔵庫のような涼しさが感じられるだろう。

ここにひっそりと生き続けるラウスオサムシは、まさに氷期の生き残りなのである。

写真3　ラウスオサムシの生息地である十四の沢永久凍土の林床
風穴の周囲で生じる結露によって、マット状のミズゴケが広がる。

註 (1) 1972年10月、崖錐斜面を切る林道法面（のりめん）に凍土層が確認された（近堂ほか1978）。

第13章　東北の風穴に生育する希少種　エゾヒョウタンボクの生育特性

指村 奈穂子

エゾヒョウタンボク（*Lonicera alpigena* L. subsp. *Glehnii*）は、サハリン、南千島、北海道から東北にかけて分布する灌木状の広葉樹である（図1、写真1）。花は、咲き始めは白で、咲き終わりは赤くなり、果実はひょうたんのような形をしている（写真1、裏表紙カラー写真）。この植物は、ヨーロッパ産の *L. alpigena* L. の亜種とされたが、亜種としては分布が稀なため、環境省第4次レッドリストで絶滅危惧II類（VU）に指定されている。[1]

東北地方のエゾヒョウタンボク

エゾヒョウタンボクは、北海道では各地に分布しているが（図1）、本州の分布域は限られ、青森県から新潟県までの12カ所にのみ知られており、そのすべてが風穴地である。青森県では、黒森山1カ所の生育地が知られている[1]（写真2-1）。標高530m、幅100〜

註 (1) 環境省 (2012)：植物 I（維管束植物）環境省第4次レッドリスト https://www.env.go.jp/press/files/jp/20557.pdf. および青森県レッドデータブック改訂検討会・青森県環境生活部自然保護課 (2010)：青森県の希少な野生生物：青森県レッドデータブック. p44. 青森県.

150ｍくらいの角礫の斜面で、微弱ながら風穴と感じられる場所であった。生育範囲は100ｍ×30ｍほど、繁茂するツタウルシの隙間に点在する程度で、樹高は30㎝に満たなかった。標高230ｍに位置する火口底に風穴があって、火口内にのみ自然の植生が発達し（写真2-2）、火口の外側では火入れにより秋田県の生育地は1カ所、寒風山の風穴のみである（沖田1997）。

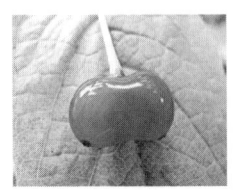

写真1　エゾヒョウタンボク
上左：花，上右：株，下左：葉と果実，下右：果実（裏表紙も参照）．

図1　エゾヒョウタンボクの日本国内での分布
東北の分布は本文中文献より，北海道の分布は日野間（2013）を参照して作成．日野間彰（2013）：FLORA OF HOKKAIDO Distribution Maps of Vascular Plants in HOKKAIDO JAPAN. http://www.hinoma.com/maps/index.shtml．

163　第13章　東北の風穴に生育する希少種エゾヒョウタンボクの生育特性

1. 青森県黒森山

2. 秋田県寒風山

3. 岩手県夏氷山

4. 岩手県安家森

5. 岩手県七時雨山

6. 岩手県六角牛山

写真2　本州のエゾヒョウタンボク生育地12カ所（1〜6）

草原が維持されている。その火口底にだけエゾヒョウタンボクが生育していて、樹高は1.5m、広がり9m×7mほどのひとかたまりのみであった。上層木がないため日当たりがよく、緑の色濃く生育していた。

岩手県では、夏氷山、安家森、七時雨山、六角牛山の4カ所の風穴に、生育が知られている（岩手県教育委員会1974、北上1988、ほか）。夏氷山の生育地（写真2-3）は、標高450m付近に明瞭な風穴現象が観察され、岩手県の天然記念物に指定されている。生育状況は、樹高0.6m、26個の株から構成され、総面積は330㎡と、本州最大級であった。安家森の生育地（写真2-4）は、標高1150mのひとつの凹地が風穴となっていて、周囲にチシマザサが繁茂するなかに、生育地だけがぽっかりと穴が開いたようにササ類がなく、礫が散見された。生育状況は、樹高0.7m、18個の株にわかれて、総面積は82㎡であった。七時雨山（写真2-5）では、標高839mに位置し、風穴から流れ出る冷風が小さな沢を下っており、その沢沿いが生育地となっていた。ここも本州では最大級の生育地といえそうである。生育状況は、樹高1・3mで、16個の株からなっており、総面積は780㎡にのぼり、標高1100mの山中に礫がむき出しになった場所も散見され、樹高0.5m程度のエゾヒョウタンボクが点々と生育していた。六角牛山（写真2-6）では、宮城県の生育地は三方倉山1カ所だけが知られている（写真2-7）。標高570mに位置し、風穴からの冷気は極めて顕著であり、風穴中心部は蘚苔類しか生育せず、中心部からやや離れてドーナツ状にエゾヒョウタンボクが生育している。生育はその株ひとつのみであり、総面積は50㎡と小さかった。

新潟県では、結束、山伏山、赤崎山、カタガリ山の4風穴で生育がみられる。いずれの生育地も山

註(2) 小水内長太郎（1965）：遠野市六角牛の植物．岩手植物の会会報 **2**, pp.17～24.
註(3) 宮城植物の会・宮城県植物誌編集委員会（2000）：宮城県植物目録．378p．宮城植物の会・宮城県植物誌編集委員会．

165　第 13 章　東北の風穴に生育する希少種エゾヒョウタンボクの生育特性

7. 宮城県三方倉山

8. 新潟県結東

9. 新潟県山伏山

10. 新潟県赤崎山

11. 新潟県カタガリ山

12. 栃木県赤下

写真 2　本州のエゾヒョウタンボク生育地 12 カ所（7 〜 12）

腹の崖錐斜面で、少し傾斜の緩くなった部分にエゾヒョウタンボクが生育していた。結東（写真2-8）と山伏山（写真2-9）では、標高610mから770mに位置する風穴で、冷気の噴出口が広い範囲に点在しており、数多くのエゾヒョウタンボクの株がみられた。結東では、樹高0.8m、17株で総面積450㎡、山伏山では、樹高0.8m、16株で300㎡に生育しており、本州最大級であった。赤崎山では、道路建設により生育地が分断され（写真2-10）、道路との間に凹地が生じて冷気がたまるようになっており、一時的にエゾヒョウタンボクの成長がよくなったようで、樹高1m、6株と少ないが面積は550㎡にのぼった。カタガリ山（写真2-11）では生育する範囲が狭く、樹高0.5m、6株で23㎡と少なかった。

栃木県の赤下風穴の生育地（長谷川 1997）はダム建設にともない水没した（写真2-12）。希少な植物種を保護する試みとして、近隣の風穴周辺にエゾヒョウタンボクの移植が実施され、移植された個体は今のところ生存しているが(4)、移植後の年数がまだ少ないため、今後のモニタリングが必要である。

そのほか、福島県と福井県(5)(6)でエゾヒョウタンボクの採集記録があったが、それぞれの標本を再確認したところ、アラゲヒョウタンボクとの誤同定であることが判明した。

エゾヒョウタンボクの変種とされていたスルガヒョウタンボクは、形態的変異が連続しており、エゾヒョウタンボクとひとつの種としてまとめて扱う見解が出されている（五百川 2012）。しかし、従来スルガヒョウタンボクとされているものは、エゾヒョウタンボクよりも標高の高い風穴ではない場所に生育しており、生育地の状況はエゾヒョウタンボクと異なる。

以上のように、東北地方では、エゾヒョウタンボクの生育地は点在しており、生育地の大きさ

註 **(4)** 株式会社建設環境研究所・財団法人ダム水源地環境整備センター（2012）：平成22年度湯西川ダム環境調査検討業務報告書環境調査編（本編）．252p. 鬼怒川ダム統合管理事務所．
註 **(5)** 福島県植物誌編纂委員会（1987）：『福島県植物誌』．481p. 福島県．
註 **(6)** 渡辺定路（2003）：『福井県植物誌』．464p. 福井新聞社．

は新潟県、岩手県、宮城県、秋田県、青森県の順であった。また、絶滅危惧種として認知されていながらも、2カ所で誤同定されていたことがわかった。加えて、東北地方を中心とするエゾヒョウタンボクの生育地は、栃木県の生育地のように開発の危機にさらされている現状も明らかになった。また、東北地方の風穴すべてにエゾヒョウタンボクが生育するわけではなく、生育しない風穴もたくさんある。この違いの原因は何なのか、興味が持たれるところである。

エゾヒョウタンボクの生育と温度

風穴にしか分布しないエゾヒョウタンボクは、まさに風穴の低温によって生育が維持されている可能性が高い。新潟県のエゾヒョウタンボクの生育地は、最も低緯度かつ低標高にありながらも、本州一の規模を有しており重要である。そこで、風穴の温度条件とエゾヒョウタンボクの詳しい分布について、新潟県の4カ所の風穴で調べてみた。

エゾヒョウタンボクの株やその周辺の地表面に、温度計を設置し、2時間おきに気温を測定した。風穴の近くでは、春から夏にかけて、温度が低温に保たれているが、その間のある時期を境に激しく変化した。このことから、風穴の冷気の供給源として、地下氷の存在が示唆された。

観測された温度を使って、調査地を2m四方のピクセルに区切り、ピクセルごとに、各月の平均気温、暖かさの指数、寒さの指数、最高気温、最低気温を計算して、エゾヒョウタンボクの株との関係

北海道のエゾヒョウタンボク

北海道では、エゾヒョウタンボクは、東北地方よりもたくさんの生育地がある（図1）。そのうち、釧路地方の、昆布森、摩周湖、白糠の3カ所を調査した。

昆布森（写真3-1, 2）では、河岸沿いの崖に数kmにわたってエゾヒョウタンボクの生育が単木として点在していて、樹高は大きいもので4～5mになり、東北地方のように叢生する低木状ではなかった。摩周湖と白糠（写真3-3, 4）では、分布範囲は狭いものの、単木状で低木～亜高木層を構成している様子であった。北海道においても、3カ所とも現地の観察から風穴ではない昆布森と同様に、低木～亜高木層を構成することは風穴ではない様子であった。北海道では、富良野などのエゾヒョウタンボクの生育地は風穴であるとされている（浅野ほか2007）。北海道では、風穴とそうでないところの両方にエゾヒョウタンボクの生育地がある。

新潟の調査で明らかになった夏の月平均気温が10℃以下という条件は、北海道ならば、特に高標高域はほとんどのエリアが該当すると思われるが、エゾヒョウタンボクの分布図をみると、どこにでも生育するわけではなさそうである。そんなエゾヒョウタンボクの分布を不思議に思い、北海道の気候とエゾヒョウタンボクの分布の関係を解析してみることにした。

註(7) 浅野友子・犬塚将嗣・大川あゆ子・加賀谷隆・梶浦雅子・木村徳志・藤奈緒美・酒井秀夫・芝野博文・橘治国・西田継・堀江健二・宮本義憲・脇聡一郎（2007）：山地森林流域における渓流環境及び生態系総合調査北海道演習林水系総合調査の報告（Ⅱ）. 演習林 **46**, 123-158.

第 13 章　東北の風穴に生育する希少種エゾヒョウタンボクの生育特性

1. 北海道昆布森（河床）

2. 北海道昆布森（崖）

3. 北海道摩周湖

4. 北海道白糠

写真 3　北海道のエゾヒョウタンボク生育地の例（1〜4）

　北海道全域を、エゾヒョウタンボクの分布情報が整理されている 10km のピクセルに区切り、1kmメッシュで整備されている国土数値情報「平年値」から、平均気温、最高気温、最低気温、日照時間、全天日射量、降水量、最深積雪深のそれぞれについて月平均値と年平均値を算出し、10km ピクセル内で平均した。そして、図 1 のエゾヒョウタンボクの分布の有無と合わせて解析した。すると、8 月平均気温が 17・7 度以下に、そのなかでも 8 月全天日射量が低い（14.5MJm⁻²以下）に、エゾヒョウタンボクの生育地が多くあることがわかった。つまり、温度以外に日射量が関係している可能性も出てき

た。夏に日射量が少ない地域といえば、北海道では海霧の発生が影響していることが思い当たる。海霧の発生が影響しているということは、湿度が影響しているのかもしれない。風穴でも周辺より低温であることで結露し、湿生の植物や蘚苔類がみられることがよくある（中西 1959）。今後、エゾヒョウタンボクの生活史特性と温度や湿度との関係を詳細に調べる必要があろう。

東北でのエゾヒョウタンボクの隔離分布

東北のエゾヒョウタンボクは、異常な隔離分布をしている。エゾヒョウタンボクは赤い液果（果皮が肉質で液汁の多い果実）をつけるため、鳥散布と推察されるが、それぞれの生育地は鳥が運べる距離ではなさそうである。いったい、これらの互いに離れた生育地はどうやって形成されたのだろうか？それを長い間疑問に思っていた。この謎を解く鍵が、親潮（寒流）に冷やされた空気が、陸地の暖かい空気に接して発生するといわれている。北海道南東部の海霧は、親潮（寒流）に冷やされた空気が、陸地の暖かい空気に接して発生するといわれている。そして、第四紀に繰り返し訪れた氷期には、親潮はもっと南まで来ていた可能性が指摘されている[8]。つまり、東北地方に、現在の北海道のような海霧が発生していたのではないか？そして、かつて東北にも、北海道のように、風穴以外にも連続的にエゾヒョウタンボクが生育できる時代があったのではないだろうか？

そこで、氷期の東北地方での海霧の発生状況の予測を試みた。現在の北海道において、夏の日照時間を地形条件から予測するモデルを作り、それを本州北部の地形条件にあてはめ、外挿した。北海道

註（8）大場忠道（1993）：最終氷期以降の日本列島周辺の海流変遷（シリーズ 先史モンゴロイドを探る 9），学術月報 **46**, 934～938.

で、8月全天日射量が14.5MJm⁻²以下になるピクセルの地形条件を、東北地方から拾い出してみると、東北地方の主に太平洋側に、海霧が発生していた可能性の高い地域が連続的に抽出された。荒っぽい推定ではあるが、氷期には東北にも濃い海霧が発生していて、そこにエゾヒョウタンボクが連続的に生育していた可能性があり、現在、本州北部において、風穴地のみに隔離分布しているエゾヒョウタンボクは、気候条件が変化したことによって分布が縮小し、風穴地に遺存して隔離分布するようになったと考えることができそうである。

このように、エゾヒョウタンボクの不思議な隔離分布について考えてみると、風穴が氷期の植物の避難所として機能していることがわかってくる（コラム8参照）。風穴には、普通はもっと涼しいところ（高標高や高緯度）に生育する植物が見られるのは昔からよく知られている（牧野1907、三好1926など）。そのような植物は、近くに同じ種が分布しているところがないような場合、独自の進化をとげ、他とは違った独特の遺伝子をもつことが考えられる。このような遺伝子レベルの研究は、まだ始まったばかりであるが（下川部ほか2015）、今度さらに研究を進めることによって、さまざまな生物が日本で生きてきた長い歴史について考えることができるようになり、それに対する風穴の影響についても明らかになることが期待される。

コラム8
風穴の冷温スポットが植物に与える地史的意義

池田 明彦

冷風穴は春から秋にかけて、外気温よりも冷涼な空気を吹き出している。そのため、植物の生育指標となる積算温量も冷風穴付近では小さくなり、寒地性植物が生育する場合がある。

一例として、新潟県内の寒地性植物であるエゾヒョウタンボクの生育地をみてみよう。新潟県では、山伏山や赤崎山など4カ所の風穴に、エゾヒョウタンボクの局地的な分布がみられる(第13章参照：写真1)。これら4カ所の風穴の吹出口で、温かさの指数[1](WI)を算出すると5〜12であり、この値は寒帯(15以下)に相当する。風穴の吹出口から離れるにつれてWIは連続的に高くなり、冷風の影響を受けない地点のWIは70〜90で、冷温帯(ブナ帯)下部から暖温帯(照葉樹林帯)上部に相当する。

エゾヒョウタンボクは、この狭い領域のうち、亜寒帯から冷温帯上部に相当する小範囲[2](WI=20〜60)に局所的に生育している(図1)。

このことから、冷風穴は温帯のなかにミクロな亜寒帯気候を生み出していて、そこにエゾヒョウタンボクという寒地性植物が生育していることがわかる。

このような冷温スポットは日本各地の他の風穴にも出現するが、その範囲は数十m²以下と小規模であり、温度以外の条件も風穴ごとに異なるため、生育している寒地性植物の種類も風穴により異なり限定的である。長走風穴や中山風穴のよ

註(1) 温かさの指数(WI)は，月平均気温5℃以上の積算値．植物生育地の重要な指標の一つとされる．
註(2) このような範囲を，本稿では「冷温スポット」と呼ぶことにする．

コラム8　風穴の冷温スポットが植物に与える地史的意義

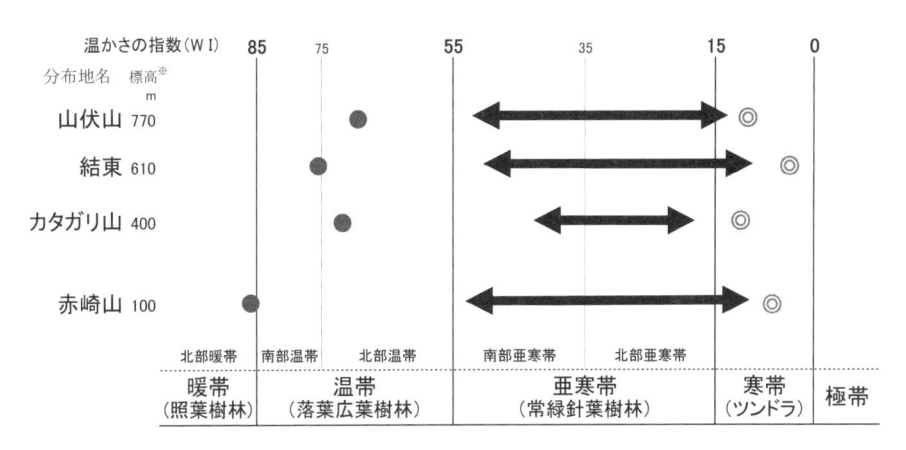

図1　新潟県のエゾヒョウタンボク分布と温かさの指数（WI）の関係
エゾヒョウタンボクは寒帯〜亜寒帯相当の冷温スポットに分布している．

凡例：● 冷風穴影響外のWI　⇔ エゾヒョウタンボクが分布可能なWIの範囲　◎ 冷風穴吹出口（最寒）のWI
※標高は分布の最低標高

写真1　新潟県赤崎山の風穴植生
スギ林の下端にエゾヒョウタンボクの低木が見られる．清水撮影．

うに、数百m²以上の規模で多種の寒地性植物群落を維持している例は稀であろう。

ところで、約260万年前から現在まで続く第四紀は、寒冷な氷期と温暖な間氷期を繰り返している時代であり、多くの植物はこの温度変化に伴って分布域を変化させてきた。一般には、寒地性植物は寒冷な氷期に低緯度・低地まで分布を拡大し、温暖な間氷期になると高緯度・高地へ移動する。しかし一部の寒地性植物は、風穴がつくりだす冷温スポット

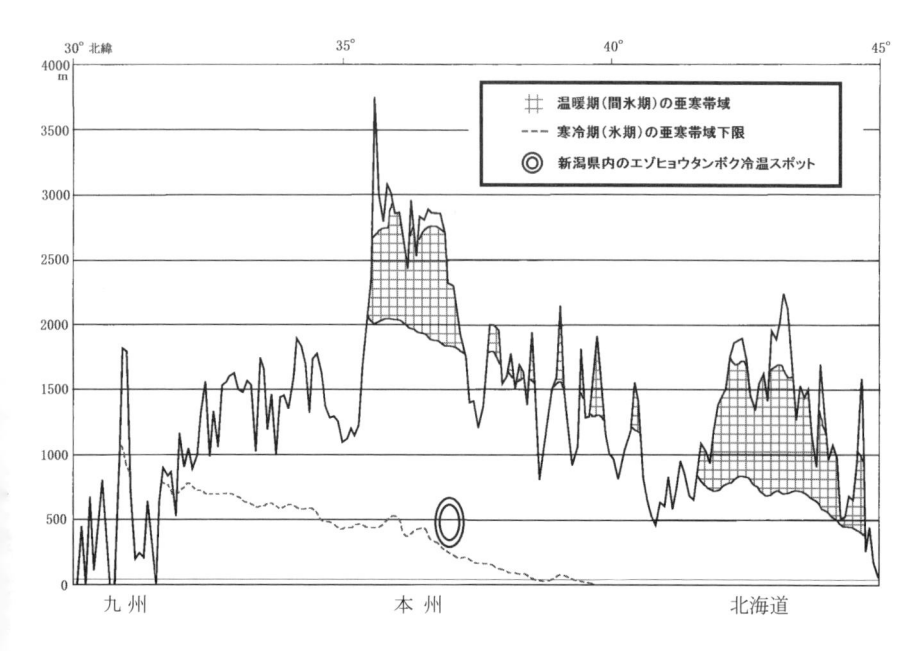

図2 日本列島における温暖期（現在を含む間氷期）の亜寒帯域の高度と冷温スポット
エゾヒョウタンボクの冷温スポットは亜寒帯域から隔離される．

凡例：
╫ 温暖期（間氷期）の亜寒帯域
--- 寒冷期（氷期）の亜寒帯域下限
◎ 新潟県内のエゾヒョウタンボク冷温スポット

を、暖温帯での分布避難地（レフュージア）として利用していたと想像される（図2）。つまり、冷風穴起源の冷温スポットは、温暖な地域・時期における寒地性植物の隔離分布地として、第四紀の長い時間のなかを通して重要な存在であり続けたと考えられる。このことは、風穴が日本の植物多様性や固有種の分化・成立の過程において、地史的に重要な役割を果たしてきたことを示唆している。

第III部 各地の風穴だより

ようこそ，風穴へ
長野県上田市金剛寺の上田風穴にて，塚原吉政撮影．

各地の風穴だより

遠軽地域の風穴 (北海道)

山川 信之

鉱山の坑道にできた珍しい風穴

北見山地南部の遠軽地域には、白滝ジオパークのジオサイトに指定された武利風穴など複数の風穴が分布している。そのうち、瀬戸瀬山(標高901m)近傍に、瀬戸瀬氷穴と瀬戸瀬山風穴がある(図1)。これらは、行きにくい森林のなかにあり、ジオサイトの指定はない。

瀬戸瀬氷穴は、一ノ沢鉱山の坑道(図2)の基盤の開口節理(岩石の割れめがさらに開いたもの)に生じた珍しい風穴で、最近の地温観測や電気探査の結果などから永久凍土が存在する可能性が、非常に高いことが確認されている(山川・清水2013)。

鉱山時代の記録にもある

『遠軽町史』[1]には、1930〜1940年頃の一ノ沢鉱山の採掘のようすが記載されている。「坑道の入口から30mくらいの地点で岩盤の割れ目から異常な冷風が吹き上げ、真夏でも地下水が凍り、この氷の層を砕いて採掘が行われていた」とあり、志保井(1975、1976a)にもこのことを証明する高さ50cmほどの氷筍や厚さ30cm以上もある氷盤の写真が掲載されている。現在この坑口は作業道開削によって落盤しており、残念ながら内部を観察することはできないが、筆者らが調査した2008〜2009年に、地温観測用に旧坑道入口付近に設置した温度計が氷漬けになっていた(写真1)ほどである。

寒冷地の動植物の生息地

このほか、瀬戸瀬山北面の地すべりによっ

註 (1) 遠軽町編(1977):『遠軽町史』. 遠軽町.

て形成された緩傾斜地には、流紋岩の岩塊が堆積する風穴地がある。この瀬戸瀬山風穴周辺には、森林に囲まれたエゾイソツツジ群落（高山植生）や、そこに生息するエゾナキウサギなど、北見山地らしい自然の風穴地が残されている。

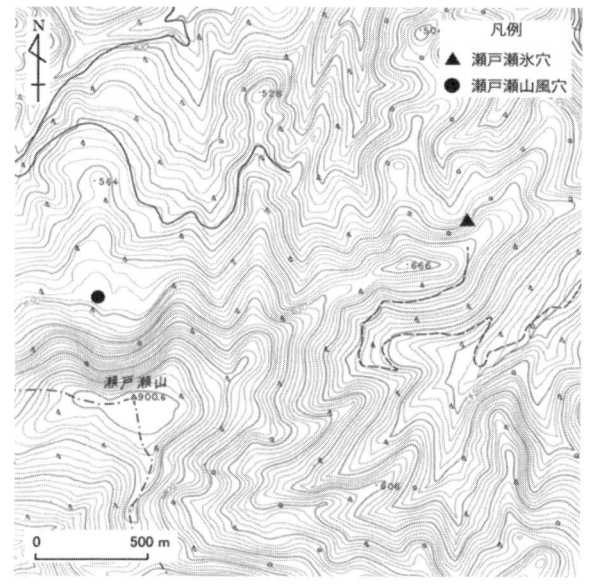

図1 1:25,000 地形図「瀬戸瀬温泉」

写真1 瀬戸瀬氷穴旧坑道入口付近での氷の産状
光沢のある部分が氷.
2009年8月清水長正撮影.

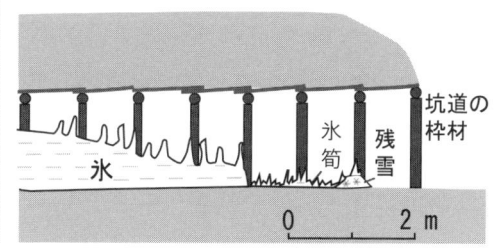

図2 坑道の断面図
志保井（1976a）による.

各地の風穴だより

然別火山群の風穴（北海道）

大西　潤

火山と氷期が生み出した独特な世界

「ヌプカウシヌプリ」、このアイヌ名は「平原の上に聳（そび）える山」という意味で、いかにも北海道らしい雄大な風景を彷彿とさせる。十勝平野北部に立ち並ぶこれら然別火山群（シカリベツ）（写真1）は、標高1000～1200m前後の複数の溶岩ドームによって構成されている。

東ヌプカウシヌプリを代表とする新期然別火山群（約6～1万年前）には、溶岩ドームの崩壊と氷期の寒さによって破砕した岩塊が堆積した広大な岩塊斜面が広がり、大規模な然別風穴群がつくられている（写真2、写真3）。風穴群の規模は、国内最大級と考えられている（佐藤 1995）。この風穴群

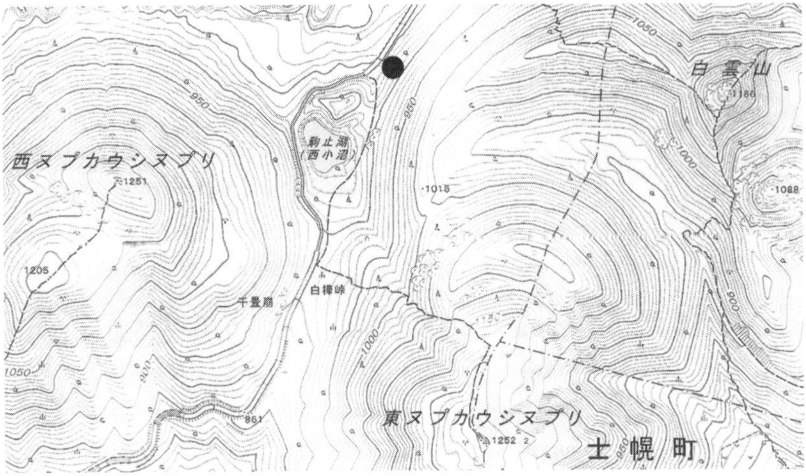

図1　1:25,000 地形図「然別湖」
●は然別火山群における代表的な風穴地帯．

写真1　十勝平野から見た然別火山群

写真2　冬，斜面の上部にできる温風穴
東ヌプカウシヌプリにて撮影．

写真3　風穴から出る冷気によってできる"逆つらら"

風穴地帯が育む遺伝子の宝庫

真夏でも約1℃前後の冷たく湿った空気を吹き出す風穴は、氷期の博物館とも呼べるような森林生態系を育んでいる。風穴地帯に一歩足を踏み入れると、そこにはまるで北極圏の針葉樹林のような景観が広

の地下の一部からは、約4000年前の氷を含む永久凍土の存在が確認されている（Sawada 2008）。

写真4 岩塊斜面周囲に広がる風穴地帯とアカエゾマツ林

岩塊のゴロゴロとした斜面には、アカエゾマツが生い茂り（写真4）、その林床には、イソツツジやガンコウラン、ハイマツなどの高山植物、そして色とりどりのミズゴケやハナゴケなどが地表を覆っている。高山や寒冷地を想わせる特殊な植生とともに、エゾナキウサギや高山蝶のカラフトルリシジミなど、氷期から生き続ける動物や昆虫がそこに暮らしている。

この風穴地帯を含む然別火山群は、ほぼ全域が大雪山国立公園の特別地域に指定され、厳重に保護されている。また、風穴群が位置する鹿追町全域は、2013年、日本ジオパークに認定され、火山活動や凍結作用、関連する豊かな生態系が学べるエリアとして、地域の教育や観光などに活用されている。

鹿追町には、全国的にも珍しい小中高一貫教育のとりくみがあり、その代表的なカリキュラムに「新地球学」が設定されている。子どもたちは然別湖畔常駐のプロの自然ガイドに案内され、風穴群や然別湖の自然を勉強している。ジオパーク認定によって、風穴群を守り、将来の世代へ引き継ぐための活動が動き始めている。

各地の風穴だより

長走風穴の過去と現在
（秋田県）

虻川　嘉久

長走風穴は、大館から弘前への国道7号線沿いにあって、気軽に立ち寄ることのできる人気スポットだ。その歴史は古く、1902（明治35）年に佐々木耕治（冷蔵倉庫創設者）の風穴利用研究から始まり、1912年に最初の風穴冷蔵倉庫が建設された。

長走風穴にかかわった研究者

1907（明治40）年には早くも牧野富太郎が、特異な植物があるという山鳥一海（秋田師範学校）の書簡を紹介し（牧野 1907）、三好學が風穴周辺に自生する高山植物群落を調査（三好 1926）、1926（大正15）年に「長走風穴高山植物群落」として国の天然記念物に指定された。

その間、佐賀徳治（扇田小学校校長）の植物調査や、荒谷武三郎（釈迦内小学校校長）の風穴研究（地中の空気対流説を発表）も行われていた。

天然記念物指定と風穴館

1995（平成7）年には、天然記念物の保護・保全から「文化庁天然記念物整備活用事業」の指定を受けた。さらに、風穴に親しみ、教材として利用する開放型の活動の場へと整備された。1998年にオープンした、風穴ミュージアム「長走風穴館」（写

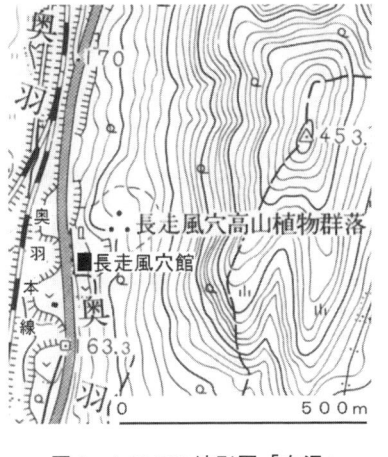

図1　1:25,000 地形図「白沢」

写真1　長走風穴館
国道7号線（旧羽州街道）沿いにある，ひときわ目立つ建物．

真1）と風穴フィールドがそれだ。
風穴館入口脇には、風穴冷蔵倉庫があって冷気を体験できる。この倉庫に吹き出ている冷気は「風の回廊」（地下道）を通り風穴館内に送られ、天然のエアコンとして利用されている。館内には風穴のしくみや風穴倉庫、高山植物などを紹介するパネルが展示されていて、中2階のビデオシアターでは長走風穴の四季や風穴と高山植物のかかわりを映像で見ることができる。

3階の渡り廊下は風穴フィールドへつながっており、標高170～240mの斜面に主要な高山植物群落が2カ所、周辺には7つの風穴冷蔵倉庫（跡）がある（写真2）。そこには、展望デッキ・観察デッキ・あずまやなどが設置され、石段の散策路が整備されている。風穴の冷気を体感し、コケモモ、ゴゼンタチバナなどの高山植物（写真3）を間近に観察しながら、一周30～40分ほどで楽しく散策できる。

風穴館の来館者数は、風穴館がオープンしてから2015年6月で累計40万人を超えた。体験学習の場として市内外の小学校や自然観察サークルなどの利用、憩いの場として町内会や高齢者施設などの利用も増えている。

観光スポットとしても期待

ここは秋田と青森の県境・矢立峠に近く、江戸期の紀行家菅江真澄や、幕末には吉田松陰が、明治期

写真3　ゴゼンタチバナ（左）とコケモモ（右）

6月になると1号指定地に群生する高山植物．標高の低い位置にもかかわらず生育しているのは，風穴のつくりだした寒冷環境による．裏表紙も参照．

写真2　5号倉庫跡

佐々木耕治氏は，大正年代に7棟の風穴冷蔵庫を建設し経営．主に津軽リンゴの冷蔵保存を行い，関東方面へ出荷した．最盛期には国見山には20棟以上の風穴倉庫が造られたという．5号倉庫跡には現在展望デッキが建てられており，眼下に無数の風穴と周辺の高山植物群落を観察することができる．

にはイザベラ・バードが通った旧羽州街道を辿り，立ち寄る歴史愛好サークルも多い．さらに眼の前を通る奥羽本線は，いわゆる「撮り鉄」の撮影ポイントとして人気が高く（写真4），全国から鉄道ファンが訪れている．

歴史や鉄道好きの方たちにも，ぜひ風穴館を訪れて風穴の冷風を体験いただき，産業遺産としての風穴のあゆみに興味をもっていただきたい．

写真4　「撮り鉄」の人気スポット

ゴールデンウィークに臨時列車が走りました．風穴館前の撮影スポットは通称「撮り鉄」でにぎわいました（奥羽本線下り，午前11時半頃通過）．

各地の風穴だより

湯沢の三関風穴 (秋田県)

佐々木 進

現在は跡地だけが残る

三関風穴は、秋田県湯沢市関口の東方約2kmの関口字糸倉山に位置する(図1)。1908(明治41)年11月8日、関口村の石成長蔵が発見したといわれている。養蚕が盛んだったことから関口風穴組合を設立し、養蚕、種子、果実の保管庫として「冷風穴」を利用する木造三階建ての木造貯蔵庫が造られた(写真1)。昭和20年代以降の冷蔵施設の進歩などにより、この貯蔵庫が不要となり建物が取り壊され、現在その跡に石垣だけが残っている(写真2)。2011年に「ゆざわジオパーク」のジオサイトとなったが、今のところ大きな変化はない。標高約210〜390mの北東向き斜面にあり、

風穴を利用した施設(明治〜大正)

写真1 風穴が利用されていた時代の古写真
『湯沢市史』湯沢市教育委員会(1965年発行)より転載.

図1 1:25,000 地形図「稲庭」

流紋岩の岩屑が堆積したところに形成された崖錐型風穴である。夏季には上部に散在する落ち葉をかき分けてみると、底の方に氷の塊をみることがある。

30℃以上でも「冷風穴」の温度は0〜10℃で、積もった落ち葉をかき分けてみると、底の方に氷の塊をみることがある。

型風穴である。夏季には上部に散在する「温風穴」から外気を吸い込み、地中で冷やされ下部の「冷風穴」から冷気が吹き出る。冬季では逆の現象がおきて、上部にある「温風穴」から暖気が吹き出る。

この現象は、外気との温度差により生ずる対流現象によるものであり、冷風・暖風の交代期は春の3〜4月頃と晩秋の11月頃で、この時期は対流現象が停止しているといわれている。真夏の外気が

写真2　三関風穴
風穴跡に百葉箱がある.

珍しい植物相

周辺はアカマツやカラマツの高木を混じえたミズナラの低木林が広がる。特徴的植物として、冷風穴による低環境により、標高が低いにもかかわらず、亜高山帯に植生しているアスヒカズラ（写真3）がみられる。アスヒカズラは、「冷風穴」に登る歩道の右斜面の低木層の下に、斜面を敷きつめるように群生している。また、県内数カ所の風穴に出現するウサギシダが下部の風穴斜面に生育している。さらに、風穴入口の沢沿いで、稀産種のシバコブシ（キタコブシ×タムシバ）を確認した。

写真3　三関風穴のアスヒカズラ

各地の風穴だより

中山風穴地 (福島県)

室井 伊織

天然記念物に指定される

福島県会津地方南部に位置する下郷町に中山風穴地がある（図1）。

町の中央を流れる大川（阿賀川）の西側に聳える中山の中腹部の穴から、真夏でも10℃以下の冷風が吹き出ている。そのため標高550m前後の山肌に、外囲とは異なる高山性の植物が群生している。

このような稀な事例は学術的価値が高いと評価され、1964（昭和39）年6月27日に、群生地六カ所が国の天然記念物に指定された。代表的な植物にオオタカネバラやアイズシモツケ（写真1）などがある。

里山と風穴

昭和30年以前の中山は、家庭用燃料になる樹木や家畜の餌となる草を刈り取るなど、地域住民の重要な資源となる里山であった。また、風穴を利用した養蚕の出荷調整や石積みの貯蔵庫を造り、夏場に野菜や果物を保管していた。

昭和40年頃の燃料革命の影響と天然記念物指定後

写真1 中山風穴の植物
オオタカネバラ(左)とアイズシモツケの白い花(右).
裏表紙も参照.

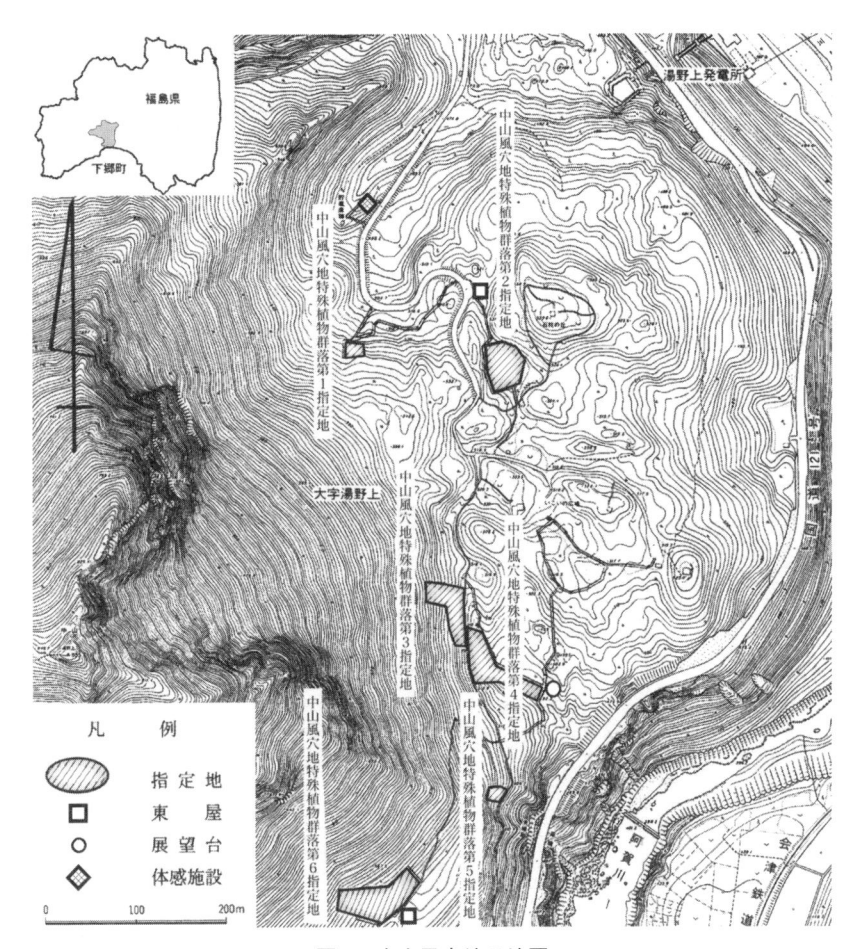

中山風穴地

図1　中山風穴地の地図
「中山風穴地保存修理事業報告書」より.

凡例
- 指定地
- 東屋
- 展望台
- 体感施設

中山風穴地特殊植物群落第1指定地
中山風穴地特殊植物群落第2指定地
中山風穴地特殊植物群落第3指定地
中山風穴地特殊植物群落第4指定地
中山風穴地特殊植物群落第5指定地
中山風穴地特殊植物群落第6指定地

福島県　下郷町　大字湯野上　湯野上発電所　阿賀　会津鉄道

写真2　中山風穴地特殊植物群落第2指定地

の町による公園整備により、かつてと比べ中山風穴地域の環境は大きく変化してきている（下郷町教育委員会１９９８）。

風穴の保護と活用へ

これまで町では、特殊植物保護と風穴機能低下を防ぐため、指定地内（写真２）とその周囲、空気吸込口と考えられる指定地上部の温風穴周辺で、立木などを除伐する策を施してきた。同時に、特殊植物を身近に感じられるよう、遊歩道の整備や案内看板などの設置、貯蔵庫を再利用した冷風体験施設（写真３）の整備をした。

保護施策の成果は早々にみることはできないが、整備の面では、学校教育や生涯学習の場に活用されるようになった。近年では植物が開花する時期に、ウォーキングイベントが開催されるまでになっている。

写真３　貯蔵庫跡を利用した体感施設

各地の風穴だより

奥多摩の風穴 (東京都・山梨県)

角田 清美

奥多摩は、関東山地から東方の東京湾に流れ込む多摩川の源流域で、源流域は標高1500〜2000mの稜線で囲まれている。標高1700m付近までの稜線沿いに、周氷河作用で形成されたと考えられる岩塊斜面が分布している。しかしながら、それとは別に低位置においても、部分的に長径が1mを超える角礫を含む崖錐斜面が分布し、そこを利用して風穴が築かれている。

多摩川流域の風穴は、これまでに3カ所で確認されている。最も高い位置にある風穴は標高約1020mの釜ノ沢風穴で、最低所は標高約520mの檜原風穴（図1）である。ここでは、檜原風穴と熊沢風穴について紹介しよう。

檜原風穴

付近の地形は、砂岩からなる比高100mを超える支尾根が南北方向に延び、稜線の西側は40度以上の急傾斜で、基部には比高20〜30m、30〜40度の崖錐斜面が分布している。風穴は崖錐斜面の基部に位置し、3カ所にムロ跡が残っている。3カ所のうち中央を第2ムロと仮称した（図2）。石垣で囲まれた、

註(1) 清水長正（1983）：秩父山地の化石周氷河斜面. 地理学評論 **56**, 521〜534.

註(2) 清水長正（2015）：東京都にも風穴がある. 地図中心1月号, 46〜47.

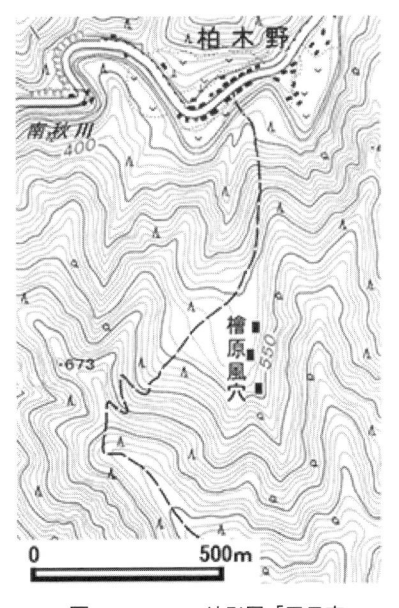

図1 1:25,000 地形図「五日市」

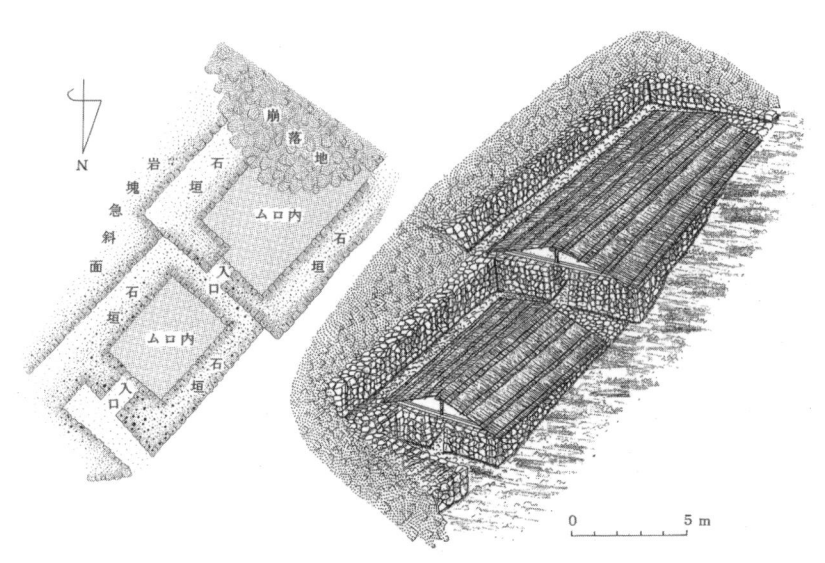

図2　檜原風穴の第2ムロ
角田作画.

北側のムロは幅約3m、奥行き約4m、南側のムロは幅約4m、奥行き約7mの規模である。いずれも、入口付近の石垣の高さは地表面から約1m高く、ムロの床面は石垣頂面から約4m深い。ムロ内には直径約15cmの数本の樽木、周囲にはブリキ製の雨樋の破片が残っているが、板切れや瓦片などが見あたらないことから、屋根は腐りやすいスギ皮あるいはヒノキ皮で葺かれていたと推定される。図2の左側は、残っている石垣をもとに往時のムロの状況を復元した平面図で、右側は、平面図に覆屋根を被せてみた復元図である。

明治時代中期から昭和35年頃まで、地元の檜原村はもちろんのこと、多摩地方は蚕糸業が盛んであった。羽村市では小諸風穴や富士風穴へ蚕種を送った記録はあるが、檜原風穴を含めた奥多摩の風穴とかかわりがある史料は、まったく残されていない。

なお、東京都内には、多摩川上流のほか、温暖な伊豆諸島の神津島にも「鬼の風穴」と称される風穴がある（角田1998）。

熊沢風穴

多摩川の上流は山梨県に属し、丹波山村と小菅村の二つの自治体がある。両村の間には大菩薩嶺から東方へ伸びる尾根があり、それぞれの村の中心地を結ぶ幹線は標高925mの大丹波峠を越える山道であった。熊沢風穴は大丹波峠の北北東側にある北向斜面の中腹（標高約840m）にある（図3）。浅い皿状の沢となっており、崖錐斜面基部に風穴がある。

図3　1:25,000 地形図「丹波」

風穴の入口は下流側を向き、正面の石垣は約10m、風穴室内は奥行約4m・幅約3mである（図4）。左奥に幅約1m・奥行1.5mの空間がある。この空間は、背後の岩塊から吹き出す冷気を風穴内に入りやすくする工夫であろう。入口から室内に入って右手の石段は2段になっている。下段は室内の壁で、上段は屋根を支えた石垣と考えられる。

図4　熊沢風穴の平面図／断面図
角田作画．

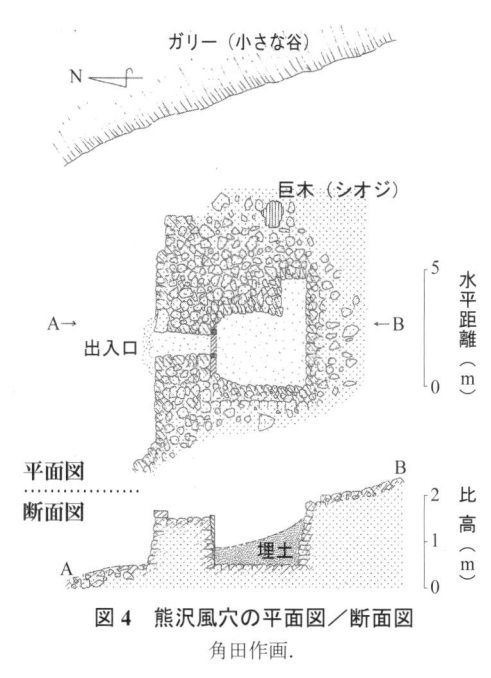

各地の風穴だより

津南町の風穴（新潟県）

尾池 みどり

豪雪地帯の新潟県津南町には、かつて風穴小屋があったものと自然状態のものを合わせると、10カ所の風穴が確認されている。どの風穴も崖錐の岩場に出現し、風穴から流れ出す冷気の影響で、それぞれ独特な植生がみられる（中沢 2015）。津南町内には、風穴小屋跡と現役の風穴小屋がそれぞれ存在する。

山伏山の風穴

一つ目は、信濃川の左岸に位置する「山伏山の風穴」（標高約800m）である。明治38〜40年に蚕種貯蔵のための「寺石風穴」として建てられ、利用を開始した記録がある（写真1）。現在もその石垣を確認することができる（写真2）。大正年間の中頃まで利用され（佐藤 1919）、5万枚から10万枚の蚕種紙が貯蔵可能だったといわれている（古厩ほか 1985）。石垣内は直射日光を受けないため、6月でも2m近くの積雪が残る。

風穴周辺には、エゾヒョウタンボクという北方系の樹木が茂っている（13章指村参照）。夏場には、津南キャンプ場から山伏山のトレッキングコースを歩きながら涼を楽しむことができる。現在この風穴は、津南町有形文化財に指定されている。

見倉の風穴

二つ目は「見倉の風穴（標高約690m）」である。これは信濃川支流・中津川の右岸に位置する見倉集落にある風穴である。集落の方々が協力し小屋をかけ、共同の自然冷蔵倉庫として現在も利用している。夏でも冷たい風のおかげで庫内は漬物、農作物の種などの保管にうってつけである。見倉のトンネル近くにはもう一つ風穴がある。その風穴には稀少植物

写真1　明治三十九年九月　寺石風穴完成
古写真より．津南町教育委員会提供．

写真2　現在の山伏山風穴
写真1の寺石風穴の跡．津南町教育委員会提供．

のエゾスグリの群落があり、新潟県唯一の生育地として知られている。

ジオパークの見どころに隣接する長野県栄村(さかえむら)とともに、秘境・秋山郷(あきやまごう)として名高く、県境の2つの自治体で構成される苗場(なえば)山麓ジオパークでは、現在エリア内にある風穴の調査・保全活動を行っている。身近にある自然環境を振り返りながら、保護と活用につとめていきたい。

各地の風穴だより

入沢風穴と風穴新聞 （長野県）

三石仁子・清水長正

JR小海線青沼駅からほど近い山の西麓に、入沢風穴がある。佐久市天然記念物に指定され、近傍のバス亭も「風穴」という。

入沢風穴は三石家の敷地内にあり、貯蔵庫は昭和60年代に改築された鉄骨コンクリート造りである。現在では、三石家7代目の三石仁子・8代目の嗣佳が、この風穴を受け継いでいる。

佐久家7代目の三石仁子・8代目の嗣佳と地下1階（深さ2m・幅3.7m×奥行5.4m）と地下1階（深さ2m・幅3.7m×奥行5m）の2層構造で、山側の壁面に凝灰岩の岩盤が露出している。岩盤に幅3cmの開口節理（岩の割れ目が開いたもの）があり、夏季にはそこから冷風が吹き出して、室温も8～9℃と低い。風穴の入口には、「風穴新聞」（長野県こども新聞

入賞、図1）が掲げられている。これは9代目にあたる三石真緒の作である。「私の家には風穴があります…」という書き出しで、入沢風穴の沿革が次のようにまとめられている。三石家2代目の忠衛門・儀平兄弟が、天保12（1841）年に温泉の掘削を試みたところ逆に冷風が出た。それを明治期に蚕種貯蔵の風穴として利用し、大正期に地下を拡張した。昭和20年代まで蚕種貯蔵が続いたが、養蚕業が衰退してからは植林用カラマツ種子やリンゴなどの冷蔵に利用した。

蚕種貯蔵用の入沢風穴は明治17（1884）年の開設で、県知事免許第1号であり、『長野県風穴調』など明治～大正期の長野県内の風穴一覧表では常に筆頭に挙げられていた。入沢風穴は平地の敷地内にあるのが特徴で、地の利を活かして大正8年に催青業（卵を孵化させる）を始め、地域の養蚕に貢献した。蚕の掃立（孵化した蚕を蚕紙から集める）のころは、早朝より近隣の村々から訪れる養蚕農家の人々で賑わっていたことを思い出す。

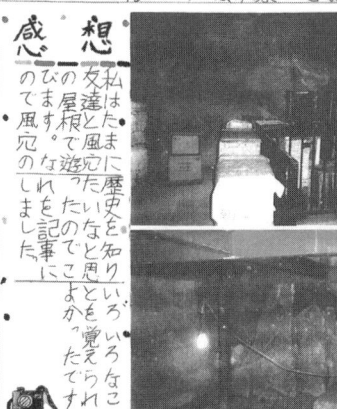

図1　2006年につくられた「風穴新聞」

各地の風穴だより

上田周辺の風穴探索 (長野県)

塚原 吉政

HPに書いた紹介文がきっかけに

2012年5月24日のことであります。清水長正さんご一行が上田の金剛寺へやって来ました。私のHPに金剛寺の風穴をほんの少し紹介してあるのを見て、そこへ案内して欲しいとのことです。金剛寺の友人から、風穴の場所を突き止めて砥石・米山城周辺の遺跡マップに載せたことを聞いていたので、案内役をお引き受けいたしました。

そのとき、明治43(1910)年の『長野県風穴調』に記載があることを教えられました。それには上田・小県に5つの風穴が登場し、金剛寺の風穴は「上田風穴」とされています(図1)。記載事項の位置や室の大きさが実測と一致しますので、「金剛寺

の風穴」と「上田風穴」が同じものであることがうかがわれます(写真1)。石垣には二つ飛び出している細長い石があり、これは梁を支えた石であることが、後日、地元の年寄りの話によって裏づけられました。ここにしか見られない貴重な構造です。

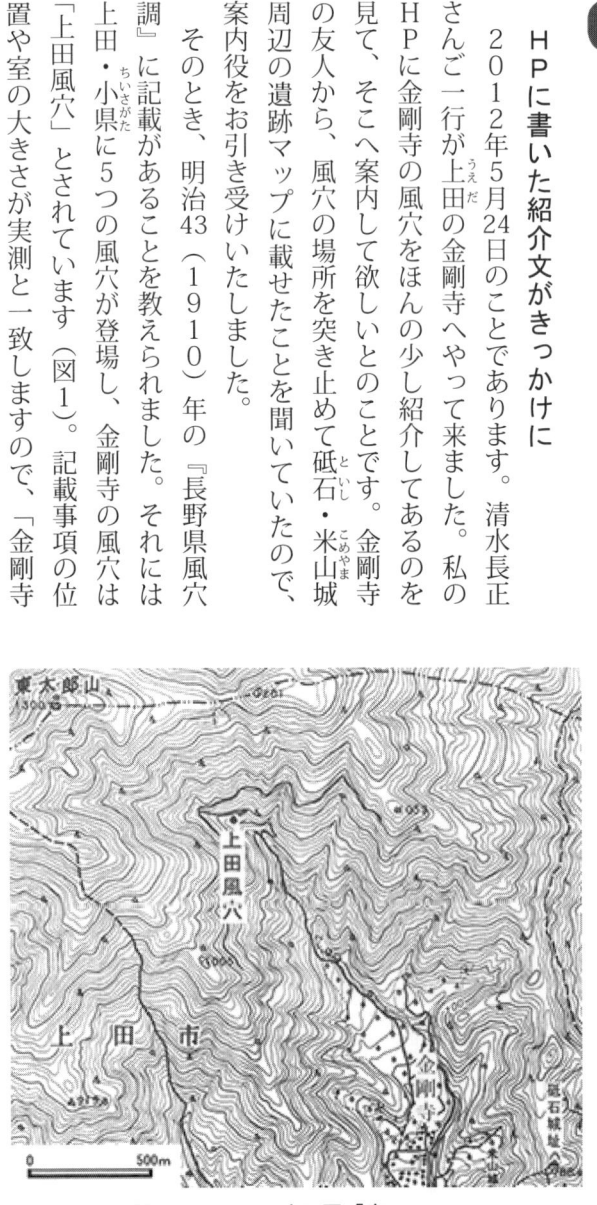

図1　1:25,000 地形図「真田」

未確認の風穴を、地元の私たちが探す！

この現地確認の後、清水さんらは真田町傍陽の氷平風穴や唐沢風穴を探しに行ったのですが、見つからず、地元の私たちにそれらの探索がゆだねられました。そこから、「上田地球を楽しむ会」による風穴探索が始まりました。

氷平風穴の情報を地元の老人に聞いてみると、風穴の持主の武捨さん宅を教えられ、早速うかがうと、玄関に「氷平風穴蚕種冷蔵扱所」と書かれた看板が目に飛び込んで来ました。また、氷平風穴の創立当初の写真が居間に飾ってあり、石積みと茅葺の屋根、創設者や関係者の写るモノクロ写真が印象的でした（氷平風穴の詳細は次の武捨さんの記事を参照）。

氷平風穴は『真田町誌』に記載されていることを知り、描かれている簡単な地図を頼りに探査するのですが見つかりません。林道や丸太を集材した道を軒並み探索し、7回目にようやく発見できました。

風穴病という不治の病

ここに至って風穴探索に火がつき、私たちはどっぷりと「風穴病」に浸りました。以降、上小（上田・小県）地域に散在する風穴を目指し、山々を歩き廻ることになります。

二つ・三つ風穴を発見すると、「風穴の匂い」といいますか、風穴の周辺環境の特徴が見えてきました。それは次のようなことです。

写真1　雪に埋もれた上田風穴
2014年1月23日撮影.

写真3 虚空蔵山西の高津屋山の温風穴

天然の温風穴．冬の寒い日には，間欠泉のように湯気が上がるそうです．

写真2 虚空蔵みつゴーロの冷風穴

天然の冷風穴．昔の人は風穴のことをよく知っていいて，こんな穴にお弁当や水筒を入れて置いたそうです．

「石がゴロゴロと露出しゴーロのような場所に，コケが密生し，シダが生え樹木がうっそうと生い茂り，湿度の高い環境」

後でわかったことですが，比較的標高が低くても，シラカバなどが生えている場所もありました．山のなかには夏でも氷の残るところもあります．地元の年寄りに聞きだした位置近くで風穴の匂いを探しますと，風穴がよく見つかります．このようにして次々と風穴を発見し，上田周辺に30もの蚕種貯蔵風穴があることを確認しました．また，天然の風穴もいくつか見つけました（写真2，写真3）．

雪山で温風穴を探す

現在私たちは，雪山を歩いて冷風穴の上部にあるであろう温風穴をいくつか探索しています（塚原 2015）．この活動は「上田地球を楽しむ会」のブログで紹介しています．http://chikyuraku.exblog.jp/

各地の風穴だより

真田の氷平風穴 （長野県）

武捨 直江

風穴は、私の祖父・武捨市次郎が、およそ120年くらい前に小県郡真田の傍陽村白石地籍氷平に建造しました（図1、写真1）。祖父は繭商を経営して（関東方面にも進出）、養蚕なども営んで居りました。当時は、養蚕王国長野県上田にて、蚕糸専門学校（現・信州大学繊維学部）の設立などがあり、民衆の経済生活は養蚕によって支えられて居りました。

そこで、蚕を、春蚕・夏蚕・秋蚕と何度も飼うために、蚕種を冷やして孵化（出生）を調節する必要から、風穴が考えられ利用されました。

私は昭和4（1929）年以降の存在ですから、もう風穴は下火になっていましたが、父・平繁からは、よく風穴の話は聞いて居りました。子どもなのであまり関心はなく、白石の山にはキノコ穫りなどに行った覚えはありますが、風穴の印象はありませんでした。

図1 1:25,000 地形図「真田」

写真 1　創業当時の氷平風穴
写真中央の羽織姿の人が武捨市次郎.

写真 2　氷平風穴の看板

　その後、時を経て私の夫・茂三郎（養子）が氷平風穴にすごく関心を持ち、物置から看板を持ち出し門に掲げたり（写真2）、土蔵から写真を出して飾るなどして、人変な意気込みでした。いつか是非見に行く、と云っていたのですが、それを果たさず他界しました。

　平成25（2013）年4月、茂三郎一周忌の翌日、塚原さん・清水さん・他の皆さんの同行で、風穴を見る事が出来ました。初めて、まじまじ見入る氷平風穴、まだ入口などの石組もしっかりしていて、奈良の石舞台を見るような思いでした。あんな大昔に機械もなく、人間の手と知恵でよくまあこれだけの

写真3　初めて目にした氷平風穴の前で記念写真
左端が筆者．平成 25 年 4 月 25 日清水撮影．

ものが造られたものだと、その執念と努力に感動し畏敬の念を抱きました（写真3）。

『長野県風穴調』にもあるように、3月20日〜8月20日まで、ここで蚕種1万枚を収容冷蔵し、上田駅から1日5往復の馬車の定期便があったなんて、夢物語のような気がします。

この度、忘れかけられていた風穴に光が当てられ、先人の苦労や努力を偲ぶ事が出来た事は、ありがたい事です。祖父・市次郎は黄泉の国でびっくりしているものと思います。

久びさに 大雪つもる この里に
白石の風穴 いかにおわすや

平成26年2月13日　大雪の日に

各地の風穴だより

前田風穴沿革誌 （長野県）

解題　清水　長正

『前田風穴沿革誌』は、旧・安曇村稲核(あずみむらいねこき)の「風穴本元(ほんもと)」を所有する前田家で、大正5年に前田亀市(まえだかめいち)により発行されたもので、全体（表紙）は『前田風穴案内』となっている。風穴が日本で最初に冷蔵倉庫として利用され、幕末期～明治期に前田喜三郎が蚕種用に開発し実用化した経緯が記載されている。

内容（目次）は、以下の8項＋2項となっている。

一、緒言
二、風穴ノ発見
三、藩公漬物ヲ召ス
四、蚕種貯蔵ノ起源
五、究理法ノ発明
六、風穴業ノ変遷
七、当風穴ノ概要
八、委託者ノ注意事項
風穴貯蔵規定
風穴蚕種ニ関シ

風穴利用に関する貴重な資料であるので、前田家当主・前田英一郎氏のご厚意により、一・二・三・四・六項を抜粋し、以下に再録する。

前田風穴沿革誌

大正五年九月

長野縣南安曇郡安曇村字稲核
前田風穴蠶種貯蔵所
所主　前田龜市

二、風穴ノ發見

由來信ノ地高燥ニシテ峻巒嶮峰重疊起伏シ、逶迤トシテ縱橫ニ馳驅ス、就中飛信ノ境ニ連亙セル一脈ノ峻峰ハ近時其ノ名字內ニ喧傳セラルル日本**アルプス**ニシテ、我稻核ノ地ハ此ノ南端ノ溪谷間梓川ノ沿岸ニ在リ、余地質學者ニ曾テ聽ク、地球ノ未ダ混沌タル溶土ノ一塊タルニ過ギザリシヤ、其ノ自轉運動及ビ外界ヨリ受クル引力ノ作用ニ依リ、其ノ表面ニ波浪ヲ生ジ、冷却ノ結果凝固シテ地殼ヲ形成スルヤ波浪ハ山系ト變ジ、山系ノ綜合スル處幾多ノ叉道トシテ地質ニ缺陷ヲ生ズ、自然ハ此ノ弱点ニ絕ヘズ理化學的作用ヲ與ヘテ、磊々タル岩石ノ層トナシ、更ニ理化學ノ作用ニヨリテ其ノ間隙ヨリ寒颼ノ迸出スル風脈ヲ生ゼシメタリト、飛信ノ境ハ實ニ諸山系ノ綜合地点ニシテ稻核及ビ之ニ隣接セル一帶ノ地ハ蓋シ此ノ風脈ノ層ヲ有スルモノナルコト、近時此ノ地ニ風穴ノ林立スルヲ以テ知ルベシ

サレド封建時代ノ人士ハ、斯ル學理ニ對シ曚昧ナリシハ贅スルノ要ナク、其ノ發見ノ動機モ亦偶然ノ結果ニ出デタルノミ而已、往年拙家再三祝融ノ災戾ヲ蒙リ、古文書等モ悉ク灰燼ニ歸シ、今ヤ記錄ノ徵ス可キモノ莫ク、且ツ風穴創建ノ意モ蠶種貯藏ニ在ラザリシガ故ニ風

（四） 風穴ノ發見

穴ガ今日ノ如ク鑛業家ノ生命ヲ扼スルニ至ルベシトハ夢想ニモ及バザリシトコロ、其ノ創始ノ時期的確ナラザルハ遺憾ト云フベシ。

然リト雖、余ノ高祖父五六ナル者ノ時代ニ已ニ其ノ存在ヲ見タリト傳ヘルニ徴シ、今ヨリ二百有餘年前ト見ルハ中ラズト雖遠カラザル處ニシテ、恐ラク寶永年間ノ頃ナラン、偶然カ、將又當時已ニ寒氣ノ吹出スルアリテ、漬物ノ如ク味變シ易キモノヲ納ルヽニ適スト察シテカ知ルニ由ナキモ、小風穴ノ存在セル地ニ「漬物部屋」ト稱スル納屋的ノ藏ヲ建設セルガ實ニ其ノ濫觴ニシテ、今日風穴業ノ旺盛ナル玆ニ基因スルモノト謂フベシ、風穴ノ發見ト稱スルモ斯クノ如キモノニシテ、單ニ一「漬物部屋」ノ建設ニ於ケル副産物タルノ觀アリ

三、藩公漬物ヲ召ス

斯クシテ成リタル風穴ニ貯藏セル漬物ハ普通ノ物ニ在リテハ酸化スル頃尚生氣ヲ脱セズ、酷暑ノ候ヨリ秋季ニ亘リテ美味ヲ失セザレバ、夏期之ヲ松本城主ニ獻ズルヲ例トセリ、「稻核ノ風穴（カザアナ）」ノ名遠近ニ傳ヘテ、一ノ奇蹟視セリ、將軍ガ松本候ニ風穴ノ冷風ヲ持

藩公漬物ヲ召ス

（五）

チ來レト命ジタリトノ口碑俚俗ノ間ニ傳ヘルヲ見レバ、其名風ニ江府ニ於テモ喧シカリシヲ推知スルニ足ル、故ニ往時ノ當風穴ハ天然ノ冷藏庫トシテ、腐敗ノ虞レアルニ一家ノ食料品一切ヲ此處ニ貯藏シタルニ過ギザリシガ、其ノ當時已ニ稻核ト云ヘバ直チニ風穴ヲ聯想シ、風穴ト云ヘバ直チニ稻核ヲ想起セルモノ之ヲ他ニ類例ナキ奇蹟トシタル證左タラズンバアラズ。

四、蠶種貯藏ノ起源

風穴ノ發見ト其ニ特記スベキハ之ヲ蠶種ニ應用スル法ノ發見ニアリ、蓋シ風穴ハ之ヲ蠶種ニ應用シテ甫メテ一家食料品ノ冷藏庫ニ一六地步ヲ占ムルニ至リシモノナリ、世人ノ好奇心ヲ唆スノ境涯ヨリ脫シテ、社會ノ經濟界ニ人智ノ發達今日ノ如ク劇甚ナルニ臙リテハ、此ノ發見ナクトモ蠶種冷藏法ノ發明ナキヲ保セザルレドモ、若シ此ノ發見後レタリトセバ、果シテ蠶業ガ今日ノ如ク盛大ナルヲ得ルヤ、抑モ秋蠶ガ現下ノ如ク普及センヤ否ヤ、風穴蠶種ガ春夏秋蠶ノ何レニモ至大ノ關係アル以上、其ノ發見ハ大ナル意義アリト謂フベシ。

東筑摩郡和田村ニ某ナル者アリ、文久年間春蠶ヲ飼育シテ空前ノ好成績ヲ收メ得タリ、某

（六）　蠶種貯藏ノ起源

此ノ彊健ナル蠶蛾ヨリ得タル蠶種ヲ以テ翌年モ養蠶ヲナサバ復好果ヲ擧グ得ベシト思惟シ之ヲ熱望スルモ詮術ナシ、適々拙家ノ親近者ニ賣藥ヲ業トスルモノアリテ、其ノ意ヲ存スルトコロヲ聞キ、歸來先老喜三郎ニ語ル、其ノ時先老ノ頭腦ニ自家所有ノ風穴ニ其ノ蠶種ヲ貯藏セバ或ハ蠶種ノ生理ヲ一時抑制シ得ンカトノ意、電光ノ如ク閃キ起リ、之ヲ某ニ通ゼシム、某ヲ聞キ半信半疑ナルモ、希望ノ熱烈ナル餘リ、試ニ廢棄ノ意思ニテ萬一ヲ僥倖シ蠶種ヲ持チ來リテ貯藏ヲ托ス、期至リテ出穴シ飼育スルニ敢テ普通種ト異ナルナキ好成績ヲ得テ驚喜譬ヘ難シ、來リテ先老ニ謝シ且ツ語ル、茲ニ初メテ蠶種風穴貯藏ノ途展カレス、爾來喜三郎後段ニ記スル如ク究理法ノ發明ニ資シ、是等ノ發見、發明ハ國家ノ福祉ヲ增進スルモノナリトシ、又一家ノ利害ヲ顧ルノ遑ナク、意ヲ用ヒテ研鑽砥礪シ此ノ原理ヲ應用シテ蠶業家ニ資スルニ努メ、東奔西走シテ風穴利用者ノ充實ヲ期シタリ、茲ニ於テ左ノ如ク追賞ヲ得タレバ、先老ニ關シ贅セズト雖、其ノ靈之ヲ知ラバ地下ニ莞爾タランカ

銀　杯

長野縣南安曇郡安曇村
前田龜市父
故　前　田　龜　三　郎

六、風穴業ノ變遷

風穴業ノ變遷（九）

風穴ニヨリ蠶種ノ發生ヲ抑制スルノ法發見セラレテヨリ、漸次之ヲ利用スル者增加セルガ明治ノ初年、海外ニ蠶種ノ需要劇增シ、之ヲ輸出スル者多數ナリシトコロ、蠶種家商業道德ヲ重ンゼズ、不正品ノ製造ヲ敢テシテ、一時ノ暴利ヲ貪ラントセル結果、本邦蠶種ノ信用頓ニ失墜シテ、橫濱ヨリ取引不能ノ爲メ返還シ來レルモノ多シ、此ノ「濱歸リ」ト稱スル蠶種ノ處分ニ窮シテ當風穴ニ一時貯藏ヲ托スルモノ多ク、劇カニ貯藏蠶種ノ增加ヲ來シタリ、後究理法ノ發明アリテ風穴ハ春夏秋蠶ノ何レニモ至大ノ關係ヲ有スルニ至リ、益々其ノ量ヲ增シ、加フルニ蠶業ノ晉及ヲ以テシテ、貯藏委托者ノ獨リ本縣下ニ止マラズ、岐阜、三重ノ兩縣ノ如キ、交通不便ノ當時ニ存リテ、夙ニ利用者ヲ出シ、漸次愛知、靜岡等ヨリ全國各府縣ニ及ボシタルガ緒言ニ於テ述ベタル如ク、風穴、冷藏庫ノ增加ニ伴ヒ、委托者分布ニ大ナル變遷ヲ生ジタリ。

（十）

後略

各地の風穴だより

風穴山の飯田風穴（長野県）

片桐 一樹

風穴が「山」にある理由は飯田を中心とする下伊那地域は、長野県のなかでは南に位置し、県の中・北部と比べて温暖な気候である。そのため、権現山風穴・小川路風穴・本谷風穴などの蚕種貯蔵風穴は、人里から離れた山のなかの冷涼な場所にあった。

飯田風穴もそうしたひとつで、中央アルプス南部の風穴山（標高2058m）の中腹にあり、飯田市内からはかなり遠いところである（図1）。風穴があるから、その背後の山を風穴山と名づけたのだろう。今では、「風穴山の風穴」で通っており、飯田風穴の名を知る人は少ない。

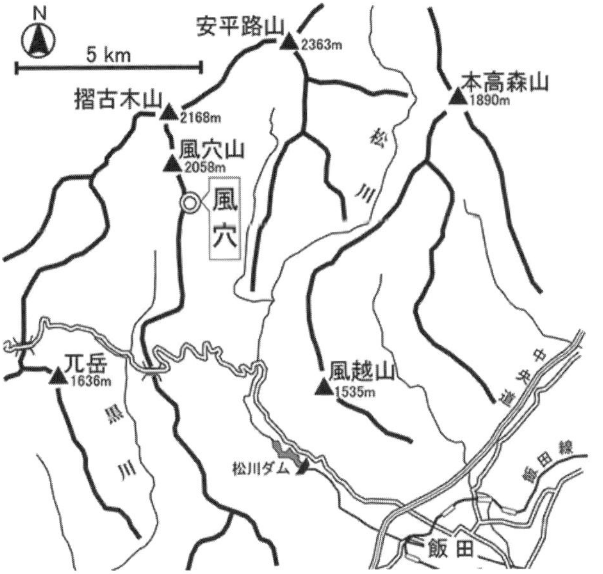

石碑があるのは珍しい

飯田風穴の蚕種貯蔵風穴跡は、花岡岩の岩塊堆積地形にある。標高は1685mで、岩塊の末端部に深さ3〜4mほどの凹地を掘り、蚕種貯蔵庫にして

図1 風穴山と飯田風穴の位置

いた（写真1）。風穴入口には、「明治四十二年十二月造之」と刻まれた石碑がある（写真2）。現地に、創設当時の記録がとどめられているのはきわめて珍しい。

写真1 飯田風穴の蚕種貯蔵庫跡

写真2 風穴の建設時期を記した石碑
「明治四十二年十二月造之」とある.

年間を通して融けない氷もある

ここの風穴の気温観測を行ったところ、真夏でも5℃以下の低温であった（片桐・明石 2012）。年によっては、岩塊のすき間に、年間を通して融けずに残る氷塊をみることもある。また、この風穴から斜面上方へ斜距離約150m（比高50m）あたりに、温風穴がみいだされた。

類例の少ない花崗岩地域の風穴

風穴周辺の斜面は、直径1〜5mもの岩塊が累々と堆積している。花崗岩の風化過程でそれが形成されたようである。植生は、岩塊上にも成立できるコメツガやサワラを主体とする森林となっている。

飯田風穴は、花崗岩の岩塊堆積地形にあるという点で、やや珍しい存在である。花崗岩地には岩塊堆積地形がありがちで、その隙間が風穴になりそうだが、全国的にはなぜかそれが少ないのだ。地質と風穴の関係を調べるうえでも、貴重な場所である。

各地の風穴だより

備後風穴（広島県）

澤田 結基

養蚕が盛んだった広島県

明治から昭和初期の広島県では、県東部（庄原、府中、福山）と三次盆地で養蚕が盛んであった。当時の福山には繭問屋が並び、養蚕技術が盛んであったらしい。明治～大正期には、風穴で貯蔵された秋蚕種も多く使われていたに違いない。実際に、広島県には3カ所、岡山県には2カ所の蚕種貯蔵風穴が営業していた。そのひとつである備後（びんご）風穴は、広島県庄原市（旧東条町）で蚕種を保存していた風穴である。

記憶の風化

備後風穴の捜索は難航した。地元の久代（くしろ）で聞き取

写真1　備後風穴の大規模な石垣遺構
周囲からは瓦も見つかった．

り調査を行っても、ほとんど記憶を持つ人は見つからず、記憶の風化が進んでいたからである。唯一、子どものころ風穴で遊んだ記憶があるというご婦人が大まかな位置を覚えており、その証言に基づいて山を歩くと、大きな石垣の構造物を見つけることができた。

縦10m、横10m、深さ3mの立派な遺構で（写真1）、石垣囲いの内部には氷や残雪が残っていた。風穴小屋の遺構は、玄武岩の岩塊が堆積した斜面の基部にある。この地域には火山岩頸のつくる小丘が多く、柱状節理に沿って崖錐が生じている。

風穴発見その後

その後資料が見つかり、1911（明治44）年に備後風穴株式会社が設立され、1921（大正10）年ごろまで営業していたことがわかった。備後風穴と広島県東部の養蚕業との関連性はまだ不明な点が多いが、養蚕農家が多い地域にあったからこそ、風穴業が成り立ったのであろう。まだ調査は初期段階だが、繊維工業の歴史を語る産業遺産として保存していく必要があると考えている。

各地の風穴だより

笠山の風穴 (山口県)

森 淳子

萩の活火山

萩市越ヶ浜の笠山周辺には、冷風(冷やし)が吹き出す風穴が多く存在する。笠山は阿武火山群に属する標高112mの活火山であり、約1.1万年前に玄武岩質安山岩の熔岩台地を形成した。熔岩台地の縁辺部斜面は植生に覆われているが、土壌は薄く、岩塊が堆積する斜面が広く分布している。

明神池風穴

冷風穴は笠山の岩塊の斜面下部に多く分布する。これらの冷風穴の周辺では、この地域では通常みられない、寒冷地に生育する植物が分布していることが知られている(塩見1974)。

笠山の風穴のうち、とくによく知られているのは、笠山の明神池側の凹地に位置する明神池風穴である(図1、写真1)。凹地底部には石垣が組まれており、春〜初夏には石の隙間から冷風が吹き出している様子が観察できる。秋〜冬には冷風の吹き出しは間欠的になる(森・曽根2009)。

冷風穴の年平均気温は凹地外の気温より約5℃低いが、風穴温度が0℃以下になることはほとんどない。この風穴の成因は、以前は異なる説があったが(鈴木1948など)、今では風穴温度と外気温および風速の関係から、風穴内外の温度差による対流によると考えられている。

天然クーラーとして利用

越ヶ浜では、以前から風穴を天然クーラーとして利用していた。前述の明神池風穴では、とくに夏に気温が低いことを利用

註(1) 永尾隆志・高島 勲・角縁 進・木村純一 (2001):阿武単成火山群の熱ルミネッセンス年代ー萩・笠山火山のスコリア丘は3,000年前に噴出したー. 日本火山学会講演予稿集 2001 (2), p75.

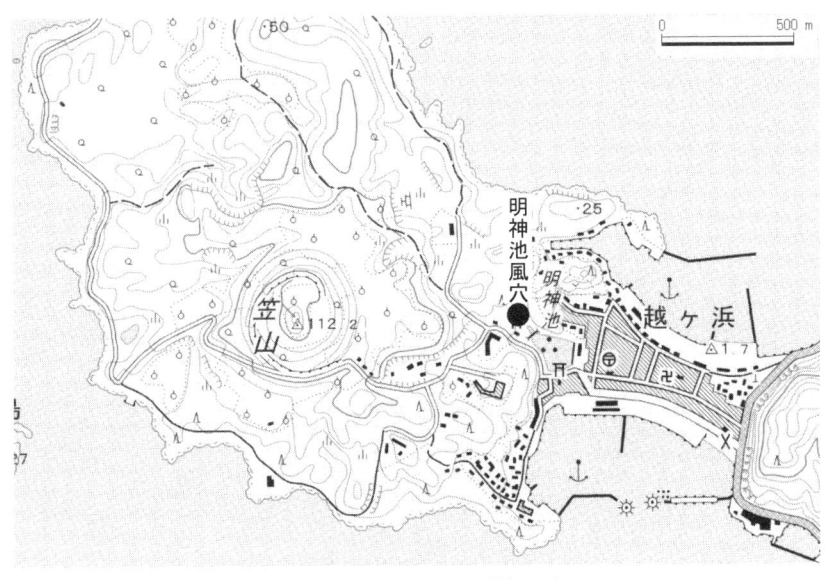

図1　1:25,000 地形図「越ヶ浜」

写真1　明神池風穴
外気との温度差で，霧が発生している（中央やや左）．

して飲食店「風穴の店」の営業が行われている。また、越ヶ浜の笠山側の斜面に隣接する民家には、部屋の壁を一部石組みにし、風穴からの冷風を取り込んで冷房がわりに利用している家もある。ただし、近年のエアコンの普及により、風穴を封じてしまう家もあるそうである。

各地の風穴だより

阿波池田の箸蔵風穴 (徳島県)

清水 長正

四国では、キャンプ場にある高鉢山風穴(香川県)、ヒマラヤケシを栽培している皿ケ嶺、風穴小屋が復元された大成風穴(愛媛県)などの蚕種貯蔵風穴跡がよく知られている。いっぽう、徳島県阿波池田にも、箸蔵風穴の記録があった。地元でも風穴の存在は明らかでなかったが、郷土史家の記憶にあり、かろうじてその現状を確認できた(図1)。

風穴内にメモ書きを発見

風穴は、阿波池田から吉野川対岸の一反地にあり、地形は低位段丘と背後の斜面が接するところである。コンクリート製の地下構造(写真1)で、深さ3mあまりある。内部は床板が朽ち果て(写真2)、一斗缶などが散乱している。円筒形の大きな缶(写真3)もあり、これは長野県の入沢風穴(風穴だより三石参照)に残る種子用のものと、まったく同じ形状であった。入口の扉には、「貯蔵種子古富スギ…江平ヒノキ…」といった、チョークのメモ書き(写真4)が残されていた。

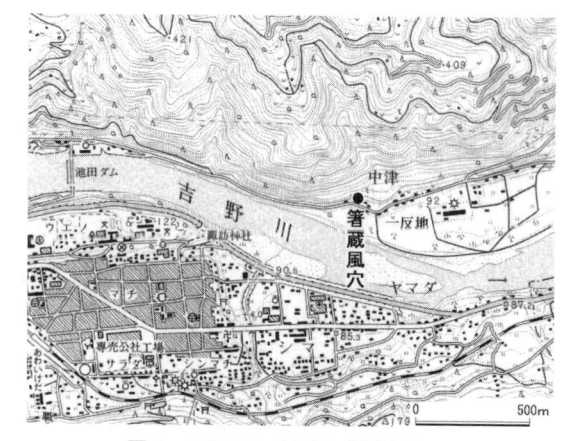

図1 1:25,000 地形図「阿波池田」

写真1　箸蔵風穴の入口

写真2　箸蔵風穴の内部

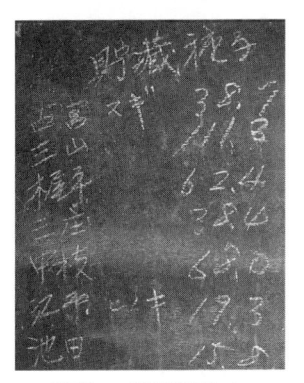

写真3　種子貯蔵缶

写真4　現地調査で発見した扉内側のメモ
郷土史家も，かつてこのように利用されていたことに驚いていた．

種子貯蔵風穴の貴重な証拠

ここは、明らかに種子貯蔵風穴の跡である。大正期ころに蚕種貯蔵風穴が廃止され、その後の昭和期になって、コンクリート造りの種子貯蔵風穴として再建されたものだろう。それが貯蔵品の缶も含めてそのまま廃棄された。むしろ、それらは奇跡的に今に残る種子貯蔵風穴の文化遺産にほかならないものだ。

風穴の東隣りは旧営林署関係の敷地で、おそらく当時は営林署が風穴を管理していたのだろう。現在、管内に風穴がある森林管理署でも、種子貯蔵風穴に関する記録がほとんど残されていない。したがって、こうした現地に残された当時の情報はきわめて貴重である。

各地の風穴だより

雲仙岳の風穴 （長崎県）

大野 希一

火山がつくった風穴群

雲仙岳の山頂周辺には、風穴（または立岩ノ峰）、島ノ峰、普賢岳、平成新山という4つの熔岩ドームがある。これらのうち、風穴と普賢岳の二つの熔岩ドームの周縁部には、熔岩の冷却時に生じた割れ目（柱状節理）がつくった「北の風穴」（写真1）「西の風穴群」「南の風穴群」と呼ばれる、洞穴などからなる風穴群がある（図1）。

写真1　北の風穴
「北穴」と呼ばれていた．

消滅した鳩穴

これら風穴群の東には、かつて「鳩穴」（写真2）があった。鳩穴は1663年の雲仙火山の噴火（寛文噴火）の際に流出した古焼熔岩の熔岩トンネルの天井が崩落してできた風穴で、洞内には年間を通じて氷が存在した。しかし、1990年11月から約5年間継続した雲

写真2　鳩穴
1990年からの普賢岳の噴火の噴出物によって埋もれてしまい，現在は存在しない．自然公園財団雲仙支部提供．

註(1) 渡辺一徳・星住英夫（1995）：『雲仙火山地質図』．地質調査所．
註(2) 西村輝希（1982）：雲仙岳の三岳—普賢岳・国見岳・妙見岳—の生成史．長崎県地学会誌 **37**, 13〜26.

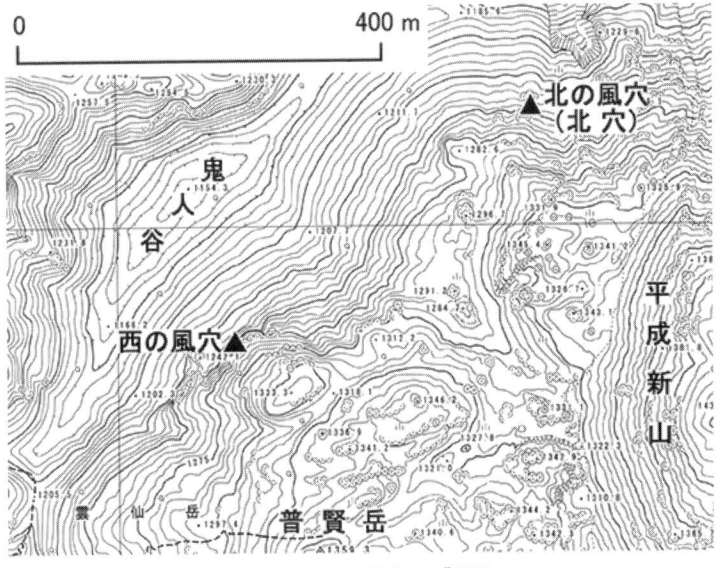

図1　1:5,000 火山基本図「雲仙Ⅴ」

雲仙岳の風穴群は、明治初期から蚕種の貯蔵場所として活用されていた。明治後期には、少なくとも9つの風穴で蚕種が貯蔵されていたという記録がある（島原協賛会1911）。温暖な九州地方は蚕種の保管に適した風穴が少なかったせいか、雲仙岳の風穴群で保管された蚕種には九州各地から買い手がついた。そのため、当時の風穴の"所有者"たちは、風穴の入口に扉を付けて番人を置き、蚕種を厳重に管理していた（関1912）。

北の風穴（写真1）と西の風穴（写真3）は、島原半島ジオパークのジオサイトをめぐる登山道沿いにあり、気軽に見学できる。風穴の周囲には作業小屋の跡と思われる石垣も残っており、往時を偲ぶことができる。

仙・普賢岳噴火の噴出物に埋もれてしまい、現在は観察できない。

写真3　西の風穴群のひとつ
入口には人為的に石が積まれている.

写真1　台湾のナイアガラと呼ばれる十分瀑布

写真2　冷風洞の吹き出し口

海外の風穴2　台湾 十分瀑布の風穴

一年を通じて温暖な台湾にも，冷風を吹き出す風穴は存在する．台北郊外の観光地「十分瀑布」の遊歩道を歩いていると，「冷風洞」の看板を見つけた．亜熱帯気候で最低気温が氷点下に下がらない地域であることから，内部に氷は存在しないと考えられる．

撮影・解説：澤田結基

第Ⅳ部 風穴へのとりくみ

荒船風穴の案内看板（上）と解説板（下）
以前から国指定史跡として案内板と解説板が設置されていたが，富岡製糸場の世界遺産登録と下仁田のジオパーク登録（ともにユネスコ）に伴い，さらに看板と解説が充実した．清水長正撮影．

第14章 世界文化遺産となった荒船風穴

大河原 順次郎

群馬県で富岡製糸場を世界遺産にする研究プロジェクトが発表されたのは2003（平成15）年8月のことです。世界遺産の構成資産になるためには文化財保護法で守られていることが必須条件であったため、まず国指定史跡にするため、本格的な調査や研究が開始されました。天然記念物として国指定となっている風穴は富士山麓や長走（秋田）・中山（福島）などにありましたが、産業遺産としては例がなく、指定のための具申書作成にも苦労がありました。幸いにも、かつて荒船風穴の経営母体であった春秋館の関係者の方から、残っていた資料を寄贈していただくことができ、荒船風穴を利用した蚕種貯蔵施設の価値の裏付け資料を作成することができました（写真2、写真3）。

具申にあたっては、同様に世界遺産登録を目指していた中之条町の東谷風穴とともに行い、2010（平成22）年2月22日、国指定史跡となりました。そのため正式な史跡名は『荒船・東谷風穴蚕種貯蔵所跡』となっています。その後も史跡内の温度調査や地形調査を続けるとともに、史跡および周辺の公有地化を行いました。

第14章 世界文化遺産となった荒船風穴

2012（平成24）年、文化審議会、政府が「富岡製糸場と絹産業遺産群」のユネスコへの推薦を決定、イコモス（国際記念物遺跡会議）による現地調査を経て、2014年4月26日、イコモスから登録勧告が出され、6月25日にユネスコ世界遺産委員会の審議を経て正式に世界遺産登録となりました。

石垣で囲われた風穴には、かつて天然の冷風を利用して蚕種紙（さんしゅし）（蚕の卵が産みつけられた紙）を低温貯蔵し、蚕の

写真1　3基の風穴小屋跡が残る荒船風穴

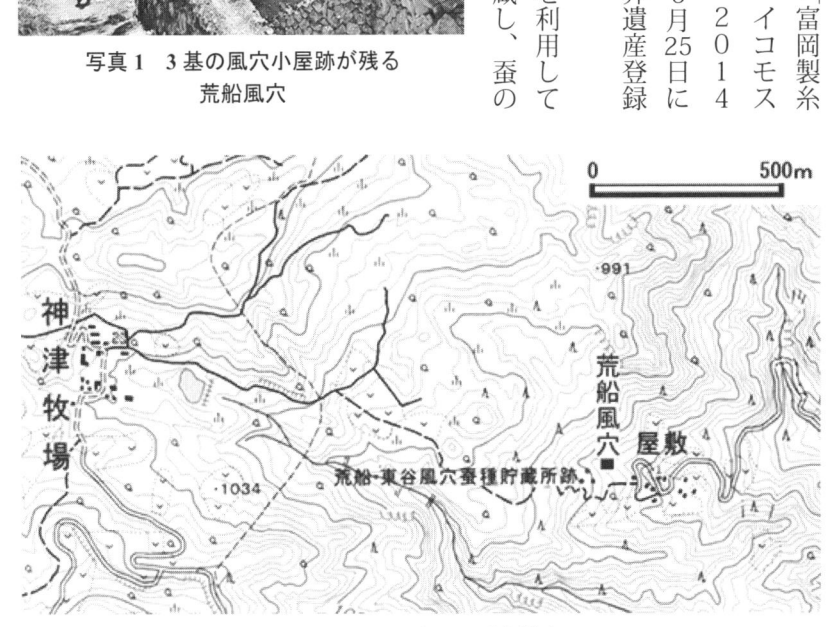

図1　1:25,000 地形図「荒船山」

写真2　荒船風穴のジオラマ

写真3　荒船風穴の商標

卵の孵化の時期を人為的に遅らせます。風穴は養蚕の多回数化や、蚕種の年間安定供給に大いに貢献しました。自然の換気を取り入れた「清涼育（せいりょういく）」や室温を暖め管理する「清温育（せいおんいく）」などの蚕の飼育方法とともに、日本の養蚕業を下支えし、底上げしてきたのが各地にあった風穴の役割でした。

今回の荒船風穴の世界遺産登録は、天然の冷風を巧みに利用した知恵と、各地で蚕種貯蔵施設として利用された多数の風穴の全国の代表として世界遺産になったものと思っています。現在では、世界遺産になったものと思っています。現在では、神津牧場から荒船風穴を巡る観光タクシーの運行や、現地の解説員の常駐など、見学の便をはかっています。地すべり地形のなかの崩落岩塊（がんかい）の末端部、という自然条件にある史跡（石垣遺構）荒船風穴を、今後どう維持し、後世に引き継いでいくか、多くの方々の知恵と技術が必要と考えています。

第15章　風穴熟成のまろやかな酒

―― 鷹狩風穴の酒類貯蔵

傘木宏夫

かつて長野県大町(おおまち)市内には、3カ所の蚕種貯蔵風穴としての風穴小屋（海ノ口、源汲(げんゆう)、鷹狩(たかがり)）があったと記録されている（長野県蚕業予防事務所 1910）。

現在、これらのうち、源汲（平地(たいら)地区）では沢の奥に風穴小屋の構造物が残存しているが、土砂の流入のためか冷風は失われている。木崎(きざき)湖畔の海ノ口（平地地区）では、猿ヶ城(さるがじょう)風穴調査委員会（倉科和夫会長）により2005年に猿ヶ城風穴小屋として復元された。これは、地域の歴史や自然に関する学習活動の資源として利用されている。

大町市街の東にある鷹狩風穴小屋（八坂(やさか)地区）は、元々は1905年に蚕種貯蔵用として建てられたものである。崩落して、その場所の特定も難しい状態であったが、有志により大町市と八坂村の合併記念事業として風穴小屋の復元が企画され、猿ヶ城風穴調査委員会の猪又毅事務局長の調査により遺構が発見された。その後、南鷹狩山自然保護会（松島吉子会長）により2007年に完成した（写真1）。

これを機に、南鷹狩山自然保護会の事務局を担うNPO地域づくり工房では、地場産品の高付加価

値化を図る観点から、風穴小屋の利用を各方面に働きかけた。そして、現在では酒販業者により蕎麦焼酎（2008年開始）と日本酒（2014年開始）の熟成が、風穴小屋内で行われている。通常販価1300円の蕎麦焼酎「そばおどかし」（写真2）（700mℓ）は、500日間の貯蔵でまろやかな味となることがわかり、「風穴熟成」の名を冠して、2500円で売られている。売上は通常のものより風穴熟成の方が良く、年間約500本が貯蔵されている。

一方、日本酒の貯蔵は、風穴小屋の復元時から試験的に貯蔵していた純米原酒が、7年を経て良好な味わいとなっていることに確信を得て、本格的な貯蔵が始まった。これは、NPO地域づくり工房

↑ 1905年に建設された蚕種貯蔵風穴小屋．古写真より．周囲の森の風景も，現在（写真4）とだいぶ違う．その後は荒廃し，所在不明となっていた．

↑ 遺構が発見された直後の姿．

← 復元作業中．

↑ 復元され，新たな活用が始まった．

← 風穴小屋の内部．

写真1　鷹狩風穴 百年の変化

の「菜の花エコプロジェクト」の一環として、菜の花と蓮華草の緑肥で栽培された酒造米「しらかば錦」で醸した純米原酒「菜の華」(700mℓ)を5年間熟成させていく(写真3)。その過程を、プロジェクトの協力会員とともに、毎年味わって楽しもうという企画である(写真4)。初年度は1300本を貯蔵させる実績が得られた。

いずれも売上一本につき百円が、風穴小屋の維持費として南鷹狩山自然保護会に還元されている。

これらは、市民有志によるささやかなとりくみではあるが、風穴小屋の実用的な利用であるとともに、風穴小屋の存在とその歴史や自然の恵みについて、幅広く地域社会に伝えていく役割を果たしている、と確信する。

写真3 風穴熟成させた純米原酒「菜の華」(なのか)

写真2 風穴熟成させた蕎麦焼酎「そばおどかし」

写真4 鷹狩風穴小屋の前で風穴貯蔵のお酒をPR！
第1回風穴小屋サミット(20章参照)のオプションツアーにて．テレビ放映のカメラもまわっていました（右端）．カバーのカラー写真も参照．

第16章 風穴の再発見から利用へ
―― 荒島風穴で始まった商品開発

小川 市右ヱ門

荒島風穴は、日本百名山の荒島岳（1523.5m）中腹の標高640mにある（写真1）。明治37年頃に発見され、荒島風穴として養蚕業で蚕種（蚕の卵）の保存に利用されていたが（平野 2010）、その後は利用されなくなり、荒れ放題となっていた。

2005年に、地元登山愛好家からなる「荒島愛山会」によって、風穴の位置が確認された。当初は藪に埋もれ石垣がかろうじて見いだされる程度で、ほとんど風穴の跡形もなかった。それ以降、風穴の調査と石垣の復元、温風穴（標高700m）の発見、風穴小屋の建設など、風穴を活用したとりくみを進めてきた（写真2、写真3）。

石垣で囲われた風穴跡は、約20坪。2012年には、石垣から冷気が吐出する部分に1坪ほどの風穴小屋を建設した。冷蔵貯蔵のための試験用で、

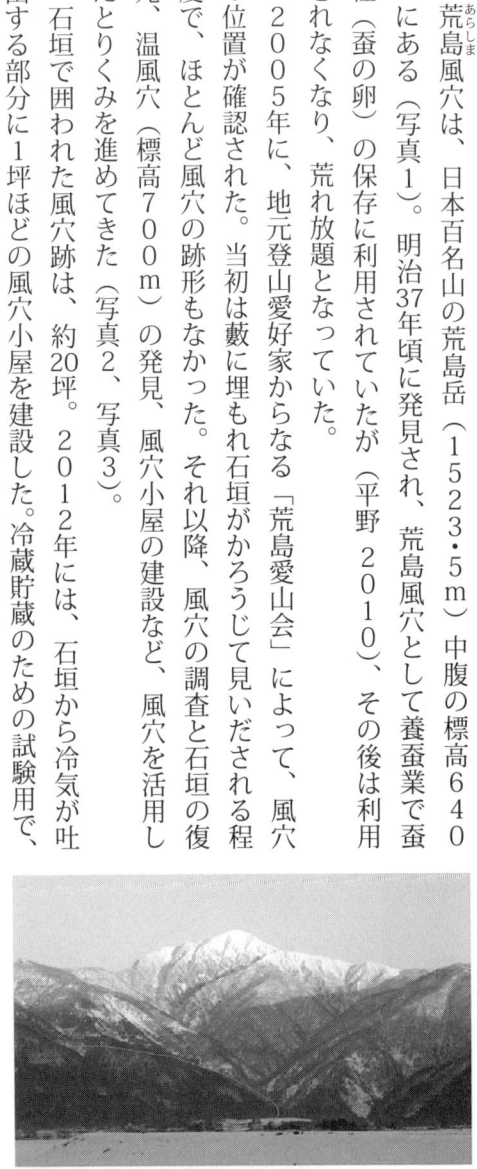

写真1　荒島岳
日本百名山・荒島岳の中腹に荒島風穴はある．

第 16 章　風穴の再発見から利用へ

図1　荒島風穴でブランド商品開発
広報「おおの」平成 25（2013）年 6 月号より．註 (1) も参照．

註 (1) 広報「おおの」には荒島風穴について以下のように説明されている．
　「荒島風穴は明治 37 年頃に発見されたといわれており，過去に養蚕業への利用として，荒島岳中腹の山中で穴を掘って石積みにし，その上に建物を建てて，養蚕家の掃立 (はきたて) 時期の希望に応じて蚕種を低温保存していた．温度については，吹き出る冷気は 5 ～ 7℃，風穴内の気温は真夏でも 15 ～ 20℃といわれている．その後，蚕種の需要がなくなるとともに，建物もなくなり忘れ去られていったが，2005 年に荒島風穴が再発見され，新たなとりくみが始まった．」

写真 2　石垣を積み直した荒島風穴
カバーのカラー写真も参照．

この小屋内の温度は 1 年を通して 10℃以下となっている。
荒島風穴の利用計画は、風穴を活用した具体的な商品開発を行うこととした。2012 年度と 2013 年度の 2 カ年、国の事業を受けて、市内の事業者で商品開発会議を開催し、協議を重ねてきた。利用計画のイメージとしては、風穴を活用することで独自性のある付加価値の高い商品にし、消費者の興味を惹き、販売意欲に結びつけることとした（図 1）。

まず、商品を半年間ほど貯蔵し、搬出した商品の味比べをしてみた。醤油については、ほとんど変化なし、酢については色に変化あり、ワインは変化なしだった。日本酒については、特に純米酒に良好な変化がみられた。

1回目は、風穴貯蔵品目のみを調べたため、2回目は同じ容器に入れて風穴と冷蔵庫の比較を行うこととした。そして、2013年10月に関係者の方々に商品の発表をした。併せて、風穴商品のロゴマーク、ポスター、幟(のぼり)も作った。

一方、各事業者からは「風穴貯蔵しても商品がよくなるわけではないので価格を高くして売ることはできない」「醤油の賞味期限は1年。1年以上貯蔵したものについては、独自の食べ方を開発する必要があるのでは」「常温の商品との比較をするなど販売方法の努力が必要ではないか」などの意見が出てきている。今後は、こうした問題解決のため、各事業者との意見交換や連携を図っていきたい。

写真3　風穴内に新築された冷蔵実験小屋

第17章　風穴利活用委員会を立ち上げる

――滝谷風穴をめぐる地域のうごき

目黒常廣・佐久間宗一

会津若松から只見線に乗り1時間あまりで滝谷駅に着く。滝谷地区は駅から南へ1kmほど離れている。只見線敷設の際に滝谷地区を経由する予定もあったが、それが中止されたため、せめて駅名のみを滝谷にしたと伝えられている。滝谷風穴はかつての蚕種貯蔵風穴で、滝谷駅から滝谷への道路沿いにある（図1）。

2014年8月に清水長正氏が滝谷へ風穴調査に来て、目黒が案内した。そのときに長野県大町での風穴小屋サミットの話を聞き、滝谷風穴を活用する手立てはないものかと仲間と考えてきた（写真1、写真2）。

そして滝谷風穴の活用について具体的に進めるため、同じ三島町の宮下地区でまちづくりを推進している佐久間に相談した。ちょうど佐久間の祖父が風穴へ蚕種を冷蔵していたことがわかり、これから滝谷風穴の利活用について一緒に推進してい

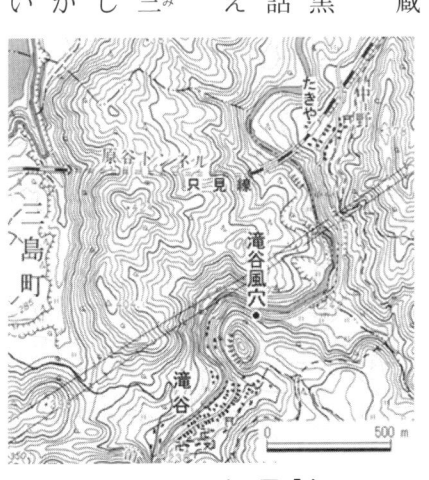

図1　1:25,000 地形図「宮下」

こうということになった。

佐久間が子どもの頃、滝谷の母方の実家に遊びに行ったとき、いとこの案内で風穴を見たことがあった。当時も今も現地は何もなく、岩礫があるだけで、岩礫の隙間から冷たい空気が出て、大変不思議な場所だなと感じたこと、ところが「風穴と呼ばれているんだ」といった程度に記憶していた。

2014年10月頃に、滝谷地区区長の目黒より、佐久間の母方の祖父が滝谷風穴で蚕種冷蔵（蚕紙6992枚）の記録があると聞かされ、風穴に関する資料（農商務省農務局1914〜1919）を見せられた。これを機に、滝谷風穴を活用した地区の活性化を共にとりくむことになった。2014年12月、滝谷の大字会（地区の総会）で、滝谷風穴を活用していくとりくみを提案したところ、地区委員の下に専門部会「仮称：滝谷風穴利活用委員会」を設置し、目黒が委員長となって実施していく方針が決まった。

今後は、三島町の協力を得ながら福島県サポート事業へ申請し、風穴サミットや先進地の風穴を視察しながら、実施計画を策定していきたい。さらに、2016年度から2〜3年間の計画で、滝谷風穴の利活用にとりくんでいく予定である。

写真1　委員会のメンバーによる風穴調査

写真2　まずは滝谷風穴の看板を設置

第18章 風穴を教育と普及に役立てる

―― 大館の「長走風穴館」のとりくみ

鳥潟 幸男

秋田県大館市にある長走風穴（第6章、風穴だより 虻川参照）には、「長走風穴館」(1)があり、風穴教育の拠点として多くの人に利用されている。毎年4月から11月まで開館しており、無料で入館できる。館内の展示解説資料によって知識を深める人、風穴冷蔵倉庫に入って避暑する人、散策路沿いで高山植物を観察する人などさまざまである。それぞれ思い思いに過ごして、無意識のうちに風穴現象を体感しているようだ。

長走風穴館はエコミュージアムとして、単なる展示館にとどめず、フィールドに出て手軽に風穴の不思議を体験できるようになっている。大館市内を代表する観光地にもなっており、車で通りがかりの観光客が立ち寄って風穴の冷気に感激し、風穴の虜になる例も少なくない。入館者一言感想ノートに、そうした記述が多数ある。

学校教育では、「総合的学習の時間」などの学習活動で風穴館を訪れる学校が多い。目的はさまざまで、地域にある天然記念物の見学・体験学習の一環として、学年全体で訪れたり、地域の自然の宝物を自分たちで調べようと、少人数グループで管理人にインタビューをしたりする。一回目に学校見

註 (1) 大館市教育委員会管理の教育施設（所管部署は大館郷土博物館）．

学で訪れた後、夏休みに再訪し、理科や社会科の自由研究につなげる小学生もいる（図1）。また、学習の成果として、風穴新聞の作成や、ふるさとCMの作成例がある。

長走風穴館を所管する大館郷土博物館では、夏休み中に風穴クイズラリーを開催している。これは、風穴館および散策路沿いに設置したクイズを5問解くものである。夏休み中の子どもたちや、市の内外からの観光客を対象として、風穴に親しみ、その成り立ちや天然記念物の保護など、風穴に関心を寄せてもらうことを目的としている。散策路を歩き巡ってクイズラリーなので孫と一緒に登りました。とっても気持ちよかったです」といった感想が寄せられることもあった。2013年度は、これに3歳〜83歳までの総勢250人が参加した。

また、大館郷土博物館主催の「わくわくサイエンス」では、風穴の不思議をテーマにした教室を過去に幾度か開催しており、子どもたちの科学に対する知的好奇心を刺激してきた。風穴のしくみに思いを巡らすためには、冷風穴のほか、温風穴をも体験することが有効である。この目的のため、真冬の2013年2月に、市街地に近い片山風穴で「温風穴の不思議in片山風穴」というガイドウォークを実施した。この冬のイベントは要望が多く、今後も開催したいと考えている。

ところで、長走風穴館にはいわゆるエアコンはない。館内冷房は、風穴冷蔵倉庫の冷気を風の回廊（人が歩けるほどの地下トンネル）を通じて館内に導入しており、正真正銘の天然クーラーである。地球環境に優しいエコな天然自然の活用事例でもあるので、環境教育の場としても活用いただきたいと思っている。

註(2) エコミュージアムとは，地域の人びとの生活と，自然・文化・社会環境の発展過程を研究し，自然遺産・文化遺産を現地において保存・育成・展示することによって，地域社会の発展に寄与することを目的とする野外博物館である．本館の場合は，対象とする地域内にコアと呼ぶ拠点施設（風穴館），自然・文化・産業などの遺産を展示するサテライト（高山植物群落，風穴冷蔵倉庫跡），新たな発見を見出す散策路などを配置し，来訪者が地域社会をより積極的に理解できるようになっている．

第 18 章　風穴を教育と普及に役立てる

このほか、風穴館案内人が、見どころを説明してまわる「ガイドウォーク」や、館内ホールの壁を一カ月ごとに絵画や写真サークルに貸し出す、風穴自然美術館も行っている。

また、大館郷土博物館では、ホームページに風穴の解説を載せたり、ツイッターで、高山植物の開花情報をお知らせしたりしている。来年（2016年）は、天然記念物指定80周年にあたり、さまざまなイベントが期待されている。

長走風穴は大館・弘前を結ぶ国道7号線沿いにあり、駐車場から徒歩0分で風穴館である。全国的に、こんなに風穴へのアクセスがよいところも少ないだろう。片山風穴や岩神風穴も、大館の市街地に近い。

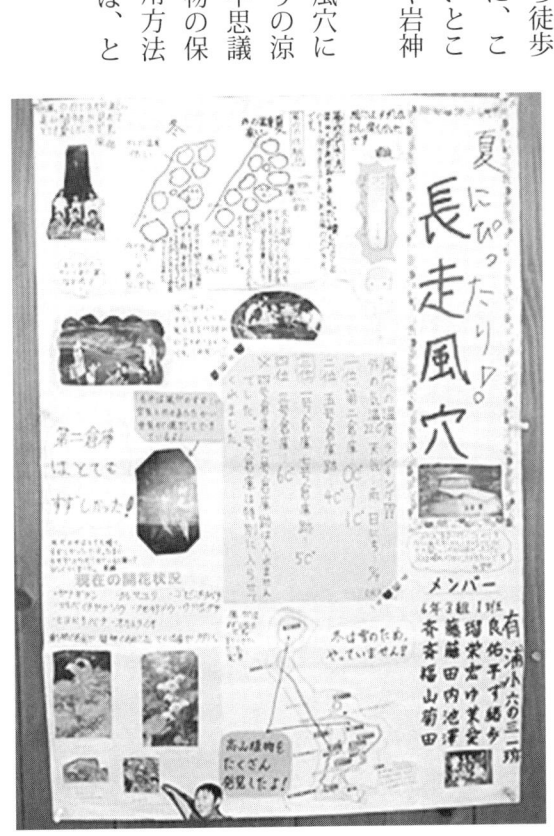

ぜひ大館を訪れて、手軽に風穴に触れて欲しい。夏には、あまりの涼しさに感動するだろう。この不思議体験をきっかけに、天然記念物の保護や地域における風穴の活用方法などに思いを馳せてもらえれば、と願っている。

図1　有浦小学校6年3組1班作成の風穴新聞

第19章 クールスポットの新たな活用へ
——第2回風穴小屋サミットの舞台 八雲風穴

勝部 敦・坂田 聖二

人気のクールスポット

島根県出雲市の八雲風穴（佐田町朝原）には、寺院福泉坊の隣に屋舎（風穴小屋）があります（写真1）。風穴のある山は室町時代末期の福泉坊開山当時から、冷風を発するところとして「清涼山」と呼ばれています。

八雲風穴の背後の山全体を黒山といいます。約1500万年前に海中に流出した溶岩が黒山を構成しており、そのふもとに落石が堆積して崖錐をつくりました。この崖錐のすき間から冷風が地表に吹き出していると考えられています。

1907（明治40）年ごろに風穴小屋が建てられ、大正末期から昭和初期には養蚕が盛んで蚕種を冬眠状態で保存し、孵化時期を分けて労働力の分散化を図るために利用されていました。そして、そ

写真1　クールスポットとして
　親しまれている八雲風穴

の用途は時代とともに変遷し、1985（昭和60）年に特用林産物集出荷施設として現在の屋舎が再建され、地域の特産物である、椎茸、栗、ワサビ、お茶、くわいなどの一時貯蔵庫として利用されてきました。

風穴の屋舎は地下3階構造となっており、地下部の深さは約8.5mで、地下1階の温度は10℃、地下2階では5℃くらいです。

現在は一般開放され、夏の涼を体験できるクールスポットとして観光に利用されています。入ったとたん思わず「涼し〜い！」と声が出るほどで、長くいると寒いくらいです。この涼を求めて毎年夏にはたくさんの観光客が訪れています（写真2）。また、風穴の下に湧出している地下水は「福寿泉（ふくじゅせん）」として島根名水百選の一つになっています。

風穴の調査研究が始まる

八雲風穴では、2013年8月から、風穴現象のしくみの解明を目指した屋舎内外での温度や湿度の連続観測を開始し、基礎的なデータを蓄積しています。これらの観測結果は、風穴現象のメカニズム解明だけではなく、八雲風穴における将来の利用計画にも大きく寄与するものと期待しています。

写真2　冷気で涼む観光客

八雲風穴があることで有名な佐田町ですが、町内では他所にも風穴が多数存在していたことが、最近の地元佐田町の方々からの聞き取り調査によってわかってきています（図1）。かつては各所で冷蔵保管や蚕種貯蔵施設として、多くの風穴利用の実態があったようです。今でも、跡地である多くの風穴は冷気を自宅の冷房の代わりに利用されているお宅もあります。ただ、大変残念なことに多くの風穴は歴史の流れのなかでその存在すら忘れ去られ、藪に埋もれてしまっている状況です。

第2回サミットの舞台に決まる

2015年8月末には、第2回全国風穴サミットが八雲風穴で開催されます。「地域の財産」"自然の恵み"である風穴の価値と意義を再認識し、後世に伝え残していくことが求められます。その象徴的な存在として、八雲風穴の継続的な発展と情報発信の拡大をしていくことが重要と考えます。

■ 風穴小屋（跡）
▲ 自然斜面の風穴

図1　1:200,000 地勢図「浜田」
佐田町の皆さんのご協力で，佐田町周辺の風穴の分布と，利用実態が明らかになりつつある．

第20章 全国風穴小屋サミットを開催する

傘木 宏夫

全国各地に風穴があることを知る

第15章で紹介したように、長野県大町市では市民有志により猿ヶ城・鷹狩の2カ所の風穴小屋の復元利用が進められている。2013年夏、清水長正氏を当地の風穴小屋へ案内するなかで、全国各地に風穴小屋があったこと、それらの多くが崩落し、地域の記憶からも失われようとしていること、一方で私たちと同じように復元利用を試みる仲間も生まれていること、私たちにとって不可思議であった「冷風」の仕組みについての科学的な知見も蓄積されていること、などを知った。

サミット開催へ

そこで、全国の仲間と交流を深めつつ、風穴の科学を学ぶ機会を当

写真1 サミット会場の賑わい
全国各地の風穴関係者が集い，サミット会場の大町市八坂の「アキツ」は満席となって，倉庫からパイプ椅子の出動となった．写真は清水長正氏の基調講演．

第IV部　風穴へのとりくみ　238

地に設けることで、地元大町においても風穴小屋の復元利用の意義を再発信することを意図して、「全国風穴小屋サミット」を企画し、各方面に協力を呼びかけた。その間、群馬県下仁田町の荒船風穴が世界文化遺産構成資産に登録され（第14章参照）、風穴に対する注目度が高まってきた。

幸い、公益信託大成建設歴史・自然環境基金の助成と、農林水産省や長野県、大町市等の後援を得て、歴史上初めてとなる風穴をテーマにした全国的な集会が開催できる下地が整うこととなった。2014年8月30日、22地域から風穴の所有者・利用者・研究者など102名が大町市八坂公民館に参集し、シンポジウムや現地見学、懇親会などを通じて交流した（写真1～4）。

また、サミットにあわせて、資料集（A3見開き50頁：図1）と清水長正氏監修「全国風穴小屋マップ」（清水2014）を作成・公表した。マップはA1サイズ四つ折り、表面はカラー刷りの日本列島マップ（図2）、裏面は風穴小屋調査一覧

全国風穴小屋サミット

～先人の知恵に学び、未来に生かそう～

2014（平成26）年 **8月30日**（土）

於：**長野県大町市　八坂公民館**

第1部：シンポジウム（10:00～15:30）
・基調講演
・各地の報告と交流
・パネルディスカッション

第2部：風穴小屋見学会（16:00～17:00、鷹狩風穴小屋）

第3部：交流懇親会（17:30～19:30、明日香荘）

主　催：全国風穴小屋サミット実行委員会
後　援：農林水産省、長野県、大町市、自然エネルギー信州ネット
協　力：公益信託大成建設自然・歴史環境基金（助成）、古今書院
事務局：NPO地域づくり工房
　長野県大町市仁科町3302（〒398-0002）
　Tel&Fax: 0261-22-7601　http://npo.omachi.org　E-Mail: npo@omachi.org

---

【資料集目次】

■名誉大会長メッセージ「風穴小屋の現代的意義」 … 1
■基調講演I「日本の風穴 ～その利用の歴史と各地の再利用の動向～」 … 2
　（清水長正）
■基調講演II「風穴のしくみを探る ～大館市長走風穴と北海道然別湖周辺の冷風穴／湿風穴～」（鳥甸幸男、澤田結基） … 5
■各地からの報告
　「蚕種貯蔵風穴の歴史と制度 ～上州群馬県内の風穴と甲信地域～」（飯塚聡） … 8
　「荒船風穴」（小川市右エ門） … 16
　「上田周辺の風穴報告」（塚原吉政） … 28
　「風穴貯蔵日本酒の取り組み」（竹木保子） … 31
　「猿ヶ城風穴の概要」「信州山村文化の源流～風穴を利用した蚕種保存用の石室の保存について」（倉科和夫） … 33
■参考資料I「研究報告」（呼びかけに応じて各分野の研究者が提供して下さいました）
　「稲核（長野県松本市安曇）の風穴に関する建物調査」（梅干野成央） … 39
　「東北の風穴に生育する希少種エゾヒョウタンボクの生育特性」（指村奈穂子） … 41
　「中部ヨーロッパの風穴植生と風穴現象の研究」（佐藤謙） … 43
■参考資料II「風穴だより」（呼びかけに応じて各地から情報が提供されました）
　「風穴新聞」（入沢風穴、三石真緒） … 45
　「氷平風穴について」（武捨直江） … 45
　「前田風穴案内」（前田亀吉） … 46
　「神鍋山風穴」（風穴庵・藤本）、「久田子風穴」（望月明晴） … 49
　「材木岩風穴」（高橋祝）、「中山風穴」（下郷町教育委員会） …
　「信濃大町周辺の風穴」（清水長正） … 50
■パンフレット等
　「長走風穴高山植物群落」（長走風穴館）
　「荒船風穴」（下仁田町ふるさとセンター歴史民俗資料館）
　「山伏山と風穴の利用」（津南町教育委員会）
　「猿ヶ城風穴トレッキングへのお誘い」（猿ヶ城風穴調査委員会）

図1　全国風穴小屋サミットのプログラム
サミット参加者に配布した資料集より．

第 20 章　全国風穴小屋サミットを開催する

写真 2　清水長正氏による基調講演

全国各地，それぞれ地元の風穴に詳しい方が集まったサミットにおいて，そもそも風穴とはどう定義されているか，全国どこに分布しているか，なぜ冷えるのかなどの基本的なことを清水氏，鳥潟氏，澤田氏に基調講演で解説いただいた．おそらく一般向けに風穴が体系的に解説されたのは，これが初めてと思われる．いずれの解説も簡潔でわかりやすく，その後の活発な意見交換につながった．温風穴や風穴霧などの映像紹介も好評だった．

写真 3　サミット後半に開催された実践交流会
風穴を活用したさまざまな実践が紹介された．

表になっている．これらのとりくみが発端となって，本書『日本の風穴』に結実したのだ．

第一回サミットでの交流を通じて，2015 年夏には島根県出雲市で（第 19 章参照），2016 年には長野県上田市で，それぞれ市民団体の主導によりサミットが開催されることとなった．このようなサミットの継続・発展は，望外の喜びである．

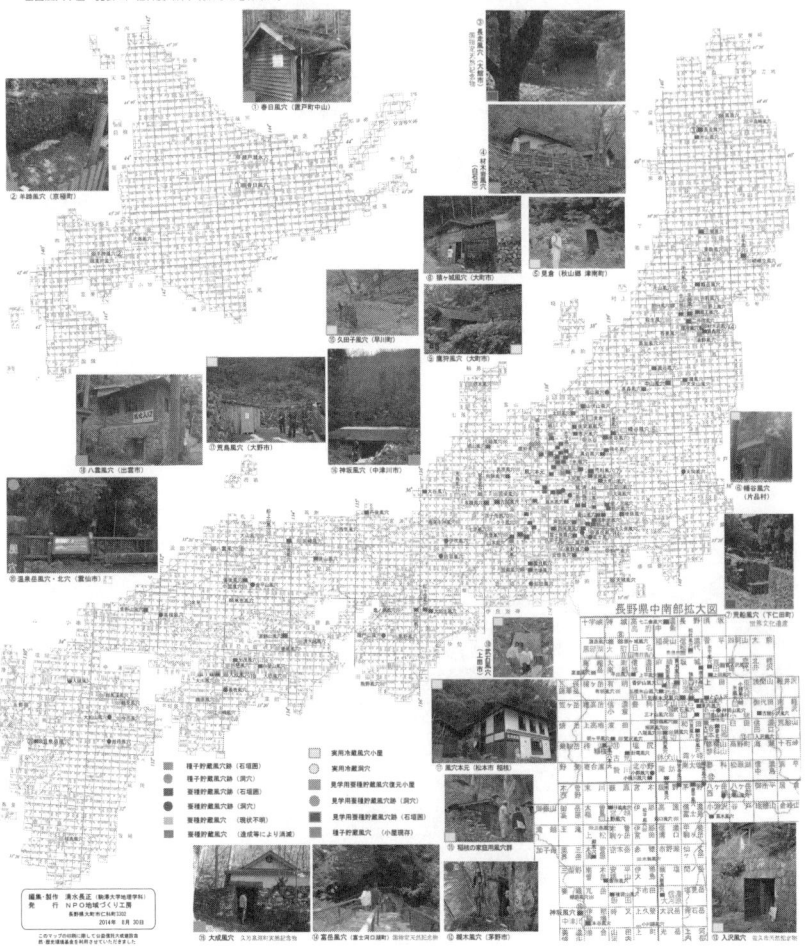

第Ⅳ部　風穴へのとりくみ　240

図2　全国風穴小屋マップ2014

A1サイズのカラー刷．裏面は風穴小屋調査一覧表．サミットにむけて作成し，参加者に配布された．この成果は，本書に引き継がれている．なお，2015年夏現在も若干の在庫があるので，希望者には頒布可能．

中山間地の地方創生

ほとんどの風穴小屋は、その立地特性上、中山間地にある。そして今、中山間地の多くで、地域経済の衰退や人口減少などの深刻な社会問題を抱えている。風穴小屋の復元利用のとりくみはささやかなものであり、政府による「地方創生」の号令にかなうようなものではないかもしれない。とはいえ、地域の自然特性と先人らの知恵に根ざした試みは結実していくであろうし、その実践の交流と学び合いの蓄積は、さまざまな気づきと恵みを地域にもたらしていくであろうと期待する。

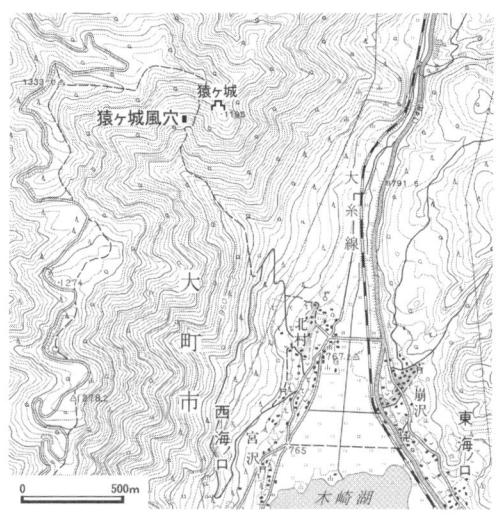

図3　1:25,000 地形図「神城」
サミット二日目の現地見学で，猿ヶ城風穴を訪ねた．

写真4　猿ヶ城風穴の前で記念撮影
猿ヶ城風穴調査委員会（倉科和夫会長）により，2005年に風穴小屋が復元され，地域の歴史や自然に関する学習活動の場として利用されている．カバーのカラー写真も参照．

あとがき

2014年8月30日に長野県大町市で、「第一回風穴小屋サミット」が開催された。大町のNPO地域づくり工房の呼びかけによるものだったが、予想に反して、全国から風穴所有者・管理者・研究者など、百名以上もの参加者があった。それまでの風穴の研究や活用については、各地で個別バラバラに行われていたが、ここにおいて、全国それぞれの風穴情報を共有できる場が得られることになった。ちょうど群馬県下仁田町の荒船風穴が世界文化遺産に登録された直後で、世の風穴への感心が徐々に高まる時期に重なった。

こうした流れから、風穴の仕事に関してそれぞれの個別の成果だけに留めず、全国各地の風穴研究や風穴へのとりくみなど、現時点での総括すべき本ができないものかと思い至った。幸いにも、これまでの日本の風穴研究は、地形・地質・気象・生物・農学・建築・産業史・地域文化など、多分野にわたってかなりの成果が蓄積されてきており、また、各地で風穴の利活用についての実績も多数報告されつつあった。これら現在の日本の風穴に関する研究や利活用の成果を、できるだけ多く集成したのが本書である。いわば、日本の風穴に関するエンサイクロペディアを目指した本とも言えるかもしれない。

明治39（1906）年に秋田営林局から『風穴』が刊行されて以来の、風穴の本となった。その間、日本の風穴に関しては様々な伝聞や、いっぽうで誤り・思い過ごしなどもあり、それが独り歩きして、見解が統一されないきらいがあった。一例として、富士山麓の風穴（熔岩トンネル）が国指定天然記念物としてあまりに有名であるため、洞穴こそが風穴と思い込んでいる人も多いことだろう。しかしじつのところ、多くの風穴のなかでは洞穴型の風穴は少なく、崖錐型風穴が圧倒的に多いのだ。また、風穴の吹き出し口の温度が年間一定だとか、夏に暑いほど低温になるというような伝聞は、多くの温度観測の結果から明らかに誤りだ。さらには、多分野にまたがる文献の探しにくさから、同じフィールドでありながら、従来の文献がレビューされない（参照されない）こともたびたびあった。本書によって、それらが多少なりとも改善されることを希望する。

地域にとって風穴は、その土地の歴史を語る貴重な産業遺産でもある。一部の地域の風穴では、冷蔵倉庫としての風穴小屋を再建し、農産品や酒類などの特産品を貯蔵して、「風穴貯蔵」という付加価値をつけた商品を販売しているところもある。また、古くは天然記念物、最近ではジオパークのジオサイトとして指定・登録され、夏に涼しく、特殊な生態のしくみが学べる場所として利用されている風穴も多い。この本には、観光のみならず、商品開発から環境教育まで、風穴を活かす様々なとりくみの事例が掲載されている。風穴のもつ普遍的な価値を共有しつつ、それぞれの地域で、特色あるとりくみが広がることを期待したい。

2015年夏には、島根県出雲市の八雲風穴で第2回目のサミットが開催される。第2回からは、より広い風穴への関わりをテーマとして「全国風穴サミット」と改められた。さらに2016年には、長野県上田市でも予定されている。次々に風穴サミットが開かれるなかで、いろいろな風穴へのとりくみや研究の進展を目指すことにしよう。

第2回のサミットへ間に合わすという理由から、本書の企画から執筆までの期間は約半年という、きわめて急ピッチに進められた。それにもかかわらず、各執筆者からは予定どおりに原稿が届いた。執筆者それぞれに風穴への想いがエネルギーとなったと推察される。ここで改めて執筆者各位にお礼を申し上げておきたい。

また、編集にあたって黒瀬匡子さん、吉田健洋さんにもご協力いただいた。古今書院の関 秀明さんの風穴への情熱も並々でなく、本書の出版をみることができたのは関さんの尽力にほかならない。深謝申し上げる。

本書の巻末には、日本の風穴に関する文献、全国の風穴一覧表を挙げた。今までに判明したデータをできるだけ多く載せたが、それらを見出すのも容易ではなく、風穴位置(経緯度)やそれらの文献など、未確認のものも多い。今後の調査が待たれる。

なお、巻末の日本の風穴一覧表作成にあたり、風穴位置の確認では、以下の方々のお世話になった。これらの方々からの風穴情報と調査協力なくして、一覧表に挙げた成果は得られなかったであろう。記して謝意を表したい。

編者謹識

【現地】（　）は風穴名

- 古澤　健（月山）
- 千明　圭（幡谷）
- 高橋義信（清川）
- 掛川一清（との入沢）
- 前田英一郎（風穴本元）
- 加子母森林組合（加子母）
- 脇本浩嗣（荒島）
- 辻村哲農（備後）

- 酒井市男（羽前）
- 黒沢　均（大見山）
- 赤池八千代（瀬戸）
- 柿嶌洋一（武石）
- 上條洋治（針尾）
- 本多栄一（大谷）
- 稲垣寿彦（備後）

- 高橋　昶（材木岩）
- 古屋勝仁（狐新居）
- 望月明晴（久田子）
- 倉科和夫（猿ヶ城）
- 松原明雄（木曾）
- 眞砂幸治（太郎生）
- 高橋和則（箸蔵）

- 鴻巣臣義（天狗）
- 雨宮薫晴（栃山）
- 清水基介（蓼北）
- 猪俣　毅（源汲）
- 和合　正（一ノ谷）
- 猪隼一雄（丹後）
- 緒方靖章（永野）

- 林　マスヨ（城山）
- 山口隆吉（栃木）

【調査協力】

- 安達　寛
- 大野更沙
- 大庭三枝
- 関谷友彦
- 若松伸彦
- 石井正樹
- 岩田修二

- 杉山俊明
- 石川　守
- 樋口利雄
- 増田祐子
- 池田一雄
- 藤森美佐枝
- 守屋以智雄

- 川辺百樹
- 福井幸太郎
- 宮原育子
- 小駒はるみ
- 高田将志
- 羽田麻美
- 関　秀明

- 然別湖ネイチャーセンター
- 池田　敦
- 瀬戸真之
- 北村よう子
- 竹之下典祥
- 寒河江景子
- 宮下けい子

- 大野篤史
- 小野有五
- 澤口晋一
- 金山卓樹
- 吉田裕之
- 深谷　元

- 八幡浩二
- 小嶋　尚
- 吉田直隆
- 石田弘美
- 山本信雄

鳥潟幸男（2013）：消失しつつある長走風穴の冷蔵庫跡現地確認調査（報告）．大館郷土博物館研究紀要火内　**11**，54〜63．
鳥潟幸男（2015）：長走風穴・片山風穴・岩神風穴・新沢風穴冷蔵倉庫跡の現地調査記録．大館郷土博物館研究紀要火内　**12**，77〜89．
塚原吉政（2015）：上田周辺の風穴．千曲（東信史学会）**157**，14〜23．
土本俊和（2009）：風穴と建築－長野県稲核の風穴群．地理　**54**（7），60〜61．
津南町の自然植物編・編集委員会（1994）：『津南町の自然植物編』．津南町教育委員会．
梅澤彰（1956）：温根湯のエゾムラサキツツジ群落．日本生態学会誌　**6**，128〜131．
鷲尾和行（1994）：新潟県鹿瀬町赤崎山の植物．じねんじょ（植物同好じねんじょ会）**18**，128〜131．
矢島武治（1951）：『上伊那蚕種業史』．蚕種協同組合連合会上伊那社．
山口健太郎・和泉薫・河島克久（2008）：群馬県草津町氷谷の風穴と氷利用文化．雪氷研究大会（2008・東京）講演要旨集．
山川信之・清水長正（2005）：十勝三股十四の沢の永久凍土の資料－電気探査・温度観測－．ひがし大雪博物館研究報告　**27**，1〜7．
山川信之・清水長正（2013）：北見山地南部，遠軽地域における風穴と低温現象．学芸地理　**67**，47〜56．
横井みずほ・田中博（2000）：中山風穴における風穴現象について．気象利用研究　**13**，57〜60．
吉岡邦二（1977）：風穴植生．北沢ほか『自然と生態学者の目』．108〜111，共立出版．
材木岩・虎岩・風穴地域植物調査委員会（1979）：『宮城県材木岩・虎岩周辺植物調査報告書』．白石市教育委員会・七ヶ宿町教育委員会・建設省東北地方建設局七ヶ宿ダム工事事務所．

集　**10**，65〜72．
下郷町教育委員会（1998）:『中山風穴地の自然』．下郷町文化財調査報告書第8集．
下川部歩真・山浦悠一・末吉正尚・工藤岳・中村太士（2015）：風穴地を含む地域における高山植物コケモモ集団の遺伝構造－隔離個体群の維持機構－．日本生態学会第62回大会講演要旨集．
下仁田町教育委員会（2012）:『国指定史跡荒船・東谷風穴蚕種貯蔵所跡　荒船風穴蚕種貯蔵所跡保存管理計画書』．下仁田町．
下仁田町教育委員会・中之条町教育委員会（2009）:『群馬の蚕種貯蔵風穴群概要調査報告書荒船風穴・栃窪風穴』．下仁田町教育委員会・中之条町教育委員会．
塩見隆行（1974）：萩市笠山風穴地の蘚苔類．*Hikobia*　**6**，253〜259．
白沢芳一（1991）：北秋田地方で発見した風穴と植物．秋田自然史研究　**27**，14〜21．
静岡県世界遺産推進室（2010）:『天然記念物万野風穴保存管理計画』．静岡県文化学術局．
東海林安次（1996）：秋田長走風穴の植物相．生物秋田　**10**，5〜8．
曽根敏雄（1996）：北海道置戸町鹿ノ子ダム，鹿ノ子大橋左岸の永久凍土上の衰退．季刊地理　**48**，293〜302．
曽根敏雄（2004）：北海道置戸町鹿ノ子ダム左岸の風穴地における越年生凍土．雪氷　**66**，227〜233．
曽根敏雄（2005）：北海道置戸町鹿の子ダム左岸の風穴地における風穴風の挙動．日本地理学会発表要旨集　**65**，225．
角田清美（1998）：神津島の風穴．季刊地理学　**50**，208〜210．
鈴木秀和（2011）：水文科学が解き明かす不思議な天然水 1．低温異常を示す鬼押出し末端湧水群．日本水文科学会誌　**41**（1），21〜26．
鈴木秀和・田瀬則雄（2007）：浅間山北麓における湧水温の形成機構と地域特性．日本水文科学会誌　**37**（1），9〜20．
鈴木清太郎（1948）:『農業物理学（第4版）』．養賢堂．
鈴木清太郎（1951）:『農業気象学』．養賢堂．
鈴木忠夫・鈴木隆夫・中山豊（1958）：安倍川上流に見られる結氷風穴について．地学のしずはた　**17**，21〜23．
鈴木由告・山川信之・清水長正（1987）：十勝三股十四之沢の永久凍土上の森林植生．ひがし大雪博物館研究報告　**9**，1〜14．
高橋修平・榎本浩之・澤田正剛・百武欣二・安達寛・福田正己（1991）：北見地方置戸町に見られる氷穴の観測．北海道の雪氷　**10**，28〜31．
高橋祥祐・藤原陸夫（1979）：鞍山風穴の植生．秋田県『自然環境保全地域等調査報告書No.4』．1〜20．
高橋祥祐・藤原陸夫（1979）：小又風穴の植生．秋田県『自然環境保全地域等調査報告書No.4』．33〜47．
高安泰助・臼田雅彦（1979）：長走風穴の地質．秋田県『自然環境保全地域等調査報告書No.4』．60〜69．
竹原明秀（1993）：長走風穴および周辺地域の植生．国指定天然記念物長走風穴高山植物群落調査報告書，21〜36，大館市教育委員会．
Tanaka, H.L., Yokoi, M. and Nohara, D. (2000): Observational study of summertime ice at the Nakayama Wind-Hole in Shimogo, Fukushima. *Science Reports, Institute of Geoscience, University of Tsukuba, Section A*, **21**, 1-21.
田中博・村規子・野原大輔（2004）：福島県下郷町中山風穴における風穴循環の成因．地理学評論　**77**，1〜18．
田中収（1983）：風穴利用による蚕種保護．上州路　**116**，58〜61．
Tanikawa, A. (1994): A new species of the spider Genus Aculepeira (Araneae: Araneidae) from Japan. *Acta Arachnologica*, **43** (2), 179-182.
寺田暁彦・日野正幸・竹入啓司（2006）御蔵島火山・ヤスカジゲ森溶岩ドーム山頂で冬季に白煙を上げる温風穴．地質学雑誌　**112**，503〜509．
富岡敬（2000）：風穴地のあるところ．地質と調査　**84**，47〜50．

澤田結基（2002）：岩塊斜面の空気対流を示す積雪構造－北海道中央部，然別火山の例－．北海道の雪氷　**21**，11～14．

澤田結基（2004）：北海道・西ヌプカウシヌプリの岩塊斜面における越年地下氷の季節変化とその要因．北海道の雪氷　**23**，52～55．

澤田結基（2006）：岩塊斜面の永久凍土氷を用いた古気候復元．地学雑誌　**115**，516～523．

Sawada, Y. (2008): Monitoring of ground-ice formation in a block slope at Mt.Nishi-Nupukaushinupuri, Hokkaido, Japan. *Proc. 8th Int. Conf. Permafrost, Zurich, Switzerland*, Vol. **2**, 1001-1005.

澤田結基（2009）：風穴に眠る永久凍土の謎を追う．地理　**54**（7），40～47．

澤田結基・石川守（2002）：北海道中央部西ヌプカウシヌプリにおける岩塊斜面の永久凍土環境．地学雑誌　**111**，555～563．

Sawada, Y., Ishikawa, M. and Ono, Y. (2003): Thermal regime of sporadic permafrost in block slope in Mt.Nishinupukaushinupuri, Hokkaido Island, northern Japan. *Geomorphology* **52**, 121～130.

澤田結基・鳥潟幸男・清水長正（2013）：秋田県長走風穴における温風穴の再発見と地下氷観測．日本地理学会発表要旨集　**83**，138．

関善太郎（1912）：『嶋原半島風光記：附・小濱温泉案内』．大黒屋（長崎）．

志保井利夫（1973）：北見地方に見られる周氷河地形現象－異常低温地点を中心に－．北見工業大学研究報告　**4**，303～320．

志保井利夫（1974）：北海道常呂郡留辺蘂町，温根湯つつじ山の風穴について．地学雑誌　**83**，89～102．

志保井利夫（1975）：湧別川流域の周氷河地形現象－オホーツク海岸の ice-shove ridge －．北見工業大学研究報告　**6**，139～159．

志保井利夫（1976a）：北見地方で見られる周氷河地形現象についての考察（補遺）．北見工業大学研究報告　**7**，163～194．

志保井利夫（1976b）：北海道の氷期地形と風穴の科学．北方ジャーナル昭和51年10月号，82～91．

志保井利夫（1980）：北見地方の異常低温地点と地下氷．北見論集（北海学園北見大学紀要）　**3**，141～152．

島原協賛会（1911）：『嶋原紀要』．日本蚕糸会長崎支部第一回品評会島原協賛会．

清水長正（2004）：日本における風穴の資料－地形条件・永久凍土などとの関連から－．駒澤地理　**40**，121～148．

清水長正（2009）：日本の風穴－その利用と先駆的研究をめぐって．地理　**54**（7），32～39．

清水長正（2012～2015）：日本風穴紀行．地図中心2012年5月号～（連載中）．

清水長正（2013）：風穴をさぐる．小泉武栄・赤坂憲雄編『自然景観の成り立ちを探る』．玉川大学出版部．

清水長正（2014）：『全国風穴小屋マップ』．NPO地域づくり工房（大町）．

清水長正・山川信之（2001）：ひがし大雪地域における夏期凍結層の確認（Ⅱ）．ひがし大雪博物館研究報告　**23**，21～31．

清水長正・山川信之（2004）：ひがし大雪クマネシリ岳の岩塊流と凍土の環境．駿台史学　**123**，83～97．

清水長正・山川信之（2008）：春日風穴と西クマネシリ風穴における地形・植生の資料．ひがし大雪博物館研究報告　**30**，21～27．

清水長正・山川信之・鈴木由告（1988）：ひがし大雪地域における夏期凍結層の確認（Ⅰ）．ひがし大雪博物館研究報告　**10**，1～9．

清水長正・山川信之・角田清美（2007）：関東山地の風穴．季刊地理学　**59**，214～218．

清水長正・山川信之・石井正樹・藤森美佐枝・遠藤海斗（2012）：北八ヶ岳，地獄谷の氷塊と一時的火口湖．地学雑誌　**121**，359～356．

清水長正・山川信之・山本信雄（2013）：山の風穴利用をめぐって．日本山岳文化学会論

野原建一（1987）：長野県の風穴について．産業考古学会報 **43**, 2～6.
小川宏幸（1996）：島根県佐田町における八雲風穴の気温変動とその要因．島根地理学会誌 **32**, 35～46.
小川孝徳（1971）：熔岩洞穴の測量と観察結果．国立公園協会編『富士山総合学術調査報告書』．98～109, 富士急行．
Ohata, T., Furukawa, T. and Higuchi, K.(1994a): Glacioclimatological study of perennial ice in the Fuji ice cave, Japan. Part 1. Seasonal variation and mechanism of maintenance. *Arctic and Alpine Research* **26**, 227～237.
Ohata, T., Furukawa, T. and Higuchi, K.(1994b): Glacioclimatological study of perennial ice in the Fuji ice cave, Japan. Part 2. Interannual variation and relation to climate. *Arctic and Alpine Research* **26**, 238～244.
沖田貞敏（1986）：県北地方における３風穴の植物について．秋田自然史研究 **20**, 21～30.
沖田貞敏（1989）：非瀬沢風穴の植物について．秋田自然史研究 **25**, 1～6.
沖田貞敏（1990）：田沢湖高原風穴の植物について．秋田自然史研究 **26**, 1～5.
沖田貞敏（1991）：三関風穴の植物について．秋田自然史研究 **27**, 9～13.
沖田貞敏（1992）：葡萄森風穴の植物について．秋田自然史研究 **28**, 70～75.
沖田貞敏（1997）：寒風山自然史研究．秋田県自然史研究 **34**, 1～5.
沖田貞敏（2000）：立俣風穴の植物について．秋田自然史研究 **40**, 1～14.
沖田貞敏・菊池卓弥（1996）：片山風穴の植物について．秋田自然史研究 **32**, 1～8.
大串龍一（1995）：『城跡の自然誌　金沢城跡の動物相から』．十月社（金沢）．
大分県蚕糸業史編纂委員会（1968）：『大分県蚕糸業史』．大分県養蚕販売農協連合会．
斎藤信夫（1987）：青森県の植生．宮脇昭編『日本植生誌東北』．443～451, 至文堂．
斎藤実（1953）：風穴地帯に於ける地中温度と植物群落との関係．生態学会報 **2**（4）, 151～155.
佐野実（1962）：福島県南会津郡下郷町中山の風穴と高山植物群落．福島生物 **5**, 17～22.
佐野実（1962）：風穴と高山植物群落．採集と飼育 **24**, 30～35.
佐野実（1963）：風穴植物の生態（Ｉ）．福島生物 **6**, 29～36.
佐々木洋（1985）：東北地方の風穴の分布．東北の自然 **9**, 7～8.
佐々木洋（1986）：東北地方における風穴の地理的分布．東北地理 **38**, 34～35.
Sasaki, H. (1986): Air and soil temperature affecting the distribution of plants on a wind-hole site. *Ecological. Review Sendai* **21**, 21-27.
佐々木洋（1993）：風穴研究の概要－研究史と成因説．国指定天然記念物長走風穴高山植物群落調査報告書，79～87. 大館町教育委員会．
佐藤啓治（1991）：近現代．『松之山町史』．641, 松之山町．
佐藤謙（1994）：士幌高原の自然は極めて特殊である．北海道の自然 **32**, 48～53.
佐藤謙（1995）：北海道の風穴植生概説．ひがし大雪博物館研究報告 **17**, 107～115.
佐藤謙（1996）：北見地方と十勝地方北部の貴重群落．北海道絶滅危惧植物調査研究グループ『北海道の絶滅危惧植物の現状－道東を中心として－』．19～27, 北海道大学農学部付属植物園．
佐藤謙（1997）：東ヌプカウシ山域の多様な自然．北海道の自然 **35**, 24～28.
佐藤謙（2000）：ユニークな生態系，風穴地帯は未来に残すべき大きな遺産．『検証士幌高原道路と時のアセス』．113～128, 北海道新聞社．
佐藤謙（2005）：知床の植物：風穴地の植生．『しれとこライブラリー知床の植物Ｉ』．161～163, 北海道新聞社．
佐藤謙（2009）：北海道の風穴植生．地理 **54**（7）, 63～65.
佐藤謙・紺野康夫（1997）：東ヌプカウシ山域の多様でユニークな自然．『大雪山のナキウサギ裁判』．131～173, 緑風出版．
佐藤謙・工藤岳・植村滋（1993）：定山渓漁入ハイデの風穴植生．日本生態会誌 **43**, 91～98.
佐藤眞佐美（2005）：溶岩洞窟「富士風穴」の文化史的役割．山梨学院短期大学研究紀要 **26**, 98～105.

環境庁(1979):『第2回自然環境保全基礎調査特定植物群落調査報告書 [4] 宮城県』. 環境庁.
北上彌逸（1988）：岩手県内で新発見された2箇所の風穴と植物. 岩手植物の会会報 **25**, 33～35.
清川雪彦（2009）：『近代製糸技術とアジア』. 名古屋大学出版会.
小荒井実（1964）：風穴植物の生態（Ⅱ）. 福島生物 **7**, 33～36.
近堂祐弘・野川潔・右谷征清・瀬川秀良（1978）：十勝三股の永久凍土. 地団研専報 **22**『十勝平野』. 335～341.
車田利夫（2005）：置戸山地中山「春日風穴」付近におけるエゾナキウサギの生息数および環境利用. 北海道環境科学研究センター所報 **32**, 101～106.
米谷俊彦・宮下晃一（1999）：超音波風速計による風穴の気流の観測－羅生門ドリーネのコケを守る－. 超音波 TECNO, **11** (10) (128), 44～48.
米谷俊彦・宮下晃一・山地一代・田中丸重美・Roger, H. Shaw・柏木良明（1998）：羅生門ドリーネ内の微気象と植物の生理特性. 羅生門自然環境保護・保全調査報告書. 187～219.
草刈広一（1986）：風穴と昆虫. 東北の自然 **9**, 8～9.
旧東村山郡役所資料館（1996）：『天然記念物ジャガラモガラ－歴史・地理・植物の謎を探るー』. 天童市立旧東村山郡役所資料館.
牧忠男（2015）：千曲市森地区の風穴. 千曲（東信史学会）**157**, 34～39.
真木太一（1998）：ジャガラモガラ風穴・盆地の地形, 気象および植生の特徴. 農業気象 **54**, 255～266.
真木太一（1999）：天童市ジャガラモガラ盆地の風穴と乾燥地トルファンのカレーズの気候特性. 沙漠研究 **9**, 61～78.
松峰郷土誌編集委員会編（1997）：『松峰郷土誌』. 松峰町内会.
美ノ谷憲久・福田晴男（1986）：風穴に生き残ったフタスジチョウ. 東北の自然 **9**, 2～6.
三野与吉・長谷川力（1969）：福島県南会津郡荻野における風穴地区の微気象について. 地域研究 **11**, 9～18.
三浦修・竹原明秀・佐々木洋（1993）：長走風穴植物群落の動態. 国指定天然記念物長走風穴高山植物群落調査報告書, 37～46, 大館町教育委員会.
三浦修・佐々木洋・竹原明秀（1995）：二次植生の保護と保全－長走風穴のコケモモー. 季刊地理学 **47**, 49～52.
宮野秋彦・半澤重信（1978a）：倉の収蔵環境に関する研究（第16報）（安曇村稲核の風穴の倉1）. 日本建築学会東海支部研究報告, 117～120.
宮野秋彦・半澤重信（1978b）：倉の収蔵環境に関する研究（第17報）（安曇村稲核の風穴の倉2）. 日本建築学会東海支部研究報告, 121～124.
宮下公範・芳賀馨・柴田浩一・幸田和富（1992）：大雪山東部におけるラウスオサムシの個体群に対する永久凍土の面積の影響. ひがし大雪博物館研究報告 **14**, 89～94.
宮下公範・杉本肇・芳賀馨・柴田浩一・幸田和富（1993）：大雪山東部におけるラウスオサムシの分布と地下温度の関係について. ひがし大雪博物館研究報告 **15**, 41～54.
森淳子・曽根敏雄（2009）：山口県萩市の明神池風穴. 地理学論集 **84**, 124.
村井三郎・村井貞允・瀬川経郎（1972）：安代町天狗森夏氷山風穴調査. 岩手県教育委員会『天然記念物調査報告』. 4～10.
長走風穴高山植物群落調査会・大館市教育委員会（1993）：『国指定天然記念物長走風穴高山植物群落調査報告書』. 大館市教育委員会.
永井翼・和泉薫・河島克久・伊豫部勉・山口健太郎（2014）：岩塊斜面における風穴の冷風循環に関する研究（iii）. 雪氷研究大会（2014・八戸）講演要旨集.
中西こずえ（1986）：雲仙風穴の蘚苔類. *Hikobia* **9**, 395～400.
中西哲（1959）：風穴で見られる蘚苔類の異常分布. 植物研究雑誌 **34**, 211～214.
中津川市（2006）：『中津川市史下巻近代編Ⅰ』. 中津川市.
中沢英正（2015）：風穴地の貴重な植生. 津南学 **4**, 22～32.
西川洋子・宮本雅美・堀繁久（1995）：置戸山地凍土帯の風穴植物群落. 北海道環境科学研究センター所報 **22**, 55～60.

林信太郎・和知剛（2001）：秋田駒ヶ岳南部カルデラ，小岳溶岩風穴群の発見．秋田地学 **49**，15〜17．
林信太郎・堀井愛・毛利春治・斉藤一樹・横山正義（2003）：鳥海山西部から猿穴風穴の発見．秋田地学 **53**，13〜14．
樋口利雄（1968）：福島県に産する蘚類Ⅶ−耶麻郡風穴地帯の蘚類．福島生物 **11**，32〜37．
樋口利雄（1969）：福島県に産する蘚類Ⅷ−県北地方風穴地帯の蘚類．福島生物 **12**，11〜19．
樋口利雄（1970）：福島県に産する蘚類Ⅸ−天狗の庭の蘚類．福島生物 **13**，16〜20．
樋口利雄（1971）：東北地方の風穴地における蘚類植生．蘚苔地衣雑報 **5**，174〜177．
樋口利雄（1972）：福島県に産する蘚類ⅩⅠ−浅草岳の蘚類．福島生物 **15**，15〜18．
樋口利雄（1978）：東北地方の風穴地における蘚類の特性．『吉岡邦二博士追悼植物生態論集』．318〜330．
樋口利雄・福田廣一（2001）：栃木県栗山村赤下風穴の植生．栃木県立博物館研究紀要 **18**，31〜44．
樋口利雄・福田廣一（2002）：栃木県栗山村日陰風穴の植生．栃木県立博物館研究紀要 **19**，75〜85．
彦根地方気象台（1958）：河内の風穴内の気象．気象時報 **10**，437〜439．
平野俊幸（2010）：養蚕と風穴—荒島風穴の発見を中心に．福井県文書館研究紀要 **7**，53〜64．
梅干野成央・土本俊和（2009）：稲核の風穴に関する建築的特徴．信州大学信州共生住宅研究センター平成20年度研究発表会，11〜16．
市川健夫（2009）：信州における風穴と風土産業の発達．地理 **54**（7），48〜52．
市川健夫・柳町治・柳町晴美（1993）：風穴．『小諸の風穴と町並み』．日本ナショナルトラスト，5〜19．
飯泉茂・菊池多賀夫（1980）：風穴の植物群落．『植物群落とその生活』．149〜150，東海大学出版会．
今村理則（2005）：長野県阿智村，累石型風穴の中の気温の変化について．伊那谷自然史論集 **6**，1〜6．
五百川裕（2012）：スイカズラ属（スイカズラ科）エゾヒョウタンボク—風穴地に生育する植物．日本植物分類学会編『新しい植物分類学Ⅱ』．230〜240，講談社．
石井浩之・中田誠・加々美寛雄・平英彰（2009）：長野県黒姫山の亜高山帯に成立する高山性植物群落の立地条件．植生学会誌 **26**，21〜32．
石井哲夫（1966）：鳩気と風穴．外山三郎編『雲仙・長崎の自然』．31，六月社（大阪）．
伊藤邦夫・中川清太郎（1995）：佐渡小倉風穴地の植生．新潟県植物保護 **18**，8〜10．
和泉薫・山口健太郎・河島克久（2008）：群馬県草津町氷谷における天然氷の形成過程（Ⅰ）．雪氷研究大会（2008・東京）講演要旨集．
柿下愛美・大塚勉（2012）：長野県松本市安曇稲核地域に発達する風穴の温度変化．信州大学環境科学年報 **34**，44〜51．
片桐一樹・明石浩司（2012）：長野県飯田市風穴山の岩塊斜面における気温観測．伊那谷自然史論集 **13**，1〜9．
桂木恵（2015）：傍陽地区の風穴．千曲（東信史学会） **157**，24〜33．
樫村利通（2003）：福島県中山風穴の冷却機構に関する一考察．福島生物 **46**，1〜4．
加藤数功（1959）：祖母山の風穴．加藤数功・立石敏雄編『祖母大崩山群』．144〜147，しんつくし山岳会（福岡）．
加藤誠・近堂祐弘・小崎隆（1992）：東大雪山麓における点在的永久凍土の土壌温度測定．ひがし大雪博物館研究報告 **14**，75〜87．
川西博・山崎真一（1989a）：大船山風穴の微気候．大分大学教育学部研究紀要 **11**（1），91〜100．
川西博・山崎真一（1989b）：大船山風穴の気温変動と冷却機構．大分大学教育学部研究紀要 **11**（2），211〜218．

嶋原協賛会（1912）：『嶋原紀要』．大日本蚕糸会長崎支部（島原）．
曾禰武・鈴木清太郎（1915）：風穴に就いて．気象集誌 **34**, 174～186.
Suzuki, S. and Sone, T. (1914): A wind-cave at Watarase. *Japanese Science Reports, Tohoku Imperial University* **3** (3), 101-111.
東京高等蚕糸学校（1929）：『東京高等蚕糸学校職員卒業者一覧』．東京高等蚕糸学校．
東京高等蚕糸学校（1942）：『東京高等蚕糸学校五十年史』．東京高等蚕糸学校．
脇水鐵五郎（1936）：『天然記念物調査報告地質鉱物之部第五輯』．文部省．
矢立村役場（1927）：『天然記念物指定長走風穴案内』．矢立村役場（秋田）．
山田節蔵（1930）：伊香保の風穴．地学雑誌 **37**, 518～519.
柳澤巌（1906）：『風穴論』．梅丸商店（松本）．
柳澤巌（1908）：『三坂風穴調査報文』．松本測候所．
柳澤巌（1910）：『風穴新論』．秋蚕専修学校（豊科）．

【1945年以降】

阿部勇（2015）：千曲川流域の風穴．千曲（東信史学会）**157**, 1～13.
安達寛（1974）：北海道網走における永久凍結土壌の観測（速報）．駒澤地理 **10**, 61～72.
明石浩司・中村尊（2008）：赤石山脈北西部，鋸岳山麓の小面積岩塊斜面における気温観測その2－岩塊内部の氷および岩塊の変動の確認．伊那谷自然史論集 **9**, 13～22.
旭川市北方野草園（2015）：旭川市風穴地帯の植物．『旭川市蛇紋岩地帯の植物（改訂調査研究報告書）』．73～75，旭川市公園緑地協会．
安曇村誌編纂委員会（1998）：『安曇村誌第三巻歴史下』．安曇村．
馬場義仲（1966a）：中山風穴と和田山風穴の蘚苔類について．福島生物 **9**, 7～9.
馬場義仲（1966b）：荻野風穴の植物．会津生物同好会研究誌 **4**, 7～8.
江川良武・堀伸三郎・坂山俊彦（1980）：風穴の成因について－過去における低温起源説に対する反論－．地学雑誌 **89**, 85～96.
遠軽町（1977）：『遠軽町史』．遠軽町．
藤原滋水（1985）：箱根早雲山の累石風穴．気象 **29**, 8135～8137.
福田正己・成田英器（1980）：置戸町で発見された地下氷について．低温科学物理篇 **39**, 201～205.
福田晴男・美ノ谷憲久（1986）：『見つけた！まぼろしのチョウ』．大日本図書．
福岡義隆（1996）：風穴の微気象に関する研究．気象利用研究 **7**, 13～16.
富良野高校科学部（2000）：富良野市にある風穴地の植生について（第1報）（第2報）．北海道富良野高校科学部1990～2000研究集録 Luciola, 121～136.
古寺儀八郎（1954）：秋田県産植物断報第三報．蒼林 **5** (3), 95～83；**5** (4), 64～50.
古厩忠夫・瀬古龍雄・岡部牧夫（1985）：近代津南の発展．『津南町史』．155～156，津南町役場．
群馬県教育委員会（2009a）：『全国の蚕種貯蔵風穴跡の現状－全国風穴アンケート調査結果について－』．群馬県教育委員会．
群馬県教育委員会（2009b）：『蚕種貯蔵風穴の概要－群馬県荒船・東谷風穴蚕種貯蔵所跡の意義－』．群馬県教育委員会．
群馬県蚕糸業史編纂委員会（1954）：『群馬県蚕糸業史下巻』．群馬県蚕糸業協会．
芳賀馨・幸田和富・宮下公範（1991）：東大雪地域におけるラウスオサムシと永久凍土の関係について．ひがし大雪博物館研究報告 **13**, 1～11.
浜野一彦・田中収・河西秀雄・服部清二・戸沢義和（1980）：熔岩洞穴の構造と成因について．地質ニュース **305**, 50～63.
原田喬（2009）：養蚕・製糸業を支えた風穴の分布とその意義．高崎経済大学付属産業研究所『群馬・産業遺産の諸相』．日本経済評論社，168～188.
長谷川順一（1997）：栗山村日陰風穴と赤下風穴の植物．フロラ栃木 **6**, 79～88.
橋本博編（2002）：『越中山河覚書Ⅰ』．桂書房（富山）．
橋詰洋司（2014）：信州塩田平の風穴．信濃 **771**, 279～294.

風穴にかかわる文献

本書の各報告に引用された風穴にかかわる文献，その他，本書に引用されてない風穴にかかわる主要な文献も，同列に挙げた．これらを，海外の風穴の主要な文献（本文に引用されたもの），国内は戦前・戦後とに分け，著者名のアルファベット順に並べた．なお，風穴に直接関係しない文献，入手困難な文献などは，各報告ごとに脚注として示した．

【海 外】

Balch, E.S. (1900): *Glacieres or Freezing Caverns*. Allen, Lane and Scott, Philadelphia, 332 pp.
Luetscher, M. and Jeannin, P.Y. (2004): The role of winter air circulations for thepresence of subsurface ice accumulations: an example from Monlési ice cave (Switzerland). *Theoretical and Applied Karstology*, **17**, 19-25.
Patrick, K. (2004): *Pennsylvania Caves and Other Rocky Roadside Wonders*. Stackpole books, Mechanicsburg, PA, USA.
佐藤謙（1999a）：ハンス・シェフトライン著『シュラトミング・タウエルン山地の特殊な高層湿原』（全訳）．北海学園大学学園論集 **99**，93 〜 115.
佐藤謙（1999b）：オーストリアのシュラトミング風穴地．北海道の自然 **37**，72 〜 76.
佐藤謙（2008）：中部ヨーロッパの風穴植生概説．広島経済大学研究論集 **30**（3・4），5 〜 46.
澤田結基・佐藤謙（2009）：ヨーロッパの風穴．地理 **54**（7），70 〜 72.
田中博（1997）：韓国ウールムゴルにおける夏季氷結現象の数値実験．地理学評論 **70A**，1 〜 14.

【1945 年以前】

秋田営林局（1936）：『風穴』．秋田営林局．
荒谷武三郎（1920）：風穴の研究．理学界 **18**（3），208 〜 213.
荒谷武三郎（1922）：矢立風穴．地学雑誌 **34**，160 〜 164.
荒谷武三郎（1924）：秋田県片山風穴．地学雑誌 **36**，732 〜 738.
荒谷武三郎（1927）：秋田県長走風穴に就て．地球 **8**，426 〜 441.
安斎徹（1943）：天然記念物ジャガラモガラ並びに三ツ石調査報告書．山形県．
江口善次・日高八十七（1937）：『信濃蚕糸業史中巻』．大日本蚕糸会信濃支会．（信濃毎日新聞社，1975 復刻）
深井千代吉（1908）：『信州の蚕糸業』．大日本蚕糸会信濃支会．（明治文献資料刊行会，1970『明治前期産業発達史資料別冊（56）Ⅱ』復刻）
堀内金太郎（1901）：『風穴秋蚕説』．柳正堂．
石川静一（1936）：風穴．日本林学会誌 **18**，957 〜 986.
木地音次郎（1931）：落葉松種子の豊凶と風穴貯蔵に就て．林学会雑誌 **13**，352 〜 358.
久保田松吉（1909）：『日本風穴蚕種論』．有隣堂．
工藤正（1939）：『北秋自然誌』．（復刻版 1984，森吉町史資料編 12 集，森吉町史編纂会）
前田亀市（1916）：『前田風穴沿革誌』．（私家版）
牧野富太郎（1907）：羽後長走の小丘．植物学雑誌 **240**，20.
三好學（1926）：長走風穴地帯高山性植物群落他．『天然記念物調査報告植物之部第六輯』．107 〜 110，内務省．
長野県蚕病予防事務所（1905）：『長野県蚕病予防事務成績』．長野県蚕病予防事務所．
長野県蚕病予防事務所（1910）：『長野県風穴調』．長野県蚕病予防事務所．
農商務省農務局(1914 〜 1919)：『大正元年度〜大正六年度蚕業取締成績』．農商務省農務局．
大久保茂太郎（1910）：『群馬県蚕業家名鑑』．商業新報社．

タ行
第四紀（だいよんき）　コラム8（p173）
地下氷（ちかひょう）　2章（p33, p34），10章（p129）

ナ行
長野県風穴取締規則　4章（p56, p62），5章（p73）
夏蚕（なつご・かさん）　3章（p42）
二化性　3章（p42）
入穴　3章（p48）

ハ行
掃立（はきたて）　Ⅲ三石（p194）
濱帰り　3章（p44）
春蚕（はるご・しゅんさん）　3章（p42）
氷室（ひむろ）　コラム3（p76），8章（p102）
氷期（ひょうき）　コラム8（p173）
氷穴（ひょうけつ）　コラム1（p38），9章（p109）
ふうけつ　1章（p3）
風穴小屋　5章（p66）
風穴現象　7章（p98），8章（p106）
風穴植生　1章（p12），12章（p143）
風穴地　12章（p151）
風穴地帯　12章（p151）
風穴風　7章（p97）
風穴（の）風速　6章（p86），7章（p93）
分布避難地（レフュージア）　コラム8（p174）
補償流　2章（p30）

ヤ行
熔岩トンネル　1章（p7），2章（p24），コラム4（p121），Ⅲ雲仙（p216）

ラ行
冷温スポット　コラム8（p172）
冷風穴　1章（p10, p11），6章（p83），8章（p103）
冷風穴の霧　コラム6（p130）

索 引 (語 意)

本書の内容は多くの専門分野にかかわるので，専門的な解説が必要と思われる語句について，最も詳しいページ，あるいはわかりやすいページを記した．

ア行
秋蚕（あきご・しゅうさん）　3 章（p 42）
温かさの指数　コラム 8（p 172）
越年氷　2 章（p 25）
永久凍土　2 章（p 25），コラム 7（p 159）
越年卵　3 章（p 42）
温風穴　1 章（p 10, p 11），2 章（p 30），6 章（p 79, p 83），8 章（p 103）
温風穴の霧　コラム 6（p 131）

カ行
かざあな　1 章（p 3）
開口節理　1 章（p 4），2 章（p 24），III 入沢（p 194）
間氷期　コラム 8（p 173）
崖錐（がいすい）　巻頭インタビュー（xi），1 章（p 4），2 章（p 23）
崖錐型風穴　1 章（p 5）
岩塊斜面　2 章（p 23, p 30）
究理催青法　3 章（p 45）
空気対流　2 章（p 27），6 章（p 87）

サ行
蚕業取締成績　1 章（p 14），4 章（p 57）
催青（さいせい）　3 章（p 43）
蚕糸業法　4 章（p 62, p 63）
蚕種（さんしゅ）　3 章（p 42, p 45）
蚕種業者　3 章（p 44）
蚕種紙　14 章（p 221）
蚕種貯蔵風穴　4 章（p 53）
山岳永久凍土　2 章（p 25）
種子貯蔵　1 章（p 16），8 章（p 102），III 箸蔵（p 215）
出穴（しゅっけつ）　3 章（p 48）
鍾乳洞　1 章（p 8），2 章（p 24）
食餌植物　コラム 6（p 158）
相観　12 章（p 143）

1/2.5万 地形図	近傍の地名 *注記アリ 標高	文献	指定・地形・現況など
大栃	大栃	②③④⑦	—
柳井川	泉　　800 m	②③④⑦	洞穴（鍾乳洞）
檮原（ゆすはら）	大蔵谷	②③④⑦	—
口屋内	西土佐橘	②③④⑦	—
本山	白髪山　1310 m	③⑦	崖錐を造成　石垣囲残存
甘木	古処山　765 m	④⑦	節理が開いた回廊状凹地
甘木	古処山　775 m	④⑦	節理が開いた回廊状凹地
多久	永野　260 m	④⑦	洞穴（地すべり地形）　見学用に整備（管理者 緒方靖章）
大船山	風穴*　1250m	②③④⑥⑦	熔岩ドーム間の鞍部の洞穴　　登山路分岐点
深耶馬渓	奈女川	②④⑦	—
豊後今市	萩迫	②④⑦	—
別府西部	南立石	②④⑦	—
祖母山	祖母山　1370 m	②③④⑥⑦	洞穴（地すべり地形）　祖母山風穴コース
島原	鬼人谷	②③⑥⑦	岩塊熔岩を造成　石垣囲残存
島原	鬼人谷	②③⑥⑦	岩塊熔岩を造成　石垣囲残存
島原	風穴*位置ズレ　1240 m	②③⑥⑦	熔岩の開口節理の洞穴
島原	鬼人谷	②③④⑥⑦	岩塊熔岩を造成　石垣囲残存
島原	鬼人谷	③④⑥⑦	岩塊熔岩を造成　石垣囲残存
島原	鬼人谷	②④⑥	岩塊熔岩を造成　石垣囲残存
島原	鬼人谷　1230 m	②③④⑥⑦	熔岩の開口節理の洞穴
島原	鬼人谷	③④⑥⑦	岩塊熔岩を造成　石垣囲残存
島原	鬼人谷	②③⑥⑦	岩塊熔岩を造成　石垣囲残存
島原	中木場	③⑦	—
桜島北部／桜島南部		③⑦	—

全国風穴小屋一覧表（その8）

都道府県	風穴名（別名）	開業年廃止年	所在地（旧町村 字名）	緯度 経度 WGS 84 hddd° mm' ss.s"
高知県	大栃風穴	M35	香美郡槇山村大栃	
	長者風穴（平家穴）	M35	高岡郡長者村泉	N33 30 07.8 E133 05 40.5
	樽原風穴	M30 (M43)	高岡郡西津野村樽原	
	江川崎風穴	M37	幡多郡江川崎村橘 鬼ヶ岩	
	白髪山風穴	-	長岡郡本山村	N33 48 50.9 E133 35 32.6
福岡県	奥の院風穴	-	嘉穂郡千手村古處山	N33 29 04.9 E130 43 43.0
	古處風穴	-	嘉穂郡千手村古處山	N33 29 04.4 E130 43 42.2
佐賀県	永野の風穴	-	杵島郡若木町永野	N33 16 03.8 E130 01 10.6
大分県	大船山風穴	M37	直入郡都野村有氏大船山	N33 06 09.0 E131 17 20.8
	耶馬渓風穴	M36	下毛郡柿山村鴎良新耶馬渓内	
	今市風穴	M31	大野郡今市村今市萩迫	
	鶴見風穴	M36	速見郡石垣村南立石温泉	
宮崎県	祖母風穴	M35	西臼杵郡田原村五ヶ所祖母山	N32 49 22.7 E131 20 14.0
長崎県	鬼神谷風穴	M36	南高来郡小浜村龍之馬場国有林	
	鬼神谷北風穴	M33	南高来郡小浜村龍之馬場国有林	
	北穴（北の風穴）	M9	南高来郡小浜村龍之馬場国有林	N32 45 51.4 E130 17 40.2
	百間風穴	M36	南高来郡小浜村龍之馬場国有林	
	片平風穴	M34	南高来郡小浜村龍之馬場国有林	
	龍神風穴	M34	南高来郡小浜村龍之馬場国有林	
	北側風穴（西の風穴）	M34	南高来郡小浜村龍之馬場国有林	N32 45 43.3 E130 17 27.7
	普賢風穴	M35	南高来郡島原村	
	楓ノ木風穴	M33	南高来郡三會村楓ノ木	
	稲生風穴	M41	南高来郡安中村中木場	
鹿児島県	桜島風穴	M41	鹿児島郡東桜島村	

文献
①『長野県蚕病予防事務成績』（長野県蚕病予防事務所, 1905）,②『日本風穴蚕種論』（久保田, 1909）, ③『全国風穴調』（M42）群馬県立図書館所蔵, ④『風穴新論』（柳澤, 1910）, ⑤『長野県風穴調』（長野県蚕病予防事務所, 1910）, ⑥『蚕業取締成績』（農商務省農務局, 1914～1919）, ⑦『風穴』（秋田営林局, 1936）.
町村字名は当時のまま. 所在地に風穴が複数ある場合, 一部省略.

風穴名欄
無印：蚕種貯蔵風穴.
●：種子貯蔵用またはそれに転用
△：その他の貯蔵用またはそれに転用
開業年　B: 文久　K: 慶応　M: 明治　T: 大正　H: 平成　-: 不明
風穴の所在が確認されたものは, 経緯度・標高を付した.
近傍の地名の＊は, 地形図上に風穴等の注記があるもの.

1/2.5万地形図	近傍の地名 *注記アリ	標高	文献	指定・地形・現況など
初瀬	城福寺	550 m	②③④⑦	地すべり地形を造成　石垣囲残存
倶留尊山	爪ヶ久保	505 m	③④⑥⑦	崖錐を造成　石垣囲残存
大和大野	屏風岩		③④⑦	－
大和大野	西谷		⑥	崖錐を造成
丹後平	遠下（おんげ）	45 m	③④⑦	崖錐を造成　石垣囲残存
大和高田	亀瀬岩		⑥	－
大和高田	峠		⑥	－
龍門山	龍門山	630m	③④⑥⑦	洞穴（地すべり地形）
高野山	西ヶ峯		③⑦	－
富田	久木		③⑥⑦	－
神鍋山	神鍋山	345 m	②④⑦	山陰海岸ジオパーク　ジオサイト　熔岩洞穴を人工開削　風穴庵
伯耆大山	大山寺	820 m	③④⑦	崖錐　石垣囲残存
三朝	三徳山	320 m	③⑦	崖錐を造成　石垣囲残存
三朝	黒川	360 m	③⑦	崖錐を造成　石垣囲残存
船上山	山川		③⑦	－
用瀬／岩坪			③⑦	－
備中市場	本宮		③④⑥⑦	洞穴（鍾乳洞）
千草	中筋	420 m	⑥	崖錐を造成　石垣囲残存
掛合	郷		②③④⑦	－
掛合	郷	175 m	②③④⑥⑦	見学用小屋・地下室　崖錐を造成（管理者 八雲風穴太郎）
稗原	稗原		③④⑥⑦	－
津和野	青野山	470 m	②③④⑥⑦	崖錐を造成　石垣残存　かなり埋積
津和野	青野山		②③④⑥	－
津和野	高峯		⑥	－
東城	大二吾迫	440 m	⑥⑦	崖錐を造成　石垣囲残存
本郷	久恵		③④⑥⑦	三川ダムに水没
油木	油木町		⑥	－
飯室	来見	100 m	－	レンガ造りの風穴小屋現存　崖錐を造成
宇佐郷	宇佐郷上	325 m	③⑦	洞穴（地すべり地形）
阿波池田	中津	90 m	③④⑦	沖積錐　コンクリート小屋（種子用）現存
西赤谷	清水		③⑦	－
滝宮	高鉢山	370 m	⑥	崖錐を造成　石垣囲残存
仁尾	吉津峠	180 m	『仁尾村誌』(1919)	崖錐　石垣囲復元　見学用に整備
面河渓	風穴＊	1010 m	②③④⑦	久万高原町天然記念物　見学用復元小屋　地すべり地形
久万	大川		②③⑦	－
石鎚山	諏訪		②③④⑦	－
西条	風透（かざすき）	90 m	③⑦	洞穴（地すべり地形）
石墨山	皿ヶ嶺	960 m	－	鑑賞用植物栽培　崖錐を造成　石垣囲残存

全国風穴小屋一覧表（その7）

都道府県	風穴名（別名）	開業年	所在地（旧町村 字名）	緯度 経度 WGS 84 hddd° mm' ss.s"
奈良県	吐山風穴	M22	山辺郡都介野村吐山	N34 34 11.0 E135 57 13.2
	紅ヶ岳風穴	M39	宅陀郡曾爾村伊賀見	N34 32 53.1 E136 09 17.6
	屏巌風穴	—	宅陀郡曾爾村長野	
	大東風穴	—	宅陀郡三本松村西谷	
京都府	丹後風穴	—	竹野郡上宇川村遠下	N35 43 56.1 E135 09 04.5
大阪府	亀ノ瀬風穴	—	南河内郡国分村下ツカ	
	稲葉風穴	—	中河内郡堅上村峠	
和歌山県	龍門山風穴	—	那賀郡龍門村杉原龍門山	N34 14 26.1 E135 24 29.3
	高野風穴	—	伊都郡高野村西ヶ峯	
	熊野風穴	—	西牟婁郡三舞村久木	
兵庫県	西気風穴△（神鍋風穴）	M37	城崎郡西気村ノ内栗塚本神鍋山	N35 30 12.7 E134 40 18.4
鳥取県	大山風穴	—	西伯郡大山村王曾根	N35 23 21.5 E133 32 01.5
	三徳第一風穴	M40	東伯郡三徳村門前	N35 24 14.4 E133 57 10.6
	三徳第二風穴（坂本風穴）	M41	東伯郡鼎村坂本	N35 24 26.8 E133 57 05.1
	船上山風穴	M41	東伯郡西村山川	
	因幡風穴	M41	八頭郡明治村上村	
岡山県	金平山風穴	—	川上郡平川村大ソリノ下	
	後山風穴	—	英田郡東粟倉村後山	N35 09 34.3 E134 22 55.0
島根県	須佐風穴	M14	飯石郡東須佐村朝原	
	八雲風穴△	M35	飯石郡東須佐村朝原	N35 14 33.7 E132 45 09.5
	岩山風穴	M35	簸川郡稗原村稗原	
	青野山水津風穴	M36	鹿足郡小川村笹山大久保	N34 27 49.6 E131 47 18.4
	青野山風穴	—	鹿足郡小川村耕田青野山	
	白絲風穴	—	鹿足郡畑迫村高峯	
広島県	備後風穴	M42	比婆郡久代村	N34 52 23.7 E133 18 32.9
	萬念風穴	—	世羅郡三川村	
	中国風穴	—	神石郡油木村草木	
	来見△	—	山県郡加計町来見	N34 33 00.0 E132 23 00.0
山口県	高根風穴	—	玖珂郡高根村	N34 22 50.7 E132 01 02.0
徳島県	箸蔵風穴●	—	三好郡箸蔵村洲津	N34 01 57.3 E133 49 11.2
	清水越風穴	—	美馬郡江原村	
香川県	高鉢山風穴	—	讃岐郡西分村	N34 11 28.6 E133 56 26.1
	志保山の風穴	—	三豊郡仁尾村志保山	N34 11 13.0 E133 40 13.9
愛媛県	大成風穴	M33	上浮穴郡仙川村仙野	N33 42 07.4 E133 04 34.7
	大川風穴	M35	上浮穴郡弘形村大川	
	折懸風穴	M28	周桑郡千足山村折懸	
	加茂風穴	M40	新居郡加茂村藤ノ原風透	N33 50 44.2 E133 12 44.2
	皿ヶ嶺風穴	—	温泉郡重信町	N33 43 23.4 E132 53 06.3

1/2.5万地形図	近傍の地名 *注記アリ	標高	文献	指定・地形・現況など
大町	北村	1130 m	①②③④⑤⑥⑦	復元小屋（H19年）　崖錐を造成
烏帽子岳	高嵐沢		⑥	ー
大町	源汲（げんゆう） 1275 m		①②③④⑤⑥⑦	土石流堆を造成　種子貯蔵風穴小屋残存
信濃池田	平出	740 m	①②③④⑤⑥⑦	崖錐を造成　石垣囲残存
信濃池田	南鷹狩山	870 m	③④⑤⑥⑦	復元小屋（H20年）実用冷蔵倉庫（管理者NPO地域づくり工房）
信濃松代	大峯山	530 m	⑥	崖錐を造成　複数の石垣囲残存
信濃松代	筒井	720 m	⑥	崖錐を造成　石垣囲残存
夜間瀬	横倉	690 m	⑥	崖錐を造成　石垣囲残存　夜間瀬風穴の解説板が腐朽
中野東部	三沢山	1040 m	①②⑦	崖錐を造成　石垣囲残存
戸隠	中部		①②③④⑤⑥⑦	採石場掘削により消滅
信濃中条	臥雲	935 m	⑤⑥⑦	崖錐を造成　石垣囲残存　大平風穴の表示板あり
猿橋	五束		①②⑥⑦	ー
樽見	大井		⑥	ー
上麻生	七宗		⑥	ー
大鷲	鷲見		③④⑥⑦	ー
二間手	石仏	480 m	③④⑥⑦	郡上市史跡　崖錐を造成　石垣囲残存
武並	岩浪		③⑦	ー
			③⑦	ー
加子母			③⑥⑦	ー
加子母	木曾越峠	1200 m	③⑥⑦	崖錐
			③⑦	ー
岩村	小沢山トンネル		③⑦	阿木川ダムにより水没
中津川	落合川		③⑦	ー
三留野	川上		③⑦	ー
武並	藤		③⑦	ー
恵那	阿木川ダム	350 m	③⑥⑦	崖錐を造成　石垣囲残存
恵那			『恵那市史通史編』(1993)	
恵那			『恵那市史通史編』(1993)	
萩原	古関（ふるせき） 550 m		③⑥⑦	下呂市有形民俗文化財　崖錐を造成　石垣囲残存
宮地	竹原		⑥	ー
宮地	御厩野（みまや） 1025 m		⑥	崖錐　石垣囲残存
山之口	川上（かおれ）		②③⑥⑦	
町方	下小野	850 m	②③④⑥⑦	高山市天然記念物　崖錐を造成　石垣囲残存
笠ヶ岳	蒲田		③⑥⑦	ー
角川	保木林		⑥	ー
高宮	佐目	240 m	⑥	洞穴（鍾乳洞）
関ヶ原	小泉		③⑥⑦	洞穴（鍾乳洞）

巻末資料　260

都道府県	風穴名（別名）	開業年（廃止年）	所在地（旧町村 字名）	緯度 経度 WGS 84 hddd° mm' ss.s"
長野県	海ノ口風穴（猿ヶ城風穴）	M38	北安曇郡平村海ノ口北ノ入	N36 34 57.5 E137 49 41.1
	高嵐風穴	—	北安曇郡平村高瀬入高嵐	
	源汲風穴 ●	M22	北安曇郡平村源汲琵琶唐澤	N36 33 52.7 E137 47 11.3
	平出風穴	M7	北安曇郡広津村平出	N36 26 34.1 E137 54 01.0
	鷹狩風穴 △	—	北安曇郡八坂村南鷹狩	N36 29 47.6 E137 53 07.6
	森風穴	M45 (S16)	埴科郡森村北ノ塔	N36 30 59.0 E138 10 11.9
	松代風穴	—	埴科郡西條村大嵐	N36 32 01.3 E138 11 43.8
	夜間瀬風穴	—	下高井郡夜間瀬村城山	N36 45 39.0 E138 25 07.2
	寒澤風穴	M19	下高井郡穂波村寒澤三沢	N36 42 08.9 E138 25 01.5
	祖山風穴	M21	上水内郡棚村祖山平前	
	七二會風穴（大平風穴）	—	上水内郡七二會村大平	N36 38 25.7 E138 03 47.8
	太田風穴	M19	下水内郡太田村豊田岩下	
岐阜県	根尾中神風穴	—	本巣郡根尾村大井	
	七宗風穴	—	武儀郡上麻生村	
	鷲見風穴	—	郡上郡高鷲村鷲見	
	有穂風穴	M40	郡上郡口明方村有穂	N35 50 36.9 E137 00 21.0
	岩浪風穴	M40	加茂郡飯地村岩浪	
	荒ヶ峯風穴	—	恵那郡上村荒ヶ峯御料林	
	付知風穴	—	恵那郡上村加子母村西渡股入尊樽	
	加子母風穴	M40	恵那郡上村加子母村渡合	N35 45 58.8 E137 23 10.8
	白井沢風穴	—	恵那郡上村白井沢	
	小沢風穴	—	恵那郡本郷村小沢	
	恵那山風穴	—	恵那郡落合村水無御料林	
	クテ風穴	—	恵那郡川上村クテ御料林	
	武並風穴	—	恵那郡武並村藤	
	山本風穴	—	恵那郡東野村山本	N35 25 35.7 E137 25 39.7
	花無風穴	—	恵那郡東野村花無山	
	小野川風穴	—	恵那郡東野村小野川岸	
	古関風穴	M40	益田郡川西村古関	N35 52 28.7 E137 12 02.0
	竹原風穴（中尾風穴）	—	益田郡竹原村	
	一之谷風穴	—	益田郡竹原村御厨野一之谷	N35 47 21.0 E137 20 37.1
	国栄風穴（川上風穴）	M36	益田郡馬瀬村川上	
	小野風穴（飛騨風穴）	M38	大野郡丹生川村小野西ノ谷	N36 01 44.5 E137 58 11.5
	共同蒲田風穴（高原風穴）	—	吉城郡上宝村神坂	
	布勢風穴	—	吉城郡河合村保木林	
滋賀県	佐目風穴	—	神崎郡山上村佐目	N35 12 16.2 E136 20 37.7
	伊吹風穴	M41	坂田郡伊吹村小泉	

1/2.5万地形図	近傍の地名 *注記アリ	標高	文献	指定・地形・現況など
中津川	欅平		③④⑤	崖錐を造成
中津川	欅平		③④⑤⑥	崖錐を造成
中津川	欅平		③④⑤⑥	崖錐を造成
中津川	欅平		④⑤⑥	崖錐を造成
中津川	欅平		①②④⑤	崖錐を造成
木曽須原	小川	810 m	③④⑤⑦	崖錐を造成　石垣わずかに残存　かなり埋積
木曽福島			③④⑤⑦	―
宮ノ越	徳音寺	980 m	①②④⑤⑥⑦	崖錐を造成　石垣囲残存
梓湖	入山		③⑤⑥⑦	―
木曽福島	上野	800 m	③⑤⑥⑦	崖錐を造成　道路拡幅で埋め戻し ビニールハウスの実用風穴
上松	黒田		①②④	―
信濃西条	岩戸	725 m	①②③④⑤⑥⑦	崖錐を造成　石垣囲残存　荒田風穴の標柱あり
信濃西条	岩戸	710 m	①②③④⑤⑥⑦	崖錐を造成　石垣囲残存
信濃西条	岩戸	720 m	⑥	崖錐を造成　石垣囲残存
麻績	野口	910 m	①②③④⑤⑥⑦	地すべり地形を造成　石垣囲復元　解説板あり
信濃西条	乱橋東村	905 m	①②③④⑤⑥⑦	崖錐を造成　氷武神社境内に小屋現存
山辺	舟付	820 m	①②③④⑤⑥⑦	崖錐を造成　石垣囲残存
山辺	林城址		①②③④⑤⑥⑦	―
山辺	厩所		③④⑤⑥	―
山辺	桐原		④⑤⑥	―
三才山	武石峠	1820 m	①②③④⑤⑥⑦	茶屋跡を埋め戻し
古見	大尾澤	1135 m	③④⑤⑥⑦	崖錐を造成　石垣囲残存（現所有者　上條洋治）
波田	鷲沢		③④⑤⑥	―
塩尻	桟敷		⑤	―
三才山	中の沢		⑥	―
波田	島々		②③④⑤⑥⑦	―
梓湖	大野川		①②③④⑤⑥⑦	―
古見	稲枝（いねこき）	820 m	①②③④⑥⑦	明治12年建造の風穴の蔵現存 崖錐を造成（現所有者　前田英一郎）
古見	稲核		①②③④⑤⑥⑦	―
波田	明ヶ平	790 m	①②③④⑤⑥⑦	崖錐を造成　石垣囲残存
波田	明ヶ平		③④⑤⑦	―
古見	稲核		①③⑤⑥	―
古見	稲核		①③⑤⑥	―
古見			③④⑤	―
古見	稲核		⑤⑥	―
古見	稲核		⑥	―
有明	中房川		⑥	―

全国風穴小屋一覧表(その5)

都道府県	風穴名 (別名)	開業年 (廃止年)	所在地(旧町村 字名)	緯度 経度 WGS 84 hddd° mm' ss.s"
長野県	三坂東野風穴	—	西筑摩郡神坂村三坂御料地南	
	塚田風穴	—	西筑摩郡神坂村三坂北帝室林野	
	萬栄風穴	M41	西筑摩郡神坂村三坂御料地南	
	中央風穴	—	西筑摩郡神坂村三坂御料地内	
	上田風穴	—	西筑摩郡神坂村三坂北方御料地	
	殿風穴	—	西筑摩郡大桑村殿小川	N35 43 02.5 E137 40 02.8
	福嶋風穴	—	西筑摩郡福島町柴原	
	木曽風穴(日義風穴)	M16	西筑摩郡日義村宮ノ越西山	N35 53 45.7 E137 45 40.3
	忠地風穴	—	西筑摩郡奈川村入山下神場平	
	上野風穴	—	西筑摩郡新開村上野大上野	N35 51 46.8 E137 43 07.3
	三岳風穴	M29	西筑摩郡三岳村三尾橋渡ホケ	
	荒田風穴	M3	東筑摩郡本城村東條荒田山	N36 23 56.0 E138 02 00.8
	香炉山風穴 △	M19	東筑摩郡本城村東條ゴーロ	N36 24 07.5 E138 01 47.4
	東條風穴 △	—	東筑摩郡本城村東條 87	N36 23 56.0 E138 02 00.8
	上平山風穴 (野口の風穴)	M1	東筑摩郡麻績村野口上平	N36 25 51.1 E138 02 21.4
	乱橋氷山風穴	M4	東筑摩郡本城村乱橋氷山	N36 22 34.3 E138 00 43.4
	船附風穴	M9	東筑摩郡入山辺村舟付上ノ山	N36 13 19.5 E138 01 52.9
	八龍風穴	M13	東筑摩郡入山辺村橋倉八竜山越	
	錦風穴	M41	東筑摩郡入山辺村中入堀ノ澤	
	桐原風穴		東筑摩郡入山辺村山ノ神日向	
	武石嶺風穴(武石風穴)	K1 (T8)	東筑摩郡本郷村武石峠	N36 15 27.8 E138 04 39.2
	針尾風穴	—	東筑摩郡朝日村針尾大尾澤	N36 06 31.0 E137 50 48.3
	鷲澤風穴	M41	東筑摩郡波多村サギ澤	
	塩尻風穴	—	東筑摩郡塩尻村桟敷四澤	
	三歳山風穴	—	東筑摩郡本郷村三才山中ノ澤	
	嶋々風穴	M9	南安曇郡安曇村島々	
	中澤風穴(大野川風穴)	—	南安曇郡安曇村大野川	
	風穴本元 ●△ (前田風穴)	B1	南安曇郡安曇村稲核キノ浦	N36 09 39.9 E137 45 44.7
	氷澤風穴	M17	南安曇郡安曇村稲核氷澤	
	明ヶ平風穴	K1	南安曇郡安曇村稲核明ヶ平	N36 10 10.6 E137 46 22.6
	茗荷平風穴	M3	南安曇郡安曇村稲核明ヶ平	
	斎藤風穴	M37	南安曇郡安曇村家ノ向	
	家ノ向風穴	M41	南安曇郡安曇村家ノ向	
	狸平風穴	—	南安曇郡安曇村狸平	
	上向川上風穴	—	南安曇郡安曇村稲核	
	大正風穴	—	南安曇郡安曇村丸山	
	有明風穴	—	南安曇郡有明村中房朴	

1/2.5万地形図	近傍の地名 *注記アリ	標高	文献	指定・地形・現況など
武石	中島	625 m	③④⑤⑥⑦	崖錐を造成　石垣囲残存
武石	下本入		⑥	—
武石	下本入	729 m	⑥	崖錐を造成　石垣囲残存
武石	小原		—	実用冷蔵倉庫（管理者 柿嶌洋一）
丸子	横町	671 m	—	崖錐を造成　実用冷蔵倉庫　蕎麦貯蔵
丸子	上組	740 m	⑥	崖錐を造成　石垣囲残存
武石	和子（わご）	590 m	⑥	崖錐を造成　石垣囲残存（現所有者 滝沢利通）
別所温泉	富士山	745 m	⑥	崖錐を造成　石垣囲残存
和田	宮ノ上	740 m	⑥	崖錐を造成　種子貯蔵の地下室残存
真田	三島平	956 m	—	コンクリート小屋現存　崖錐を造成　『真田町誌民俗編』(2000)に記載
真田	中組	1058 m	③④⑤⑥⑦	地すべり地形を造成　石垣囲残存(現所有者 武捨直江)
真田	中組	885 m	—	地すべり地形を造成　石垣囲残存　『真田町誌民俗編』(2000)に記載
坂城	唐沢	1010 m	⑥	崖錐を造成　石垣囲残存
蓼科	小泉山	890 m	①②⑥⑦	崖錐を造成　石垣囲残存　見学用に整備
諏訪	眞志野峠	1070 m	①②③④⑤⑥⑦	崖錐を造成　石垣囲残存
辰野	神宮寺	775 m	①②③④⑤⑥⑦	地すべり地形を造成　種子貯蔵風穴小屋残存
茅野	泉野	1115 m	①②③④⑤⑥⑦	凝灰岩壁の人工洞穴
八ヶ岳西部	立場川	2020 m	①②③④⑤⑥⑦	凝灰角礫岩の洞穴　立場川谷底部
北小野	下雨澤	850 m	①②③④⑤⑥⑦	洞穴（鍾乳洞）　埋め戻し
宮木	小横川	795 m	①②③④⑤⑥⑦	崖錐を造成　石垣囲残存
高遠	荊口（ばらくち）		③④⑤⑦	—
赤穂	七久保		①②⑦	—
伊那宮田	西春近		①②⑥⑦	—
上町	小川路峠		①②⑦	—
信濃大河原	上蔵（わぞ）	1105 m	⑥	地すべり地形　埋め戻されるが石垣一部残存
中津川	阿智村	1240 m	①②③④⑤⑥⑦	崖錐を造成　石垣囲残存　見学用に整備
伊那駒場			③④⑤⑥	—
伊那駒場			③④⑤⑥	—
伊那駒場			③⑤⑥⑦	—
伊那駒場			②③⑤⑥	—
飯田	風越山	1440 m	③④⑤⑥	アーチ型石積残存　開口節理
南木曽岳	風穴山	1685 m	⑤⑥	花崗岩の岩塊地形を造成
兀岳	孫六沢		③④⑤⑦	—
中津川	欅平		③④⑤⑥	崖錐を造成
中津川	欅平		③④⑤⑥	崖錐を造成
中津川	欅平	1110 m	①②③④⑤⑥⑦	崖錐を造成　石垣囲残存　強清水近傍
中津川	欅平	945 m	①②③④⑤⑦	崖錐を造成　石垣囲残存
中津川	欅平		③④⑤⑥	崖錐を造成
中津川	欅平		③④⑤⑦	—
中津川	欅平		③④⑤⑥	崖錐を造成　石垣囲　見学用に整備
中津川	欅平		①②③④⑤⑥⑦	崖錐を造成

全国風穴小屋一覧表（その4）

都道府県	風穴名（別名）	開業年	所在地（旧町村 字名）	緯度 経度 WGS 84 hddd° mm' ss.s"
長野県	伏見風穴	―	小県郡武石村武石半台	N36 16 52.5 E138 14 37.4
	武石風穴一号	―	小県郡武石村下本入	
	武石風穴二号	―	小県郡武石村日影山	N36 16 20.2 E138 12 48.9
	武石唐沢	―	小県郡武石村唐沢	
	農山漁村活性化集出荷施設 △	H4	小県郡長和町横町	N36 15 18.4 E138 15 37.5
	との入沢風穴	―	小県郡依田村御岳堂	N36 19 36.9 E138 15 04.0
	東内風穴	―	小県郡東内村和子	N36 18 47.2 E138 13 41.7
	富士山風穴	―	小県郡富士山村556	N36 19 34.5 E138 13 14.2
	大門風穴	―	小県郡大門村笹平	N36 13 25.0 E138 14 56.9
	菅ノ沢風穴 ●	―	小県郡傍陽村三島平	N36 28 03.2 E138 19 04.8
	氷平風穴	―	小県郡傍陽村白石	N36 28 09.1 E138 16 09.4
	栃平風穴	―	小県郡傍陽村栃平	N36 28 16.3 E138 16 38.9
	唐澤風穴	―	小県郡傍陽村国有林地	N36 27 57.7 E138 14 12.3
	豊平風穴	M37	諏訪郡豊平村小泉	N36 00 11.5 E138 11 48.4
	湖南風穴（大見山風穴）	M35	諏訪郡湖南村南眞志野大見山	N36 00 02.6 E138 05 17.7
	神宮寺風穴 ●（片山風穴）	―	諏訪郡中州村神宮寺片山	N35 59 47.6 E138 07 25.8
	槻ノ木風穴	M36	諏訪郡泉野村槻ノ木岩下	N35 59 59.6 E138 14 56.0
	立山風穴（八ヶ岳風穴）	M25	諏訪郡玉川村八ヶ岳山麓蝙蝠岩	N35 57 23.8 E138 20 36.5
	小野風穴（向田風穴）	M1	上伊那郡小野村雨澤向田	N36 01 44.5 E137 58 11.5
	小横川風穴（伊那富風穴）	M20	上伊那郡伊那富村小横川矢花	N35 59 46.2 E137 57 52.3
	荊口風穴	―	上伊那郡三好村荊口	
	水無風穴	M31	上伊那郡七久保村水無	
	松平風穴（西春近風穴）	―	上伊那郡西春近村新道東松平	
	小川路風穴	M20	下伊那郡上村小川路峠	
	大鹿風穴	―	下伊那郡大鹿村大河原上蔵山	N35 32 45.4 E138 03 52.8
	本谷風穴	M22	下伊那郡智里村本谷大谷	N35 27 11.7 E137 37 22.1
	中ノ澤風穴	―	下伊那郡智里村神坂山中ノ澤	
	不動風穴	―	下伊那郡智里村本谷不動	
	正木風穴	M41	下伊那郡智里村御政正木	
	折澤風穴	―	下伊那郡智里村本谷折澤	
	権現山風穴	―	下伊那郡上飯田村権現山	N35 32 58.2 E137 47 14.0
	飯田風穴（風穴山の風穴）	―	上飯田村松川入内檜澤砂小屋	N35 35 31.6 E137 44 42.1
	棚洞風穴	―	下伊那郡清内路村孫六澤棚洞	
	岡目風穴	―	西筑摩郡神坂村三坂南方御料地	
	神坂横交風穴	―	西筑摩郡神坂村三坂南方御料地	
	進栄社風穴	M17	西筑摩郡神坂村三坂北ノ方御料地	N35 28 40.3 E137 36 47.3
	神坂社風穴	M38	西筑摩郡神坂村三坂南方御料地	N35 29 08.7 E137 36 14.3
	大洞風穴	M16	西筑摩郡神坂村三坂大洞	
	木原風穴	―	西筑摩郡神坂村三坂北ノ方御料地	
	共栄社風穴	M26	西筑摩郡神坂村三坂北ノ方御料地	
	坂下風穴	M38	西筑摩郡神坂村三坂北ノ方御料地	

1/2.5万地形図	近傍の地名 *注記アリ	標高	文献	指定・地形・現況など
切石	富士見山	1350 m	②③⑥⑦	岩塊の洞穴　天狗神社の下方
七面山	久田子（くたし）	521 m	②③④⑦	実用天然冷蔵倉庫　崖錐を造成（現所有者 望月明晴）
茅ヶ岳	ノースランド	1180 m	②③④⑥⑦	崖錐を造成　石垣囲残存
小笠原	石塔	625 m	⑥	崖錐を造成　石垣囲残存
若神子	根古屋		②③④⑥	—
若神子	根古屋	740 m	②③④⑥⑦	崖錐を造成　石垣囲残存
小淵沢	下蔦木	720 m	①②③④⑥⑦	崖錐を造成　石垣わずかに残存　かなり崩れている
丹波	大丹波峠	860 m	②③④⑥⑦	崖錐を造成　石垣囲残存
丹波	丹波天平	1010 m	②③④⑥⑦	崖錐を造成　石垣囲残存
丹波	大丹波峠	645 m		崖錐　石垣囲残存
鳴沢	富士風穴*	1115 m	②③④⑥⑦	国天然記念物　熔岩洞穴
鳴沢	本栖風穴*	1150 m	⑥	国天然記念物　熔岩洞穴
鳴沢	龍宮洞穴*	955 m	③④⑥⑦	国天然記念物　熔岩洞穴
鳴沢	西湖蝙蝠穴*	925 m	③⑥⑦	国天然記念物 熔岩洞穴　入洞施設（西湖コウモリ穴管理事務所）
鳴沢	富岳風穴*	1000 m	③⑥⑦	国天然記念物　熔岩洞穴　入洞施設（富士観光興業）
鳴沢	長尾山	1265 m	③⑥⑦	山梨県天然記念物　熔岩洞穴
湯ヶ島	筏場	600 m	②③④⑥⑦	筏場種子貯蔵庫残存　カワゴ平熔岩の凹地
篠井山	有東木	1305 m	②③⑥⑦	崖錐を造成　石垣囲残存　青笹山登山コース
伊平	滝沢	160 m	②⑦	洞穴（鍾乳洞）
上井出	萬野風穴*	355 m	⑦	国天然記念物　熔岩洞穴　洞口閉鎖
裾野	駒門風穴*	255 m	⑦	国天然記念物　熔岩洞穴　入洞施設（駒門風穴保存会）
三河本郷	松平	240 m	⑥	崖錐を造成　石垣囲残存
見出	向平	400 m	⑥	崖錐を造成　石垣囲残存
三河本郷	中設楽		⑥	道路造成により消滅
臼田	入沢	735 m	①②③④⑤⑥⑦	佐久市天然記念物　貯蔵庫現存　開口節理（現所有者 三石仁子）
御代田	平尾富士	1055 m	③④⑤⑥⑦	崖錐を造成　石垣わずかに残存　かなり埋積
小諸	大久保		③④⑤⑥	土地造成により消滅
小諸	大久保		①②③④⑤⑥⑦	土地造成により消滅　地すべり地形
小諸	氷	645 m	③④⑤⑥⑦	地すべり地形を造成　多数の小屋跡と風穴小屋現存（管理者 土屋節）
小諸	大久保		①③④⑤	土地造成により消滅
丸子	茂田井	700 m	⑥	人工洞穴
春日本郷	畳石	875 m	③④⑤⑥⑦	開口節理のある崖下を造成　鉄平石の石積小屋残存（現所有者 清水基介）
信濃西条	子檀嶺岳	920 m	—	青木村文化財（蚕業史跡）　崖錐を造成　石垣囲残存
別所温泉	上手	850 m	①②③④⑤⑥⑦	崖錐を造成　石垣囲残存　見学用に整備
丸子	立岩	610 m	⑥	崖錐を造成　埋め戻しにより消滅
別所温泉	塩野池	665 m	①②③④⑤⑥⑦	崖錐を造成　石垣囲残存　独鈷山風穴の標柱あり
上田	東大郎山	885 m	①②③④⑤⑥⑦	崖錐を造成　石垣囲残存

267　全国風穴小屋一覧表（その3）

都道府県	風穴名（別名）	開業年（廃止年）	所在地（旧町村 字名）	緯度 経度 WGS 84 hddd° mm' ss.s"
山梨県	富士見風穴	M19	南巨摩郡曙村	N35 27 47.4 E138 22 54.4
	久田子風穴 △	M28	南巨摩郡硯島村	N35 24 26.5 E138 20 55.0
	清川風穴（清風社風穴）	M22	中巨摩郡清川村	N35 47 39.8 E138 31 31.5
	芦安風穴	—	中巨摩郡芦安村	N35 38 14.1 E138 23 22.3
	鷲ノ口風穴（金ヶ嶽風穴）	M20	北巨摩郡江草村	
	城山の風穴	—	北巨摩郡江草村	N35 49 10.7 E138 27 58.1
	蔦木風穴	K	北巨摩郡鳳来村矢ノ原	N35 51 41.2 E138 16 35.3
	熊沢風穴	M25	北都留郡丹波山村	N35 46 53.7 E138 56 10.8
	釜ノ沢風穴	M25	北都留郡丹波山村	N35 48 05.4 E138 56 24.6
	奥秋	—	北都留郡丹波山村	N35 47 34.3 E138 54 37.3
	富士風穴	M32	西八代郡上九一色村	N35 27 02.1 E138 39 08.3
	森風穴（本栖風穴）		西八代郡上九一色村	N35 26 49.4 E138 39 03.6
	富士龍宮風穴（龍宮洞穴）	—	南都留郡西湖村青木ヶ原	N35 29 05.3 E138 40 05.8
	青木ヶ原風穴（西湖蝙蝠穴）	—	南都留郡西湖村青木ヶ原	N35 29 35.7 E138 40 23.6
	富岳風穴	—	南都留郡鳴沢村	N35 28 39.4 E138 39 27.2
	富士天然風穴（軽水風穴）	—	南都留郡鳴沢村軽水	N35 26 32.3 E138 40 03.6
静岡県	天城風穴 ●	M25	田方郡上大見村筏場トイヤ	N34 53 38.8 E138 58 22.6
	安倍風穴（有東木風穴）	M15	安倍郡大河内村有東木	N35 12 29.2 E138 23 29.9
	却田風穴（滝沢鍾乳洞）	M35	引左郡却田村滝澤本村	N34 51 31.4 E137 43 03.2
	萬野風穴	—	富士郡北山村	N35 15 43.3 E138 36 58.1
	駒門風穴	—	駿東郡富士岡村	N35 15 01.7 E138 54 49.6
愛知県	池場風穴	—	北設楽郡三輪村長岡姥ヶ塚	N35 00 59.8 E137 41 14.7
	蘭目風穴	—	北設楽郡園村東蘭目川又	N35 05 49.3 E137 43 56.3
	設楽風穴	—	北設楽郡御殿村中設楽城山	
長野県	入澤風穴 △	M17	南佐久郡青沼村入澤	N36 10 40.6 E138 29 43.1
	古屋ヶ澤風穴	—	北佐久郡平根村上平尾古屋ヶ澤 N36 17 02.0 E138 31 31.3	
	東信風穴	—	北佐久郡川辺村大久保前山	
	小諸風穴	M10	北佐久郡川辺村大久保前山	N36 19 35.3 E138 23 48.7
	氷風穴 △	M8	北佐久郡川辺村大久保氷	N36 19 32.5 E138 23 32.8
	柳澤風穴	—	北佐久郡川辺村大久保前山	
	神明山風穴	—	北佐久郡本牧村茂田井新町	N36 16 24.5 E138 20 25.6
	蓼北風穴	—	北佐久郡協和村延澤八丁地	N36 13 36.9 E138 18 43.7
	青木風穴（村松の風穴）	T13 (S14)	小県郡青木村村松	N36 23 22.1 E138 07 03.1
	別所風穴（氷澤風穴）	M4	小県郡別所村氷澤	N36 20 12.7 E138 08 55.5
	立岩風穴	—	小県郡長窪古町六反田	N36 17 08.0 E138 15 00.8
	獨鈷山風穴	M25	小県郡西鹽田村前山大久保	N36 20 11.9 E138 11 39.6
	上田風穴（金剛寺風穴）	M16	小県郡神科村住吉大古場	N36 26 11.0 E138 16 37.2

1/2.5万地形図	近傍の地名 *注記アリ	標高	文献	指定・地形・現況など
湯野上	中山風穴*	490 m	—	国天然記念物　地すべり地形を造成　石垣残存　見学用に整備
川入	黒岩		⑥	—
岩代長沼	滝	440 m	③⑥⑦	崖錐を造成　林道工事により消滅
岩代長沼	天栄山		③⑦	—
原町	石神		⑦	—
福島北部	中野		③⑥⑦	—
宮下	滝谷	228 m	③⑥⑦	崖錐を造成　石垣わずかに残存　かなり埋積
小出	福山橋	190 m	⑥	凝灰岩壁の人工洞穴
松之山温泉	山伏山	800 m	③⑥⑦	崖錐を造成　石垣囲残存　見学用に整備（津南キャンプ場）
苗場山	見倉	700 m	③⑥⑦	集落の共同風穴小屋現存　地すべり地形
五百石	小又		③④⑦	採石場の落石により埋没
山田温泉	山田谷	345 m	⑥	地すべり地形を造成　石垣囲残存
門前	栃木		③⑦	—
荒島岳	小荒島岳	640 m	③④⑦	崖錐を造成　石垣囲復元　冷蔵実験小屋（H24年農林樂舎）
織田	小川		③⑥⑦	—
織田	小川	175 m	⑥	谷壁を造成　石垣囲残存
柿岡	不動峠	333 m	⑥⑦	人工洞穴　地すべり地形
荒船山	荒船風穴*	835 m	②③④⑥⑦	世界文化遺産　見学用に整備　地すべり地形を造成
荒船山	大上	633 m	②③④⑥⑦	崖錐を造成　石垣囲残存
神ヶ原	平原（へばら）	730 m	⑥	崖錐を造成　石垣囲残存
伊香保	風穴*	1020 m	④	崖錐を造成　石垣囲残存
伊香保	風穴*	900 m	②③④⑥⑦	崖錐を造成　石垣囲残存
上野中山	山主坂	710 m	③④⑥⑦	国史跡　尾根部を造成　石垣残存
後閑	石墨	480 m	③④⑥⑦	崖錐を造成　石垣囲残存
追貝	幡谷	700 m	⑥	崖錐を造成　コンクリート風穴小屋現存（管理者 千明 圭）
上野草津	西ノ河原	1300 m	—	岩塊間の洞穴　板壁・棚現存
三峰	巣場		③⑥⑦	
三峰	大滝		③⑦	—
長又	白石山		③⑥⑦	洞穴（鍾乳洞）
五日市	柏木野	510 m	④⑥⑦	崖錐を造成　石垣囲（3基）残存
大菩薩峠	黒岳	1785 m	岩科小一郎（1959）『大菩薩連嶺』	岩塊地形を造成　石垣囲残存
大菩薩峠	菱山	895 m	②③④⑥⑦	崖錐を造成　石垣囲残存
川浦	大久保山	1388 m	②③④⑥⑦	崖錐を造成　石垣囲残存
河口湖西部	滝戸山	1180 m	②③④⑦	崖錐を造成　石垣囲残存
石和	大栃山	955 m	③④⑥⑦	崖錐を造成　石垣囲残存
石和	狐新居（きつねあらい）	475m	②④⑦	扇状地を造成した地下室現存（現所有者 古屋勝仁）
市川大門	四尾連湖	900 m	⑥	地すべり地形を造成　人工凹地のみ残存
市川大門	蛾岳		②③⑥⑦	—
精進／切石			⑥	—
精進	瀬戸	420 m	②③⑦	凝灰岩壁の洞穴

全国風穴小屋一覧表（その2）

都道府県	風穴名（別名）	開業年	所在地（旧町村 字名）	緯度 経度 WGS 84 hddd° mm' ss.s"
福島県	中山風穴	—	南会津郡湯野上	N37 17 23.3 E139 53 57.1
	黒岩風穴		摩耶郡加納村	
	瀧風穴（岩代風穴）		岩瀬郡白方村瀧	N37 18 52.3 E140 11 13.5
	天栄山風穴		岩瀬郡牧本村	
	石神風穴		相馬郡石神村	
	中野風穴		信夫郡中野村	
	瀧谷風穴	—	大沼郡原谷村瀧谷	N37 29 16.6 E139 41 43.5
新潟県	福山風穴	—	北魚沼郡小出町青島地内福山 N37 12 30.0 E138 56 59.1
	寺石風穴（山伏山風穴）	M45	中魚沼郡上郷村寺石山伏山北方 N37 01 38.1 E138 34 48.3
	見倉の風穴 △	—	中魚沼郡津南町見倉	N36 54 46.6 E138 38 33.7
富山県	北陸風穴	—	婦負郡仁歩村松倉	
	城山風穴	—	婦負郡山田村谷村涌ヶ口	N36 33 06.2 E137 03 56.5
石川県	栃木風穴	M42	鳳至郡櫛比村栃木	
福井県	荒島風穴		大野郡上庄村荒島山	N35 56 56.7 E136 34 21.5
	越知山風穴	—	丹生郡糸生村小川	
	大谷風穴	—	丹生郡糸生村小川	N36 00 00.6 E136 03 35.1
茨城県	天狗風穴	—	筑波郡小田村山口天狗	N36 10 37.9 E140 07 59.3
群馬県	荒船風穴	M38	北甘楽郡西牧村南牧野	N36 14 48.4 E138 38 07.6
	星尾風穴 △	M23	北甘楽郡尾澤村星尾	N36 10 23.0 E138 38 42.0
	大見山風穴 △	—	多野郡中里村平原	N36 05 06.2 E138 48 49.6
	榛名風穴（伊香保風穴）	—	北群馬郡伊香保町	N36 29 06.1 E138 54 34.0
	榛名風穴（黒岩風穴）	M36	群馬郡室田村榛名山御料地	N36 27 42.8 E138 53 50.4
	東谷風穴（吾妻風穴）	M40	吾妻郡名久田村大塚	N36 37 57.8 E138 52 37.3
	石墨風穴（利根風穴）	M39	利根郡薄根村石墨	N36 41 21.7 E139 02 42.0
	幡谷風穴 △	—	利根郡片品村幡谷	N36 43 07.3 E139 12 28.7
	氷谷 ●	—	吾妻郡草津町	N36 37 39.0 E138 34 41.7
埼玉県	秩父風穴	—	秩父郡大滝村大滝巣場	
	大滝風穴	—	秩父郡大滝村大滝	
	三田川風穴	—	秩父郡倉尾村藤倉	
東京都	檜原風穴（多摩風穴）	—	西多摩郡檜原村	N35 41 46.2 E139 08 27.3
山梨県	風穴ノ沢	—	東山梨郡田野村	N35 41 19.6 E138 51 14.4
	菱山風穴	M10	東山梨郡菱山村	N35 40 19.1 E138 45 55.1
	柚口風穴	M22	東山梨郡諏訪村	N35 47 29.9 E138 42 10.2
	大久保風穴	M12	東八代郡境川村	N35 34 58.7 E138 41 48.9
	栃山風穴	M31	東八代郡金生村	N35 33 36.3 E138 37 38.9
	狐新居風穴	M33	東八代郡御代咲村	N35 37 48.6 E138 42 11.7
	四尾連蛾岳風穴	—	西八代郡山保村	N35 31 41.9 E138 31 03.8
	蛾岳風穴	M26	西八代郡山保村	
	久那土風穴		西八代郡久那土村	
	瀬戸風穴 △	M19	西八代郡古関村	N35 29 02.4 E138 32 06.5

1/2.5万 地形図	近傍の地名 *注記アリ	標高	文献	指定・地形・現況など
瀬戸瀬温泉	瀬戸瀬山	555 m	−	一ノ沢鉱山の坑道跡　坑口埋積
東三国山	中山	556 m	−	地すべり地形を造成　北海道学術自然保護地区　小屋残存
札幌東部	平岸		⑥	
倶知安	ふきだし公園	255 m	−	溶岩流末端崖を造成　5基の石垣囲残存
羊蹄山	青少年の森	260 m	−	溶岩流末端崖を造成　人工凹地のみ残存
陸奥焼山	焼山		⑥	土砂災害の復旧工事により消滅
剣吉	片岸		⑥	
若柳	小沼（こぬま）	25 m	③④⑦	崖錐を造成　石垣囲残存　小沼風穴の標柱
白沢	長走風穴*	175 m	⑦	地すべり地形を造成　国天然記念物　長走風穴館
大館	二ツ山	65 m	⑦	崖錐を造成　原形消滅
稲庭	戸沢川	240 m	③⑥⑦	湯沢市天然記念物　崖錐を造成　石垣囲残存
手ノ子	萩生		③⑥⑦	−
荒砥	唐松山	480 m	⑥	石垣撤去（林道法面に再利用）埋め戻し　地すべり地形
羽前中山	石畑		②③④⑥⑦	地すべり凹地底を造成
二井宿	大滝不動尊	460 m	⑥	地すべり地形を造成　石垣囲残存
米沢東部	赤崩		⑥	−
楯岡	甑岳	750 m	③⑥⑦	地すべり地形（尾根部）を造成　石垣囲残存
上山	菖蒲		②③④⑥	造成により消滅
上山	高松		③⑥⑦	−
蔵王山	鳥兜山		②③④⑥	
笹谷峠	瀧山		②③④⑦	
上山	中生居（なかなまい）	475 m	③⑥⑦	崖錐を造成　石垣囲残存
上山	細谷		⑥	
上山	細谷		②③④⑥	−
山寺	切畑	355 m	②③④⑥	地すべり地形　石垣囲残存
海味	小倉	480 m	③④⑥⑦	地すべり地形　埋没
本堂寺	太平山	680 m	⑥	−
海味	田代	350 m	③⑦	崖錐　道路拡幅により消滅
定義	滝ノ上		③⑥⑦	−
米川	岩ノ沢		②③④⑥	
中茂庭	馬頭山	420 m	②③④⑥⑦	石垣消滅　萬蔵神社に概景奉納
白石南部	七ヶ宿ダム	230 m	②③④⑥⑦	崖錐を造成　材木岩公園　見学用復元小屋（H16年）
白石南部	七ヶ宿ダム	470 m	②③④⑥⑦	滑落崖下の崖錐を造成　石垣囲残存
今宿	野上（のじょう）		⑥	−
花山湖			⑥	
沼倉	上田	180 m	⑥	『栗駒村誌』（1939）に川台風穴　道路拡幅で消滅
中茂庭	御在所山	358 m	②③④⑥⑦	地すべり凹地底を造成
中茂庭	平沢山	330 m	②③④	地すべり地形を造成　採石場の掘削で消滅
中茂庭	高清水	252 m	③④⑥⑦	地すべり地形を造成　種子貯蔵の地下室残存
会津山口	鴇巣（とうのす）		⑥	崖錐を造成　石垣囲残存
会津山口	大新田	547 m	⑥	崖錐を造成　石垣囲残存

巻末資料　270

全国風穴小屋一覧表（その1）

都道府県	風穴名（別名）	開業年	所在地（旧町村 字名）	緯度 経度 WGS 84 hddd° mm' ss.s"
北海道	瀬戸瀬氷穴 ●	－	紋別郡遠軽町瀬戸瀬山	N43 56 06.6 E143 25 01.4
	春日風穴 ●（勝山風穴）	－	常呂郡置戸町勝山中山	N43 34 57.8 E143 28 46.4
	北海風穴		札幌郡豊平町平岸村	
	羊蹄風穴 ●		虻田郡京極町	N42 51 41.5 E140 51 43.1
	真狩風穴 ●		虻田郡真狩村	N42 47 15.3 E140 46 41.4
青森県	蔦風穴		上北郡法奥澤村法量焼山	
	平良崎風穴		三戸郡平良崎村玉掛片岸平良	
岩手県	岩手風穴（小沼風穴）	M36	西磐井郡老松村	N38 48 15.2 E141 13 52.5
秋田県	長走風穴 ●△	－		N40 22 55.9 E140 36 14.3
	片山風穴		北秋田郡下川沿村片山	N40 16 46.6 E140 31 46.8
	三関風穴	M41	雄勝郡三関村関口	N39 07 55.3 E140 31 03.1
山形県	萩生風穴	M41	西置賜郡豊原村萩生	
	朝日風穴		西置賜郡鮎貝村黒鴨大豆У	N38 13 42.6 E140 02 55.4
	金山風穴	M36	東置賜郡金山村壺長井	N38 06 58.0 E140 09 13.9
	二井宿風穴		東置賜郡二井宿村	N38 01 02.4 E140 16 43.0
	吾妻風穴		南置賜郡山上村赤崩	
	甑岳風穴（楯岡風穴）		北村山郡大倉村甑岳	N38 29 15.8 E140 26 25.5
	菖蒲風穴	M35	南村山郡東村菖蒲切下	
	瀧澤風穴		南村山郡西郷村高松	
	蔵王風穴	M35	南村山郡堀田村高湯	
	瀧山風穴	M36	南村山郡瀧山村八森	
	生居風穴	M41	南村山郡宮生村中生居	N38 07 47.2 E140 19 07.2
	虚空蔵風穴	－	東村山郡作谷澤村細谷	
	黒森風穴	M36	東村山郡作谷澤村細谷	
	羽前風穴	M33	東村山郡高瀬村切畑	N38 16 14.9 E140 24 19.4
	金倉風穴	M40	西村山郡西山村間澤	N38 27 59.4 E140 08 12.2
	月山風穴		西村山郡西山村綱取	N38 28 44.1 E140 07 46.4
	田代風穴		西村山郡白岩町田代	N38 27 38.7 E140 14 59.2
宮城県	宮城風穴	－	宮城郡大澤村	
	嵯峨立風穴	M37	登米郡錦織村嵯峨立洞山	
	黒森風穴	M23	刈田郡小原村馬頭山	N37 55 01.3 E140 30 25.7
	材木岩風穴	M23	刈田郡小原村上戸沢材木岩	N37 57 20.9 E140 31 09.8
	腰冷風穴	M33	刈田郡小原村寒成山	N37 57 04.6 E140 30 38.7
	野上風穴		柴田郡川崎村	
	花山風穴		栗原郡花山村	
	栗駒風穴	M40	栗原郡栗駒村	N38 54 11.4 E140 55 35.2
福島県	伊達風穴（御在所風穴）	M37	伊達郡茂庭村御在所	N37 52 37.3 E140 26 38.7
	平澤風穴	M13	伊達郡睦合村平澤	N37 51 14.9 E140 29 36.9
	湯野風穴 ●（角間風穴）	－	伊達郡湯野村	N37 51 16.4 E140 26 24.3
	鵜巣風穴		南会津郡大宮村鵜巣	
	高森風穴	－	南会津郡大宮村大新田	N37 12 33.4 E139 32 01.2

地　形 または地下構造	指定　文献　その他
熔岩トンネル	
熔岩トンネル	国天然記念物 T11　観光洞
熔岩トンネル	国天然記念物 T11　観光洞
鍾乳洞	観光洞
開口節理	
岩塊熔岩	石井ほか（2009）　黒姫山
地すべり	
崖錐	天然クーラーの表示
火口底	清水ほか（2012）
岩塊地形	
岩塊地形	
崖錐	
熔岩トンネル	
崖錐	明石・中村（2008）
開口節理	温風穴　橋本（2002）
開口節理	温風穴　橋本（2002）
開口節理	南砺市文化財 温風穴
洞穴	橋本（2002）
石垣	大串（1995）
崖錐	お助け風の表示
崖錐	
鍾乳洞	観光洞
鍾乳洞	
鍾乳洞	観光洞
鍾乳洞	
鍾乳洞	
崖錐	隠岐ジオパーク ジオサイト
崖錐	
岩塊熔岩	風穴の店
岩塊熔岩	
岩塊熔岩	
岩塊熔岩	
岩塊熔岩	
岩塊熔岩？	
開口節理	鹿児島県天然記念物 S35
開口節理	

自然状態（未利用）の風穴一覧表（その3）

都道府県	風穴名または地名	緯度 経度 WGS 84 hddd° mm' ss.s"	標高	1/2.5 万地形図 *注記アリ
静岡	大野風穴	N35 15 46.3 E138 52 53.8	475 m	御殿場 *
	万野風穴	N35 15 43.3 E138 36 58.1	250 m	上井出 *
	駒門風穴	N35 15 01.7 E138 54 49.6	355 m	裾野 *
	鷲沢風穴	N34 50 57.1 E137 42 45.2	100 m	伊平 *
長野	上ノ原風穴	N36 50 45.0 E138 37 30.6	850 m	苗場山
	天狗の露地	N36 48 53.4 E138 07 24.3	1825 m	高妻山
	栂池	N36 46 20.0 E137 48 51.7	1870 m	白馬岳
	岳沢風穴	N36 15 47.3 E137 38 38.4	1710 m	穂高岳
	地獄谷	N36 03 44.7 E138 20 45.8	2108 m	蓼科
	冷山	N36 03 00.0 E138 20 01.9	2080 m	蓼科
	稲子岳凹地 B	N36 02 05.0 E138 21 54.2	2235 m	蓼科
	稲子岳凹地 A	N36 02 00.4 E138 21 53.4	2235 m	蓼科
	八柱山	N36 04 39.5 E138 22 20.1	1750 m	蓼科
	鋸岳山麓	N35 45 45.4 E138 12 01.1	1420 m	甲斐駒ヶ岳
富山	美女平しかばり穴 1	N36 35 00.8 E137 27 52.3	1020 m	小見
	美女平しかばり穴 2	N36 34 58.5 E137 27 54.2	1025 m	小見
	八乙女山の風穴	N36 32 09.4 E136 58 55.2	725 m	城端
	立野脇風穴	N36 29 06.1 E136 49 14.2	310 m	湯涌
石川	金沢城本丸	N36 33 54.7 E136 39 30.4	55 m	金沢
岐阜	お助け風	N36 17 53.5 E137 34 46.2	1285 m	笠ヶ岳
愛知	愛知県民の森	N35 00 02.5 E137 37 34.9	155 m	海老
滋賀	河内風穴	N35 15 06.2 E136 21 07.7	260 m	彦根東部
三重	篠立風穴	N35 12 30.3 E136 26 51.4	220 m	篠立
	阿曽の風穴	N34 20 08.0 E136 26 37.4	170 m	伊勢佐原
	天の岩戸の風穴	N34 24 33.9 E136 45 52.5	130 m	磯部
岡山	羅生門ドリーネ	N34 56 18.6 E133 33 36.0	370 m	井倉
島根	岩倉の風穴	N36 15 30.7 E133 19 58.2	400 m	隠岐北方
	八戸の風穴	N34 55 15.5 E132 17 38.0	50 m	川戸
山口	笠山の風穴 1	N34 26 58.9 E131 24 28.7	10 m	越ヶ浜
	笠山の風穴 2	N34 27 00.5 E131 24 36.8	5 m	越ヶ浜
	笠山の風穴 3	N34 27 20.6 E131 24 15.5	10 m	越ヶ浜
	笠山の風穴 4	N34 27 14.8 E131 24 07.9	20 m	越ヶ浜
	笠山の風穴 5	N34 27 08.8 E131 24 09.3	25 m	越ヶ浜
宮崎	夏尾の風穴	N31 51 36.2 E130 58 20.01	290 m	高千穂峰
鹿児島	湯之の風穴	N31 33 51.4 E130 38 23.6	220 m	桜島南部
	仙人洞	N31 10 30.0 E130 31 40.6	620 m	開聞岳

現地に名称があるもの，文献・資料に載るものなど，著名なものを挙げた．
文献に載るが位置が特定できない風穴は割愛した．
鍾乳洞は，風穴名が付された主なものを挙げた．
富士山麓の風穴は，主に地形図に注記があり，冷蔵に利用されてないものを挙げた．

地形 または地下構造	指定　文献　その他
地すべり	環境庁（1979）
坑道跡	銀鉱山跡
地すべり	旧東村山郡役所資料館（1996）
	山形県天然記念物 H13
地すべり	樋口（1969）
地すべり	樋口（1968）
地すべり	樋口（1968）
地すべり	樋口（1970）
地すべり	樋口（1972）
地すべり	国天然記念物 S39
地すべり	国天然記念物 S39
地すべり	国天然記念物 S39
地すべり	国天然記念物 S39
地すべり	国天然記念物 S39
地すべり	国天然記念物 S39
地すべり	
崖錐	田島町天然記念物 S54
	三野・長谷川（1969）
開口節理？	登山道沿いに縦穴
崖錐	鷲尾（1994）
崖錐	
崖錐	
岩塊熔岩	
鍾乳洞	
崖錐	樋口・福田（2001）
崖錐	樋口・福田（2001）
崖錐	樋口・福田（2002）
崖錐	
岩塊熔岩	
崖錐	観光用コンクリート坑道
崖錐	
岩塊熔岩	鈴木・田瀬（2007）
岩塊熔岩	
岩塊熔岩	角田（1998）
熔岩ドーム	寺田ほか（2006）　温風穴
岩塊熔岩	藤原（1985）
熔岩トンネル	
火口	
火口底	
熔岩トンネル	
熔岩トンネル	
熔岩トンネル	
熔岩トンネル	
熔岩トンネル	
熔岩トンネル	

自然状態（未利用）の風穴一覧表（その2）

都道府県	風穴名 または地名	緯度 経度 WGS 84 hddd° mm'ss.s"	標高	1/2.5万地形図 *注記アリ
宮城	前森風穴	N38 30 55.7 E140 36 15.7	575 m	銀山温泉
山形	夏知らず抗	N38 33 57.9 E140 31 55.4	290 m	銀山温泉 *
	ジャガラモガラ	N37 57 04.6 E140 30 38.7	540 m	天童 *
	小湯山	位置不詳	650 m	赤湯
福島	穴平風穴	N37 51 15.6 E140 21 53.9	490 m	栗子山
	大平風穴	N37 45 25.2 E139 50 40.9	470 m	川入
	間瀬風穴	N37 44 25.7 E139 53 42.7	390 m	熱塩
	天狗の庭風穴	N37 40 02.6 E140 16 30.8	1160 m	安達太良山
	浅草岳	N37 22 11.7 E139 15 41.0	710 m	只見
	中山風穴第1指定地	N37 17 20.3 E139 53 57.7	510 m	湯野上
	中山風穴第2指定地	N37 17 12.0 E139 54 04.3	506 m	湯野上 *
	中山風穴第3指定地	N37 17 09.1 E139 54 02.6	520 m	湯野上
	中山風穴第4指定地	N37 17 07.7 E139 54 04.1	500 m	湯野上
	中山風穴第5指定地	N37 17 03.8 E139 54 04.8	510 m	湯野上
	中山風穴第6指定地	N37 17 01.0 E139 53 58.0	575 m	湯野上
	観音山	N37 11 22.4 E139 55 46.1	990 m	甲子山
	荻野風穴	N37 06 06.3 E139 43 31.0	720 m	糸沢
	蒲生岳	N37 23 16.4 E139 20 09.0	750 m	只見
新潟	赤崎山	N37 42 05.6 E139 28 09.9	105 m	津川
	見倉の風穴	N36 54 28.4 E138 38 31.7	755 m	苗場山 *
	八方の風穴	N37 02 24.5 E138 24 25.8	320 m	柳島
	妙高山八合目	N36 53 19.8 E138 07 09.2	2120 m	妙高山
茨城	大久保の風穴鍾乳洞	N36 33 49.8 E140 36 31.8	120 m	常陸太田 *
栃木	赤下風穴2	N36 56 15.9 E139 38 43.2	620 m	五十里湖
	赤下風穴1	N36 56 15.6 E139 38 46.5	630 m	五十里湖
	日陰風穴	N36 52 32.7 E139 38 51.2	650 m	川治
群馬	蟻川岳風穴	N36 37 45.1 E138 51 18.7	685 m	中之条
	荒山風穴	N36 31 14.0 E138 09 22.4	1215 m	赤城山
	ワシノ巣風穴	N36 29 08.9 E138 54 33.2	1000 m	伊香保 *
	オンマ谷風穴	N36 28 50.8 E138 54 04.9	1100 m	伊香保
	鬼押出北端	N36 27 32.9 E138 31 46.7	1190 m	北軽井沢
	鬼押出西端	N36 26 44.6 E138 31 02.4	1300 m	北軽井沢
東京	神津島	N34 12 42.6 E139 08 45.8	160 m	神津島
	ヤスカジヶ森山頂	N33 51 28.9 E139 37 11.0	380 m	御蔵島
神奈川	早雲山	N35 14 24.4 E139 01 29.6	1215 m	箱根
山梨	神座風穴	N35 26 26.5 E138 39 43.2	1260 m	鳴沢 *
	氷穴（天神山）	N35 25 51.4 E138 41 01.0	1415 m	鳴沢 *
	氷池	N35 25 29.7 E138 40 37.8	1435 m	鳴沢 *
	むじな穴	N35 22 56.0 E138 38 07.1	1095 m	富士山
	犬涼み穴	N35 22 54.7 E138 38 17.9	1140 m	富士山
	三ツ池穴	N35 22 36.4 E138 35 55.7	810 m	人穴
	姥穴	N35 22 14.2 E138 35 34.3	750 m	人穴
	新穴	N35 21 54.4 E138 35 39.7	720 m	人穴
	人穴	N35 21 42.6 E138 35 28.1	700 m	人穴 *

地　形 または地下構造	指定　文献　その他
岩塊熔岩	
崖錐	
崖錐	
地すべり	ジオサイト　志保井（1975）
崖錐	白滝ジオパーク ジオサイト
崖錐	
地すべり	山川・清水（2013）
崖錐	志保井（1974）
崖錐	福田・成田（1980）
岩塊地形	清水・山川（2004）
地すべり	同上
岩塊地形	清水・山川（2008）
崖錐	上士幌町天然記念物 S51
崖錐	
崖錐	
崖錐	
崖錐	鈴木ほか（1987）
崖錐	富良野高校科学部（2000）
崖錐	同上
崖錐	同上
崖錐	同上 , 斎藤（1953）
岩塊地形	澤田・石川（2002）
岩塊地形	佐藤（1995）
崖錐	斎藤（1953）
崖錐	佐藤ほか（1993）
崖錐	佐藤（1995）
崖錐	佐藤（1995）
開口節理	
崖錐	
崖錐	
崖錐	
崖錐	青鹿岳東斜面ハイマツ群落
地すべり	秋田県自然環境保全地域 S56
地すべり	秋田県自然環境保全地域 S57
崖錐	
火口底	寒風山ジオサイト　沖田(1997)
熔岩トンネル	林・和知（2001）
熔岩トンネル	同上
熔岩トンネル	同上
熔岩トンネル	同上
火口底	林ほか（2003）
開口節理	観光用コンクリート坑道
地すべり	岩手県天然記念物 S49
地すべり	樋口（1978）

自然状態（未利用）の風穴一覧表（その1）

都道府県	風穴名 または地名	緯度 経度 WGS 84 hddd° mm' ss.s"	標高	1/2.5万地形図 ＊注記アリ
北海道	羅臼岳	N44 22 55.6 E142 40 55.7	355 m	知床五湖
	雄阿寒岳	N43 26 19.5 E144 08 31.5	535 m	雄阿寒岳
	下立牛	N44 11 49.6 E143 13 20.9	145 m	北見滝下
	武利氷穴	N43 56 46.6 E143 18 56.4	328 m	丸瀬布南部
	丸瀬布大平風穴	N43 55 01.5 E143 16 35.8	535 m	丸瀬布南部
	武利川神霊水	N43 49 11.8 E143 16 34.3	490 m	分岐
	瀬戸瀬山風穴	N43 55 56.4 E143 23 48.2	635 m	瀬戸瀬温泉
	温根湯つつじ山風穴	N43 45 37.6 E143 30 53.1	290 m	留辺蘂西部
	鹿の子大橋	N43 37 01.7 E143 22 24.6	500 m	常元
	エオマピリベ	N43 32 09.7 E143 15 12.1	950 m	クマネシリ岳
	クマネシリ	N43 31 45.2 E143 14 58.3	1180 m	クマネシリ岳
	西クマネシリ風穴	N43 31 29.8 E143 14 19.3	1275 m	十勝三股
	十四の沢永久凍土	N43 30 38.7 E143 11 53.2	840 m	十勝三股
	ホロカピリベツ川	N43 27 47.4 E143 22 40.9	560 m	東三国山
	トイマベツ川	N43 27 45.9 E143 21 37.0	510 m	幌加美里別ダム
	チセンベツ川	N43 27 41.2 E143 27 51.3	1120 m	喜登牛山
	幌加	N43 26 45.5 E143 09 05.1	620 m	幌加
	鳥沼	N43 20 27.9 E142 26 16.4	190 m	富良野
	0号	N43 19 24.1 E142 25 41.2	250 m	布部
	扇山	N43 18 48.6 E142 25 24.6	280 m	布部
	布部	N43 18 03.1 E142 25 05.2	350 m	布部
	西ヌプカウシヌプリ	N43 15 18.5 E143 04 44.8	1120 m	然別湖
	東ヌプカウシヌプリ	N43 15 05.0 E143 05 52.6	1000 m	東ヌプカウシヌプリ
	砂金沢	N43 13 33.9 E142 25 36.1	370 m	山部
	漁入（いざりいり）	N42 50 23.2 E141 11 13.9	725 m	札幌岳
	八ノ沢	N42 38 27.9 E142 48 12.1	730 m	札内川上流
	七ノ沢	N42 37 18.7 E142 49 20.4	660 m	札内川上流
	羊蹄山二合目	N42 50 34.4 E140 46 23.6	540 m	倶知安
	洞爺湖中島2	N42 36 02.5 E140 50 47.7	160 m	洞爺
	洞爺湖中島1	N42 36 00.8 E140 50 45.0	150 m	洞爺
	猿留川	N42 06 12.6 E143 14 18.8	140 m	袴腰山
青森	鬼の坪	N40 27 11.0 E140 11 08.8	850 m	冷水岳
秋田	鞍山風穴	N40 13 47.2 E140 26 37.6	210 m	鷹巣東部
	小又風穴	N40 04 14.0 E140 25 18.7	230 m	阿仁前田
	鬼の隠れ里	N39 56 04.0 E139 51 52.3	195 m	北浦
	寒風山第2火口	N39 55 52.4 E139 52 11.9	245 m	北浦
	秋田駒ヶ岳1	N39 44 42.8 E140 47 35.0	1150 m	国見温泉
	秋田駒ヶ岳2	N39 44 41.7 E140 47 32.5	1140 m	国見温泉
	秋田駒ヶ岳3	N39 44 37.5 E140 47 32.3	1140 m	国見温泉
	秋田駒ヶ岳4	N39 44 35.6 E140 47 29.4	1130 m	国見温泉
	鳥海山猿穴	N39 06 57.5 E139 57 46.6	745 m	小砂川
	小安峡風穴	N38 59 39.2 E140 40 58.8	360 m	桂沢
岩手	天狗森夏氷山風穴	N40 09 08.7 E140 54 50.4	480 m	田山
	経塚山風穴	N39 11 15.2 E140 53 36.3	1110 m	夏油温泉

大河原 順次郎　おおかわら じゅんじろう　　第14章執筆
下仁田町教育委員会文化財保護係下仁田町歴史館勤務．1959年群馬県甘楽郡下仁田町生まれ．荒船風穴の国指定具申書作成にあたる．現在は世界遺産となった「富岡製糸場と絹産業遺産群」の構成資産としての，荒船風穴の保存管理にあたっている．

傘木 宏夫　かさぎ ひろお　　第15章，第20章執筆
NPO地域づくり工房代表理事，環境アセスメント学会常務理事，自治体問題研究所理事などを兼任．1960年長野県生まれ．著書『仕事おこしワークショップ』『地域づくりワークショップ入門』（自治体研究社）など．地域の潜在的な資源を掘り起こした仕事おこし活動のなかで，風穴と出会った．

小川 市右ヱ門　おがわ いちうえもん　　第16章執筆
福井県大野市役所．1957年福井県大野市生まれ．風穴の利用調査に取組む一般財団法人越前おおの農林樂舎に勤務中，業務で『日本の風穴』に執筆することになった．現在，教育委員会にて勤務．

目黒 常廣　めぐろ つねひろ　　第17章執筆
滝谷区長．1948年福島県三島町滝谷に生まれる．滝谷区長として風穴の活用に取り組んでいる．

佐久間 宗一　さくま そういち　　第17章執筆
NPOまちづくりみしま代表理事．1948年福島県三島町宮下に生まれる．滝谷風穴の活用に取り組んでいる．

勝部 敦　かつべ あつし　　第19章執筆
元島根県出雲市職員．1956年島根県簸川郡（現出雲市）佐田町生まれ．八雲風穴管理団体副会長．

坂田 聖二　さかた せいじ　　第19章執筆
島建コンサルタント㈱所属．1982年島根県大田市生まれ．応用地質学が専門．平成25年から島根県技術士会で，八雲風穴の調査研究を行う地域振興研究分科会の幹事を務めている．

著者紹介

角田 清美　　すみだ きよみ　　各地の風穴だより執筆

元東京都立高校教諭（定年退職）．1947年佐賀県大町町生まれ．自然地理学が専門．1975年に青梅市に住んだ頃から，都内の地形・不圧地下水・玉川上水などの調査研究を行っている．1997年に伊豆諸島の神津島で風穴を発見してから，各地の風穴に関心をもっている．

尾池 みどり　　おいけ みどり　　各地の風穴だより執筆

津南町教育委員会文化財班．1981年千葉県生まれ．2004年より，津南町農と縄文の体験実習館なじょもんに勤務．遺跡整理・民具整理および記録に携わる．

三石 仁子　　みついし じんこ　　各地の風穴だより執筆

入沢風穴地主．1931年長野県佐久市生まれ．自宅裏にある，佐久市天然記念物・入沢風穴の管理をしている．

塚原 吉政　　つかはら よしまさ　　各地の風穴だより執筆

上田地球を楽しむ会事務局長．1949年長野県上田市生まれ．造園業．地域の自然観察が好き．特に化石・石・植物・昆虫にひかれ，最近は，風穴を探し求める「風穴病」にひたっている．

武捨 直江　　むしゃ なおえ　　各地の風穴だより執筆

氷平風穴の創始者・武捨市次郎直系の孫．1929（昭和4）年長野県上田市真田町傍陽生まれ．1951年から1991年まで，長野県高等学校教諭．退職後，家庭．

片桐 一樹　　かたぎり かずき　　各地の風穴だより執筆

長野県労働金庫勤務．1980年長野県飯田市生まれ．明石浩司氏（伊那谷自然友の会）と伊那谷の風穴調査を行っている．中央アルプス・南アルプスの奥地まで調査へ出向くことは大変ではあるが，毎回発見や驚きがあり，風穴の奥深さを感じている．

森 淳子　　もり じゅんこ　　各地の風穴だより執筆

国立極地研究所特任研究員．東京都生まれ．雪氷学（凍土）が専門．北海道大学大学院在学中に，風穴の存在が局地的な永久凍土の形成にかかわることを知り，祖父の故郷でもある温暖な越ヶ浜の風穴と寒冷地の風穴との比較に関心をもつ．

大野 希一　　おおの まれかず　　各地の風穴だより執筆

島原半島ジオパーク協議会事務局勤務．1969年埼玉県生まれ．東京大学大学院理学系研究科地質学専攻修了．博士（理学）．火山地質学が専門．ジオパークの業務を専門とする国内初の行政職員として，島原半島ジオパークの事業推進に従事．

指村 奈穂子　　さしむら なおこ　　第 13 章執筆

琉球大学理学部研究員．1974 年埼玉県川越市生まれ．東京大学農学研究科博士後期課程修了，博士（農学）．植物生態が専門．希少植物の種生態と地史の関連を研究している．エゾヒョウタンボクの他に，コゴメヒョウタンボク，ユビソヤナギ，アマミヒイラギモチ，バシクルモン，クロボウモドキなどの種生態を研究してきた．風穴地に成立する特異な植物群集に興味を持ち調査を行っている．

池田 明彦　　いけだ あきひこ　　コラム 8 執筆

東京都品川区職員．1955 年東京都豊島区生まれ．生物地理が専門．著書『利島村史』（分担執筆）など，いろいろな人の調査の手伝いをしている過程で，清水氏の調査と指村氏の調査が結びつき，自分のなかでは生物地理と種分化の関係解釈が強化されつつある．

山川 信之　　やまかわ のぶゆき　　各地の風穴だより執筆

芝浦工業大学中学高等学校教諭．1957 年静岡県浜松生まれ．自然地理学，地理教育が専門．著書『山の自然学入門』（分担執筆）古今書院．編者清水氏と北海道永久凍土の調査を続ける過程で風穴の発見につながり，以降清水氏の調査にたびたび参加している．

大西 潤　　おおにし じゅん　　各地の風穴だより執筆

北海道鹿追町役場職員．1977 年北海道上士幌町生まれ．地域おこし協力隊として鹿追町に着任後，編者澤田氏の指導を受け風穴を核としたとかち鹿追ジオパークの推進に携わる．風穴地帯が奏でる物語と取り巻くおかしな人々に魅了され現在に至る．

虻川 嘉久　　あぶかわ よしひさ　　各地の風穴だより執筆

長走風穴館非常勤職員，北羽歴史研究会会員．1952 年秋田県大館市生まれ．江戸期の古文書に記述された風穴現象に興味をひかれ，産業遺産としての風穴冷蔵倉庫の歴史を調べている．

佐々木 進　　ささき すすむ　　各地の風穴だより執筆

日本自然保護協会自然観察指導員，湯沢市ジオパーク推進協議会委員および認定ガイド．1943 年秋田県湯沢市生まれ．主に野生植物，キノコ，清水の観察会・講演・調査を行っている．また，風穴や風穴周辺の植物調査も行っている．

室井 伊織　　むろい いおり　　各地の風穴だより執筆

福島県下郷町役場職員．1979 年福島県下郷町生まれ．2009 年から 6 年間，町教育委員会に出向し文化財担当者として中山風穴地に携わる．以来，中山の自然に魅せられ，カメラ片手に中山風穴地を歩くことが楽しみのひとつになっている．

著者紹介

和泉　薫　　　いずみ かおる　　　第 8 章執筆
新潟大学 災害・復興科学研究所長・教授．1950 年新潟県新潟市生まれ．雪氷防災学を専門とし，主に雪崩災害の調査研究に従事している．その傍ら雪氷冷熱利用にも学術的関心を持ち，雪室，氷室，風穴についての調査研究をグローバルに行っている．著書『新版 雪氷辞典』（共著）古今書院，『山岳雪崩大全』（共著）山と渓谷社など．作成 DB：日本の雪崩災害データベース（web 公開），日本の雪室・氷室データベース．

大畑　哲夫　　　おおはた てつお　　　第 9 章執筆
国立極地研究所特任教授．1949 年東京都生まれ．地球雪氷・雪氷圏気候が専門．南極・チベット・ヒマラヤ・パタゴニア・シベリア・日本など，地球雪氷圏を対象にした論文多数．風穴に存在する氷に疑問を持ったことから，風穴に関心を持ち始めた．

柿下　愛美　　　かきした まなみ　　　第 10 章執筆
1990 年岐阜県高山市生まれ．信州大学理学部地質科学科卒．卒業研究では長野県松本市稲核を研究地域とし，風穴が存在する地質学的な要因に関して調査を行った．最近では，長野県内の風穴を巡っている．

鈴木　秀和　　　すずき ひでかず　　　第 11 章執筆
駒澤大学文学部地理学科専任講師．1972 年埼玉県与野市（現さいたま市）生まれ．水文学，自然地理学が専門．主に火山地域を対象に，湧水，地下水，温泉水に関する研究を行っている．浅間山北麓において低温異常を示す湧水温の成因を探る過程で風穴現象について学び，その成り立ちについて興味を持つようになった．

佐藤　謙　　　さとう けん　　　第 12 章執筆
北海学園大学教授．博士（学術）．1948 年岩手県奥州市生まれ．北海道高山における植生生態学と植物地理学を専門とし，応用面で自然保護活動に取り組む．著書『北海道高山植生誌』北海道大学出版会，『日本の山』（共著）文一総合出版など．風穴とのかかわりは本文に記述．

美ノ谷　憲久　　　みのたに のりひさ　　　コラム 6 執筆
日本鱗翅学会評議員．1952 年東京都世田谷区生まれ．Neptis 属・超塩基性岩地の蝶の生態および生物地理が専門．著書『見つけた！まぼろしのチョウ』共著，大日本図書．『かながわの蝶』（分担執筆）神奈川新聞社．南会津の風穴地で遺存分布するフタスジチョウを発見し，蝶の分布成因に新しい発想を得た．現在は同様に遺存分布の多い超塩基性岩地の蝶を調査している．

須田　修　　　すだ おさむ　　　コラム 7 執筆
北海道上士幌町教育委員会職員．1963 年北海道美唄市生まれ．昆虫生態学が専門．上士幌町ひがし大雪博物館勤務（学芸員）時代から，東大雪地域の昆虫について研究するとともに，文化財担当職員として町の天然記念物でもある永久凍土の保全に携わる．

分担執筆著者紹介 (掲載順)

伴野　豊　　ばんの ゆたか　　第3章執筆

九州大学大学院農学研究院准教授．1957年長野県生まれ．家蚕遺伝学・養蚕学が専門．世界で最も多種多様なカイコの系統保存を行っている．東日本大震災を教訓に安全にカイコの卵を冷蔵保存するため，電力を必要としない風穴の利点に注目し，保存を始めた．

飯塚　聡　　いいづか さとし　　第4章執筆

群馬県立高崎高等学校通信制教頭．1961年群馬県高崎市生まれ．日本古代史と群馬の地域史が専門．著書『大間々扇状地』（共著）みやま文庫ほか．群馬県教委文化財保護課在職時（2009〜2013）に荒船・東谷風穴の史跡指定を担当し保存管理計画策定に携わって以来，風穴の歴史を追求している．

梅干野 成央　　ほやの しげお　　第5章執筆

信州大学学術研究院（工学系）准教授．1979年東京都生まれ．日本建築史学が専門．著書『山岳に生きる建築—日本の近代登山と山小屋の建築史（山岳科学ブックレット No.10）』オフィスエム，など．フィールドワークに基づき，歴史的建造物の保存・再生にとりくんでいる．2008年に稲核の風穴小屋を知って以来，風穴小屋の建築史に関心を持っている．

鳥潟 幸男　　とりがた ゆきお　　第6章，コラム5，第18章執筆

大館郷土博物館主査（学芸員）．日本気象予報士会所属．1972年秋田県大館市生まれ．専門は気候学．気象予報士・防災士として公私で講演や実験講座の講師を務めている．業務で長走風穴館の担当になって以来，風穴に魅せられて，近隣の風穴の調査を続けている．

曽根 敏雄　　そね としお　　第7章執筆

北海道大学低温科学研究所．1958年長野県軽井沢町生まれ．寒冷地形学，雪氷学が専門．大雪山や南極半島などの永久凍土を研究している．局所的に存在する永久凍土との関連から風穴に興味を持った．北海道の風穴に加えて，長野県や山口県の風穴の調査も行っている．

永井　翼　　ながい つばさ　　第8章執筆

新潟県見附市役所職員．1990年新潟県長岡市生まれ．新潟大学大学院自然科学研究科博士前期課程修了，修士（学術）．雪氷学が専門．2012年から主に群馬県草津での風穴調査を始めた．雪氷研究大会（2014・八戸）における風穴研究の発表が学生最優秀発表賞を受賞．

編者紹介

清水 長正　　しみず ちょうせい　　第1章，コラム2～4，風穴一覧ほか執筆

防災地形コンサルタント，駒澤大学・早稲田大学非常勤講師．1954年東京都練馬区生まれ．地形学が専門．著書『百名山の自然学』(編著) 古今書院，『新日本山岳誌』(分担執筆) ナカニシヤ出版，『自然景観の成り立ち』(分担執筆) 玉川大出版部など．1980年代に北海道十勝三股の永久凍土を寒冷地形の立場から調べたのが風穴との最初のかかわり．2000年ころに明治期の文献から全国に多数の蚕種貯蔵風穴があったことを知り，以来それらの跡を探し歩いている．2012年から，日本地図センターの月刊誌『地図中心』に「日本風穴紀行」を連載中．全国の風穴を巡るうち，風穴にかかわる多くの人たちに接することができた．

澤田 結基　　さわだ ゆうき　　第2章，コラム1ほか執筆

福山市立大学都市経営学部准教授．とかち鹿追ジオパーク推進協議会委員．1975年東京都練馬区生まれ，広島育ち．北海道大学大学院地球環境科学研究科修了．博士 (地球環境科学)．地形学，雪氷学が専門．著書『地形がわかるフィールド図鑑』(共著) 誠文堂新光社など．明治大学の卒業論文で初めて風穴にとりくみ，それ以来，風穴にできる永久凍土について調査を進めている．広島県に里帰り就職し，近くに高い山がないことに悩んでいたが，この本の制作過程で西日本にも多くの風穴があることに気がつき，安堵している．

巻頭インタビュー

市川 健夫　　いちかわ たけお

東京学芸大学名誉教授，長野県立博物館元館長．1927年長野県小布施生まれ．人文地理学が専門．著書『高冷地の地理学』令文社，『日本の風土と文化』(編著) 古今書院，『信州学大全』信濃毎日新聞社など多数．風土産業として信州の風穴調査を昭和30年代から始めた．

書　名	**日本の風穴** ── 冷涼のしくみと産業・観光への活用 ──
コード	ISBN978-4-7722-6116-6
発行日	2015 (平成27) 年10月30日　初版第1刷発行
編　者	**清水 長正・澤田 結基** Copyright ©2015　Chousei Shimizu , Yuki Sawada
発行者	株式会社 古今書院　　橋本寿資
印刷所	株式会社 理想社
製本所	渡邊製本 株式会社
発行所	**古今書院**　〒101-0062 東京都千代田区神田駿河台2-10
TEL/FAX	03-3291-2757 / 03-3233-0303
振　替	00100-8-35340
ホームページ	http://www.kokon.co.jp/　　検印省略・Printed in Japan

いろんな本をご覧ください
古今書院のホームページ

http://www.kokon.co.jp/

★ 700点以上の**新刊・既刊書**の内容・目次を写真入りでくわしく紹介
★ 地球科学やGIS, 教育など**ジャンル別**のおすすめ本をリストアップ
★ **月刊『地理』**最新号・バックナンバーの特集概要と目次を掲載
★ 書名・著者・目次・内容紹介などあらゆる語句に対応した**検索機能**

古 今 書 院

〒101-0062　東京都千代田区神田駿河台 2-10

TEL 03-3291-2757　　FAX 03-3233-0303

☆メールでのご注文は　order@kokon.co.jp　へ

● KOKON　地域の「自然の魅力」を見直す本

【棚田の本】

★棚田ブームで着目されるようになるまでの長い道のりを、棚田博士が振り返る
　棚田保全の歩み　　文化的景観と棚田オーナー制度　　中島峰広著　2800円＋税

★棚田を訪ねるならこの本！　現地看板案内が乏しい場所でも、辿りつけます！
　百選の棚田を歩く　　　　　　　　　　　　　　　　　中島峰広著　2200円＋税
　続　百選の棚田を歩く　　　　　　　　　　　　　　　中島峰広著　2500円＋税
　棚田　その守り人　　　　　　　　　　　　　　　　　中島峰広著　3200円＋税

【シシ垣の本】

★江戸末期から明治・大正期に各地でつくられたシシ垣の実態を解明した初めての本
　日本のシシ垣　　イノシシ・シカの被害から田畑を守ってきた文化遺産
　　　　　　　　　　　　　　　　　　　　　　　　　　高橋春成編　5500円＋税

★好評4刷！生態・狩猟・獣害・まちづくりまで、イノシシについての初の専門書
　イノシシと人間　　共に生きる　　　　　　　　　　　高橋春成編　4800円＋税

【ジオパークの本・山の本】

★「山の自然学」の見方で観光地を見ると…日本の自然のすばらしさを見直す本
　観光地の自然学　　ジオパークでまなぶ　　　　　　　小泉武栄著　2600円＋税

★好評ロングセラー！　山に登りながら、山の自然の基本がわかる便利な本
　百名山の自然学　　東日本編／西日本編　　　　　　清水長正編　各2800円＋税

★地元ガイドが語る、地域の魅力再発見のジオパークガイド
　中部・近畿・中国・四国のジオパーク
　　　　　　　　　　　　　　　　目代邦康・柚洞一央・新名阿津子編　2600円＋税
　　　　　　シリーズ大地の公園は全4巻，2015年末完結予定です。
　　　　　『北海道・東北のジオパーク』『関東のジオパーク』『九州のジオパーク』

最新刊！

ジオパークで大地の魅力を再発見しませんか

「シリーズ大地の公園」刊行開始！

中部・近畿・中国・四国のジオパーク

★ 地域にひそむ大地の物語をジオツアーで学び楽しむ

　ジオパークで働く専門員や関係の深い研究者，現地ガイドらが，ジオツアーコースを紹介。ジオサイトの解説だけでなく，「その地域で見られる地形や地質，土壌，生態系，水循環，文化，歴史など，さまざまな事柄のつながり」をいくつかのジオストーリーとして解説。一味違った観光や学習旅行の参考に！

目代邦康・柚洞一央・新名阿津子 編
自然保護助成基金主任研究員・徳山大学准教授・鳥取環境大学准教授

A5判　カラー156頁　2600円
ISBN978-4-7722-5282-9　C1344

＊ジオパークフィールドノート
　好評発売中！

[主な目次]
Ⅰ　中部地方の概説／南アルプス（中央構造線エリア）ジオパーク／糸魚川ジオパーク／佐渡ジオパーク／白山手取川ジオパーク／恐竜渓谷ふくい勝山ジオパーク／立山黒部ジオパーク
Ⅱ　近畿・中国地方の概説／南紀熊野ジオパーク／山陰海岸ジオパーク／隠岐ジオパーク
Ⅲ　四国地方の概説／室戸ジオパーク／四国西予ジオパーク

★続巻予告

- 北海道・東北のジオパーク
- 九州・沖縄のジオパーク
- 関東のジオパーク

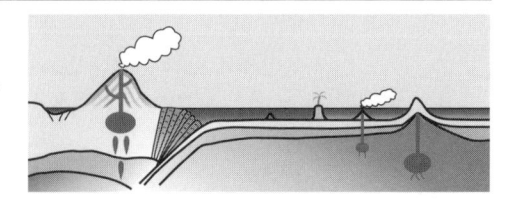